普通高等教育"双一流"建设哲学类专业数字化精品教材
—— 编 委 会 ——

董尚文

杨海斌　　王晓升

（按姓氏拼音排序）

陈　刚　　程新宇　　李耀南

吴　畏　　徐　敏　　张廷国

普通高等教育"双一流"建设哲学类专业数字化精品教材

HOW LOGIC WORKS WONDERS FOR MASTER DETECTIVES

名侦探的逻辑

（第二版）

张 瑛◎编著

华中科技大学出版社
http://www.hustp.com
中国·武汉

图书在版编目(CIP)数据

名侦探的逻辑:第二版/张瑛编著.—武汉:华中科技大学出版社,2022.3
ISBN 978-7-5680-7948-8

Ⅰ.①名…　Ⅱ.①张…　Ⅲ.①逻辑推理-高等学校-教材　Ⅳ.①O141

中国版本图书馆 CIP 数据核字(2022)第 029429 号

名侦探的逻辑(第二版)　　　　　　　　　　　　　　　　　　　张　瑛　编著
Mingzhentan de Luoji(Di-er Ban)

策划编辑:周晓方　杨　玲
责任编辑:庹北麟
装帧设计:廖亚萍　杨玉凡
责任校对:张汇娟
责任监印:周治超
出版发行:华中科技大学出版社(中国·武汉)　　　电话:(027)81321913
　　　　　武汉市东湖新技术开发区华工科技园　　　邮编:430223
录　　排:华中科技大学惠友文印中心
印　　刷:武汉市籍缘印刷厂
开　　本:787mm×1092mm　1/16
印　　张:15.25　插页:2
字　　数:334 千字
版　　次:2022 年 3 月第 1 版第 1 次印刷
定　　价:58.00 元

总　序

　　随着历史进程不断深入地向前推进，整个人类世界日益被裹挟进一个命运共同体之中。每一个民族和国家都不可能完全离开人类命运共同体而孤立地寻求实现自身现代化的特色发展之路，只有开放性地参与其中才能完成富有自身特色的现代化的历史使命。中华民族自被迫融入世界历史进程以来，没有任何时候像现在一样恰逢实现具有自身特色的现代化的一个历史发展新时代。如何抓住机遇，迎接挑战，积极参与人类命运共同体的构建，努力实现中华民族伟大复兴的中国梦，是中华民族在这个百年难遇的新历史时代所面临的重大历史使命。完成这一历史使命的关键在于能够培养出堪当这一历史重任的全面发展的人。为此，中国现代化建设的领导者和设计者们恰逢其时地作出了统筹推进中国特色世界一流大学和一流学科建设的重大战略决策。"双一流"建设的核心和根本任务是培养人才，即坚持中国特色社会主义办学方向，培养德智体美劳全面发展的社会主义建设者和接班人。2016年召开的全国高校思想政治工作会议提出，要坚持把立德树人作为中心环节，把思想政治工作贯穿教育教学全过程，实现全程育人、全方位育人，努力开创我国高等教育事业发展的新局面。党的十九大再次提出了加快一流大学和一流学科建设，实现高等教育内涵式发展。为了贯彻落实党中央和国务院对我国高等教育事业发展提出的这一重大战略决策和一系列要求，我国首批获得"双一流"建设资质的高校都纷纷把立德树人摆在办学治校的核心位置上，结合自身的优势特色积极进行综合改革，努力培养能够适应我国现代化建设需要的一流人才。

　　然而，培养能够适应我国现代化建设需要的一流人才，不仅需要对大学生进行自然科学和社会科学教育，而且需要对他们进行人文科学教育。虽然自然科学和社会科学十分重要，但是它们至多只能使人成为某种人，而不能从根本上使人成为人；唯有人文科学才是斯文在兹的"成人之学"或者安身立命的"为己之学"。人文科学教育的首要目标在于从根本上使人成为人，人的世界观、价值观和人生观的形塑与人文科学教育须臾不可离。培养一流人才必须以抓好人文科学教育为前提,只有这样才能达到"化成天下"之目的。因此,培养全面发展的人理当以人文科学教育为本分。自古及今,无论东西,但凡具有远见卓识的教育家都无不特别强调人文科学对于整个人类文明的塑造和发展,以及人与自然、社会的和谐相处具有根本意义,特别强调立德树人和厚德载物的人文科学教育。

作为首批进入全国"双一流"建设高校的华中科技大学,虽然是一所以强大工科和医科为特色的高校,但是经过近几十年的积累,文科也取得了巨大进步,而且发展势头良好。华中科技大学历届领导班子都高度重视对理工科和医科学生进行人文科学教育,注重学生人文底蕴的积淀和人文价值的提升。目前,高扬人文素质教育已成为一张充分彰显华中科技大学人才培养特色的耀眼名片。为了更好地发挥人文科学在"双一流"建设中的育人功能,华中科技大学人文学院党政领导班子瞄准"一流人才"培养目标,把教材建设作为学科建设和教学改革的重要抓手之一,决定编写并出版人文科学领域的一系列普通高等院校"双一流"建设各大类专业课程数字化精品教材,包括哲学类专业数字化精品教材、中国语言文学类专业数字化精品教材和历史学类专业数字化精品教材,拟为我校"双一流"建设作出自己应有的贡献。

本系列数字化精品教材的编写坚持以下四个基本原则。第一,政治正确原则。本系列数字化精品教材的编写必须坚持以习近平新时代中国特色社会主义思想为指导,坚持马克思主义在意识形态领域的指导地位,坚持社会主义核心价值观,充分体现教材的价值导向功能和思想政治教育功能。第二,学术创新原则。本系列数字化精品教材要力争充分反映国内外最新人文学术研究成果,注重挖掘新材料、发现新问题、借鉴新方法、提出新观点、构建新理论,充分体现教材的思想性、科学性、时代性和前瞻性,力争打造一流的精品教材。第三,学术规范原则。本系列数字化精品教材的编写必须严格遵守国家规定和学界公认的学术规范,无论是材料的遴选、思想的借鉴、观点的引用,还是体例的安排、语言的表达,都要尽可能做到符合教材的基本要求,不得出现任何违反学术规范的学术不端行为。第四,中国特色原则。本系列数字化精品教材的编写要充分体现构建中国特色哲学社会科学体系的要求,立足中国实践、解决中国问题、加强中国元素、讲好中国故事,把国际化与本土化有机融合起来,努力打造一批具有中国特色、中国风格和中国气派的一流教材。

虽然本系列精品教材的编委会在主观上强调教材建设的使命感和责任感,要求每一本教材的编写者都必须遵循上述基本原则进行编写,并且努力做到严格审查,但是由于教材建设本身是一项复杂的系统工程,加之每一位编写者的能力和水平都有其自身的局限性,因此客观上难免存在着技术方面和学术思想方面的不足之处。在此衷心希望广大读者进行严格的审查和批判，欢迎大家多提宝贵的批判性和建设性的意见，以便我们在今后再版时能够予以修正。我们期待本系列数字化精品教材能够在培养一流人才的过程中对于弘扬人文精神、提升人文素养、增强人文情怀贡献自身的一份正能量！

2018 年 11 月 15 日于武汉喻家山

前　言

　　2013年春季学期，我开始在华中科技大学开设全校通识课"侦探柯南与逻辑推理"，课程目标是以名侦探的故事为切入点来勾勒逻辑学的基本相貌。课堂上我与学生的互动以及学生完成的作业为本书的第一版《名侦探的逻辑——从福尔摩斯到柯南》提供了大量灵感和素材。

　　相较于第一版，《名侦探的逻辑》（第二版）在总体布局和章节安排上均发生了很大变化。在总体布局方面，全书分为"推理及其种类"与"论证及其评估"上下两篇。上篇侧重于从微观视角介绍演绎、归纳、溯因三种推理，下篇侧重于从宏观视角探讨推理的综合运用。在章节安排方面，前五章在原有基础上作了改进：第一章加入的新内容是"概念、定义与划分"；第二章加入的新内容是"破坏式二难推理""直言命题及推理"；第三章加入的新内容是"科学归纳推理""统计推理"；第四章加入的新内容是"溯因推理的必要条件式""溯因推理的效度"；第五章加入的新内容是"科学假说与侦查假说""假说的构建"。第六章至第十章是全新撰写的章节，涵盖了"论证""论证的分析""论证的评估""论证的语言""谬误"等内容。

　　全书的实例延续了第一版的风格，大多选自侦探题材的影视作品或原著小说，如《名侦探柯南》《神探夏洛克》《福尔摩斯探案全集》等。此外，本书还从我国的传统文化中汲取养分，增加了《大唐狄公案》《法医宋慈》《洗冤集录》等著作中的案例，也从推理小说名家的新近作品中获取资源，增加了《字母表谜案》《诡计博物馆》《密室收藏家》《绝对不在场证明》中的素材，在坚定文化自信的基础上，把握时代脉搏，注重与时俱进。

　　众所周知，"真"是逻辑学中一个十分关键的概念，然而名侦探的故事发生在现实世界之外（也就是虚构世界之中），因而以虚构作品中的故事为实例来分析其背后的逻辑似乎并不妥当。不过，一方面，我将此书定位为以兴趣为导向的入门级逻辑学读本，另一方面，名侦探们所使用的逻辑方法与现实世界中侦查人员依赖的理论工具如出一辙①，所以，我希望读者可以暂时接受这种以推理与论证为基本线索，以侦探故事为实例的"穿越式"写作手法。

① Marcello Truzzi,"Sherlock Holmes: Applied Social Psychologist", in Umberto Eco, Thomas A. Sebeok(eds.), *The Sign of Three: Dupin, Holmes, Peirce*, Bloomington: Indiana University Press, 1983, p. 58.

目 录

上 篇

推理及其种类

第一章

推　理

科学的侦查术是一门复杂的学问。一名出色的侦探，不仅需要具有渊博的学识、敏锐的观察力，还应当具有缜密的推理分析能力。而后者，正是逻辑学研究的对象和内容。

广义上来讲，逻辑学就是研究思维的形式及其规律的科学。[1] 狭义上来讲，逻辑学旨在为区分好推理与坏推理提供相应的方法和原则。[2] 不过，逻辑学家并不关注推理的具体过程，他们只关心整个推理过程是否正确无误——如果从真的前提可以得到真的结论，那么这个推理就被看作一个好的推理。

按照阿德勒（Adler）的观点，推理是思想间的起承转合，其中某些思想为形成其他思想提供依据或理由。[3] 在《福尔摩斯探案全集：血字的研究》中，福尔摩斯初次遇见华生时，便快速得出他去过阿富汗的结论。在这种"不可思议"之中其实包含着精彩的逻辑推理：

> 这一位先生，具有医务工作者的风度，但却是一副军人气概。那么，显见他是个军医。他是刚从热带回来，因为他脸色黝黑，但是，从他手腕的皮肤黑白分明看来，这并不是他原来的肤色。他面容憔悴，这就清楚地说明他是久病初愈而又历尽了艰苦。他左臂受过伤，现在动作起来还有些僵硬不便。试问，一个英国的军医在热带地方历尽艰苦，并且臂部负过伤，这能在什么地方呢？自然只有在阿富汗了。[4]

在上述推理过程中，福尔摩斯由"他是个军医""他刚从热带回来""他历尽艰苦"推得结论——华生是从阿富汗回来的。这一连串的推理是在非常短的时间内完成的，它们"飞似的掠过脑际"。福尔摩斯坦言，这是出于他长久以来的思维习惯。可见，细致观察、迅速判断和严密推理是侦查人员的必备技能。

推理是名侦探的强项，也是一个出色的法医必不可少的技能。在《法医宋慈》当中，同样也不乏对人物身份的精彩推理，比如宋慈对朝廷命官徐延朔身份的分析：

> 青年微微一揖，这才毕恭毕敬道："大人右手虎口处有旧伤，想来是多年用刀所造成的，而且我注意到您几次将左手插在腰间，似乎是下意识地想要

---

[1] 《逻辑学》编写组：《逻辑学》（第二版），北京：高等教育出版社，2018 年，第 1 页。

[2] Irving M. Copi，Carl Cohen，Kenneth McMahon，*Introduction to Logic*（14th edition），New York：Pearson，2014，p. 2.

[3] Jonathan E. Adler，"Introduction：Philosophical Foundations"，in Jonathan E. Adler，Lance J. Rips（eds.），*Reasoning：Studies of Human Inference and its Foundations*，New York：Cambridge University Press，2008，p. 1.

[4] 〔英〕阿·柯南道尔：《福尔摩斯探案全集》（上册），丁钟华等译，北京：群众出版社，1981 年，第 18-19 页。

放在佩刀上,但是今日并没有佩戴,所以只能放在腰间。试问,有哪位平时惯用佩刀,最近来了长乐乡,官阶又可以让县令大人都毕恭毕敬的武官呢?这样推算,那应该就只剩下圣上钦点,派来这长乐乡查案的徐大人了。"①

宋慈由"他是一个佩刀的武官""他官阶高""最近皇上钦点了一个来查案的要臣"等前提推得"眼前这个素不相识的人就是朝廷命官徐延朔"。

可以见得,我们平常所讲的推理,是一系列理由支持某种主张的说理方式。② 被支持的主张即结论,支持主张的理由即前提,结论是由在先的前提推导而得的。逻辑学家的目的恰恰是分析和还原推理的过程,他们会不断追问:推理的前提有哪些?这些前提与结论之间的关系如何?它们是否为结论提供了不可辩驳的理由?希望读者们在纵观全书后,可以就这些问题给出自己的答案。

第一节 推理的含义

作为一名干练的侦探,福尔摩斯称自己在观察和推理两个方面都具有特殊的才能。确实,在侦查实践中,这二者缺一不可。我们遵照阿德勒的看法,将推理看作思想间的起承转合,而思想是由命题表征的,进而我们可以将推理看作一个由命题构成的序列,在这一序列中有前提和结论之分。其中,前提用以宣示理由或证据,结论则为前提所支持或隐含。

有一些推理非常简单,有一些则相对复杂。最简单的推理只由一个前提和一个由该前提推出的结论构成。例如,"被害人是一个注重房间整洁的人,因此凶手一定是因为要寻找什么物品才将房间翻得如此凌乱",很显然其前提是"被害人是一个注重房间整洁的人",结论是"凶手一定是因为要寻找什么物品才将房间翻得如此凌乱"。

在《谋杀启事》中,阿加莎笔下的名侦探马普尔小姐参与调查了一桩在报纸上进行谋杀预告的案件。案件的关键人物是很可能继承银行家巨额遗产的利蒂希亚小姐,马普尔小姐经过调查发现利蒂希亚还有一个患病的妹妹夏洛特,被利蒂希亚安排去了瑞士治疗。随着线索的不断浮现,马普尔小姐发现真凶正是妹妹夏洛特。饱受病痛折磨的夏洛特病愈后发现一直鼓励自己的姐姐却因肺炎而死,她暗恨命运的不公,当她发现姐姐可能继承巨额遗产的时候,便顶替了死去的姐姐利蒂希亚的身份。为了不让人发现,她选择将可能知道她们姐妹身份的人杀害。在调查夏洛特为何要杀害其中一个受害人多拉的时候,马普尔小姐这样分析道:

> 多拉一天比一天健忘,一天比一天话多……那天我们一起在"蓝鸟"喝咖啡,我有一种非常奇怪的印象,多拉谈的是两个人,而不是一个人,但她当然谈的是同一个人。一会儿说她朋友不漂亮但很有性格,可几乎在同时,又把她描述成一个漂亮而无忧无虑的姑娘。她说利蒂(希亚)如何聪明,如何成功,可一会儿又说她生活得多么悲哀,还引用了"勇敢地承受起痛苦的折磨"

① 纨纸:《法医宋慈》,北京:北京联合出版公司,2018 年,第 25 页。
② 鞠实儿:《逻辑学的问题与未来》,载《中国社会科学》,2006 年第 6 期,第 49-54 页。

这句诗,但这一点似乎与利蒂希亚的一生并不相符。我想那天早上夏洛特走进咖啡屋时肯定偷听到了许多话……她立刻意识到可怜、忠实的多拉对她的安全是一个实实在在的危险。①

上述段落中包含的推理则复杂得多,其结论是"夏洛特意识到多拉对她的安全是一个危险",此即凶手夏洛特杀害多拉的动机。前提是"多拉谈论一个人像是在谈论两个人""多拉对利蒂希亚的描述(关于漂亮与否)前后矛盾""多拉引用的诗句与利蒂希亚的一生并不相符""夏洛特偷听到了谈话"等。

有时候,名侦探为了显示自己的本领,还会省略推理中的中间环节,就像福尔摩斯所言:"作出一串推理来,并且使每个推理取决于它前面的那个推理而本身又简单明了,实际上这并不难。然后,只要把中间的推理统统去掉,对你的听众仅仅宣布起点和结论,就可以得到惊人的、也可能是虚夸的效果。"②因此,我们也可以将推理看成以背景知识为基础,从前提出发,经由若干中间步骤,最终得出结论的动态过程。③

比如,在《法医宋慈》中,宋慈为张阿福作不在场证明时便用了一连串动态的推理:

虽然裤腿儿有点湿,还有些许泥点,但并不多,除了能看出刚从下过雨的地走过,看不出别的。与裤腿不同,他的鞋子非常干净,并不像在满是泥泞的田地里走过。……他下田时,卷起裤子,脱了鞋袜,因此从外表看起来,裤子还算干净。但是卷起的边缘,难免会蹭上一些泥土。……我虽然没有参与过劳作,但是这样的情景也曾经见过,很多人下田时,为了不让鞋子扎在泥里拔不出来,都是先把鞋子脱下,放到田埂上。裤腿儿和袖子也会提前卷起来,及至膝盖处和手肘,以免弄脏衣裤。④

在上述推理中,宋慈以"很多下田的人为了不让鞋子扎在泥里拔不出来,都会把鞋子脱下并且卷起裤腿儿"等背景知识为基础,结合"刚下过田的人鞋子干净但裤腿会被蹭上泥土""张阿福鞋子干净""张阿福裤腿有点湿,还有些许泥土"等前提推出"张阿福确实刚刚下过田",再根据案发时间等信息最终推断出"他并不是凶手"这一结论。

如若想要恰当地分析任意给定的推理,除了辨识其中的前提、结论和推理关系之外,还有以下三点值得注意。

第一,无论是前提还是结论,单独来看都是命题。命题是或真或假的句子,但并非所有的句子都有真值,那些表达了肯定或否定判断的句子才是命题。对于疑问句("我只顾谈我的嗜好,使你心烦了吧?")和感叹句("永远不要再问我这个问题!")这样的句子而言,我们无法判断其真值,因此它们不是命题。

第二,细致的观察和渊博的学识往往是获得证据的前提和关键。名侦探们总是能够留意到常人忽视的细节和线索,这也是缘何福尔摩斯曾说一个出色侦探的三个必要

① 〔英〕阿加莎·克里斯蒂:《谋杀启事》,何克勇译,北京:人民文学出版社,2007年,第293页。
② 〔英〕阿·柯南道尔:《福尔摩斯探案全集》(中册),丁钟华等译,北京:群众出版社,1981年,第287页。
③ Jaakko Hintikka, Merrill B. Hintikka, "Sherlock Holmes Confronts Modern Logic", in Umberto Eco, Thomas A. Sebeok (eds.), *The Sign of Three: Dupin, Holmes, Peirce*, Bloomington: Indiana University Press, 1983, p.162.
④ 纸纸:《法医宋慈》,北京:北京联合出版公司,2018年,第36页。

特征分别是观察、知识和演绎。① 俗话说，没有观察就没有发言权，这也可以理解为没有观察就无法为推理提供充分的前提。马虎的侦探特别容易忽视重要的细节，没能将重要的案件线索作为推理的前提，也就无法收集犯罪证据，更不能得出正确的结论。在《名侦探柯南：神秘凶器杀人事件》中，毛利小五郎认为案发时不在楼里的绿衣男子没有嫌疑，原因就在于他忽略了阳台栏杆处异样的划痕和案发时有人听到铁与铁之间的撞击声。

与毛利小五郎相比，福尔摩斯的观察能力显然更胜一筹。在《福尔摩斯探案全集：血字的研究》中，福尔摩斯一出场，就得出了一系列关于凶手特征的描述：

> 凶手是个男人，他高六英尺多，正当中年。照他的身材来说，脚小了一点，穿着一双粗皮方头靴子，抽的是印度雪茄烟。他是和被害者一同乘坐一辆四轮马车来的。这个马车用一匹马拉着，那匹马有三只蹄铁是旧的，右前蹄的蹄铁是新的。这个凶手很可能是脸色赤红，右手指甲很长。②

四轮马车

福尔摩斯是如何判断出凶手是和被害人乘坐一辆四轮马车而来的呢？他怎么连蹄铁的新旧都一清二楚呢？重点就是福尔摩斯观察到了常人易忽视的细节，"正是在这些细微（枝）末节的地方，一个干练的侦探才与葛莱森、雷斯垂德之流有所不同"③。

> 一到那里，我首先便看到在马路石沿旁有两道马车车轮的痕迹。由于昨晚下雨以前，一个星期都是晴天，所以留下这个深深轮迹的马车一定是在夜间到那里的。除此以外，还有马蹄的印子。其中有一个蹄印比其他三个都要清楚得多，这就说明那只蹄铁是新换的。这辆车子既然是在下雨以后到那里

---

① 福尔摩斯所讲的演绎与本书的界定有所不同。在福尔摩斯那里，演绎即是推理，其原因或许如柯南道尔交代的，虽然福尔摩斯博学多才，但他对哲学史和一些哲学概念并不通晓。实际上，我们通常将演绎看作推理的一种类型。参见 Marcello Truzzi, "Sherlock Holmes: Applied Social Psychologist", in Umberto Eco, Thomas A. Sebeok (eds.), *The Sign of Three: Dupin, Holmes, Peirce*, Bloomington: Indiana University Press, 1983.

② 〔英〕阿·柯南道尔：《福尔摩斯探案全集》（上册），丁钟华等译，北京：群众出版社，1981年，第31页。

③ 〔英〕阿·柯南道尔：《福尔摩斯探案全集》（上册），丁钟华等译，北京：群众出版社，1981年，第33页。

的,同时根据葛莱森所说,整个早晨又没有车辆来过,由此可见,这辆马车一定是昨天夜间在那里停留过;因此,也就正是这辆马车把那两个人送到空房那里去的。①

　　我在街道上清清楚楚地看到了一辆马车车轮的痕迹。经过研究以后,我确定这个痕迹必定是夜间留下的。由于车轮之间距离较窄,因此我断定这是一辆出租的四轮马车,而不是自用马车,因为伦敦市上通常所有出租的四轮马车都要比自用马车狭窄一些。②

福尔摩斯通过观察马路石沿旁车轮的痕迹、马蹄的印子以及车轮间距离的宽窄,结合天气状况和葛莱森的调查,进而得出关键性的结论:凶手是和被害者一同乘坐一辆四轮马车来的,这个马车用一匹马拉着,那匹马有三只蹄铁是旧的,右前蹄的蹄铁是新的。

在《大唐狄公案:黑狐奇案》中,狄仁杰通过在晚宴上的细致观察将凶手的范围缩小至罗县令所宴请的邵学士、张兰波和如意法师三人身上:

　　罗兄,咱们再回到在露台上看烟火的时候。你能再描述一下咱们站在栏杆边上的情景吗?玉兰在我左边,你站在她的边上,再过去是你的幕僚和管家。尽管你的烟火绚丽多彩,我还是不时朝周围看,咱们这几个人都没离开过站立的地方。但是我不知道邵学士、张兰波和如意法师怎么样,以及他们在咱们后面什么地方。刚开始放烟火时,我瞥到过邵学士,结束时也看到了他,那时他正和张兰波、如意法师一起走过来。但是在放烟火的过程中你见过他们三人吗?③

当狄仁杰得知罗县令在放烟火的过程中也没有看到这三人后,他又分析道:

　　这正是我所担忧的。你刚才告诉过我,诗人都知道王妃梯的故事,还知道大厅后面的小屋,门就在大绸幔后面。这就是说,你的三位客人都有极好的机会谋杀休息室里的小凤。他们事先都知道小凤在那个屋里,因为你宣布过,等烟火结束,小凤就出来表演。他们有充足的时间来考虑这个既简便又有效的计划。仆役们把灯火全灭掉以后,大家都在盯着园子里的烟火,凶手便可回到大厅,溜到绸幔后面的小屋里,佯装说几句奉承的话,然后拿起剪刀把她杀死,再从容不迫地从原路回到露台。全部过程只要一小会儿即可。④

除了在放烟火的过程中"不时朝周围看"以随时观察周围人的动向,狄仁杰还通过"罗县令宣布过,等烟火结束,小凤就出来表演"推出三位客人"事先都知道小凤在那个屋里",通过"诗人都知道王妃梯的故事,还知道大厅后面的小屋,门就在大绸幔后面"推出"他们都有极好的机会谋杀休息室里的小凤"。可见,狄仁杰将凶手锁定在三位宾客身上的一系列过程,既涉及细致的观察,又离不开严密的推理。

---

① 〔英〕阿·柯南道尔:《福尔摩斯探案全集》(上册),丁钟华等译,北京:群众出版社,1981年,第32页。
② 〔英〕阿·柯南道尔:《福尔摩斯探案全集》(上册),丁钟华等译,北京:群众出版社,1981年,第120页。
③ 〔荷〕高罗佩:《大唐狄公案·肆》,金昭敏、梁甦、陆钰明等译,北京:北京联合出版公司,2018年,第298页。
④ 〔荷〕高罗佩:《大唐狄公案·肆》,金昭敏、梁甦、陆钰明等译,北京:北京联合出版公司,2018年,第298-299页。

前提除了可以通过观察获得之外,还可以通过渊博的知识获得。我们的名侦探柯南每次都能顺利破案,这不仅归功于他超乎常人的敏锐观察力,而且得益于他那"上及天文,下达地理"的立体知识结构。我们知道,福尔摩斯的知识面也很广,既通晓化学知识、解剖学知识、地质学知识、植物学知识、政治学知识等,又熟读各种犯罪史。在《福尔摩斯探案全集:伯尔斯通的悲剧》中,福尔摩斯通过一幅画就判断出他的宿敌莫里亚蒂教授靠非法手段攫取金钱。因为福尔摩斯发现莫里亚蒂的房中有一幅法国画家格罗兹的油画,根据福尔摩斯对这名画家的了解,他的画作在拍卖会上能卖到四万英镑,而莫里亚蒂教授的年薪不过七百英镑。凭借着深厚的艺术造诣,福尔摩斯才能从细枝末节中发现常人不会注意到的问题,并以此为前提进行推理。在侦破案件的过程中,福尔摩斯还曾问警官麦克唐纳是否知晓乔纳森的故事。麦克唐纳在得知乔纳森只不过是一个数年前的罪魁之后,表示这对案件的侦破并没有多大帮助。于是,福尔摩斯开玩笑似的建议麦克唐纳闭门读书三个月,每天读十二个小时犯罪史。因为历史就像一面镜子,许多事件都是循环往复的。分析过去发生的案件与当下案件的区别和联系,有助于进一步确定侦查的方向和方法。

第三,一般情况下,推理都是由前提出发得出结论。但是前提和结论也会出现顺序上的差异。出于强调的目的,结论被置于前提之前的情况也十分常见。比如,在《啤酒谋杀案》中,克雷尔被判杀害了自己的丈夫,她的女儿请求波洛查明真相,波洛厘清了真相,并将案件相关人员聚集到一起,宣布他的调查结果。

> 我意识到卡罗琳·克雷尔是无辜的——根本不可能犯罪……威廉斯小姐见到的是——她看见卡罗琳·克雷尔非常仔细、非常急切地擦去指纹,后来把已死去的丈夫的指纹印在酒瓶上。在啤酒瓶上,注意。但毒芹碱在酒杯里——根本不在啤酒瓶里。警察在酒瓶里根本没有找到毒芹碱……被认为毒死丈夫的人根本就不知他是如何被毒死的。她以为毒药在酒瓶中。[①]

在这个案件中,因为调查的重点是围绕克雷尔是不是真凶进行的,因此波洛首先给出了他的结论——克雷尔不是凶手。接着才论述得出这一结论的前提:根据威廉斯小姐目击的情况推得克雷尔认为酒瓶中的毒芹碱导致了丈夫的死亡,又根据警方的检验可知杀害凶手的致命毒药是在酒杯里(而非在酒瓶里),由此可以推得克雷尔并不知道她的丈夫是如何被毒死的,因此克雷尔不是真正的凶手。事实上,凶手是丈夫的情人,她将毒下在了酒杯里。但由于克雷尔的妹妹以前做过往酒里放东西的恶作剧,克雷尔担心妹妹杀了人,所以才会以伪造现场的方式来保护自己的妹妹。

---

① 〔英〕阿加莎·克里斯蒂:《啤酒谋杀案》,李平、秦越岭译,北京:人民文学出版社,2006年,第238-239页。

思考题

一、下列句子中哪些是命题，哪些不是命题？ 为什么？

1. 如果石神没有爱上她的话，他就不会犯罪。

2. 你走，不要再来！

3. 或者隐瞒这起命案，或者切断命案与你们的关系。

4. 如果我略去了日期或其他能够使人追溯到事情真相的情节，希望读者原谅。

5. 他有同事吗？

6. 洋子小姐不是犯人。

7. 长得这么可爱又惹人怜的洋子小姐怎么可能是犯人呢？

8. 如果那是利用冰锥所造成的伤口，肺部会被刺穿一个洞。

9. 你的头发长得像珊瑚一样，怎么还不会游泳呢？

10. 婆婆的硬币不是掉在冰箱下面就是掉在了花盆里面。

二、下列各段话中是否包含推理？ 如果答案是否定的，请说明原因；如果答案是肯定的，请指出前提和结论分别是什么。

1. 在短短数分钟内，人的血迹不会变干。柯南跌倒后血迹并没有被破坏，这说明血迹已经干透，所以黑岩先生的死亡时间要更早一些。

2. 如果一位健壮的绅士进我屋来，肤色晒得超过了英国气候所能达到的程度，手帕放在袖口里而不是衣袋里，那就不难断定他是从哪儿来的。

3. 杀死山崎的是小瞳，不是爱子。 因为用那种刀是没办法把人头砍下来的，以一个女人的力气更不可能。 小瞳为了嫁祸于爱子，就事先把刀放在爱子包里了。

4. 绑匪在绑架小姐后，潜入松树林逃跑，这么说狗应该会叫才对。 但是仆人们却说当时除了麻生管家的声音其他什么都没有听到。 因此，绑架小姐的应该是家里人。

5. 假如你想隐瞒自己的姓名和身份，我劝你以后不要再把名字写在帽里儿上，或者你拜访别人时，不要把帽里儿朝向人家。

三、请分别列出下列推理的前提和结论，并思考是否有前提或结论被省略的情况。

1. 任何物体坠落都将符合物理学定律，但是死者的坠楼时间(坠落十分钟)却并不符合物理学定律。

2. 如果死者三点钟就被杀害的话，尸体应该早就僵直了，但是到五点半尸检的时候尸体也没僵直。

3. 如果割腕自杀，那浴缸的边沿上应该也会有血迹，而不会像被擦拭过一样干净，因为对于一个一心寻死的人是不会这样做的。

4. 如果谷口小姐是在走出电梯时被凶嫌刺杀的话，应该是倒在电梯里面才对，但是，她却是朝向电梯的外面倒下去的。

5. 她别的首饰都做过定期保养，她的婚戒却没有，婚姻不幸的证据在此。

四、观看《名侦探柯南：危命的复活，新一回来了》，谈谈工藤新一的观察力为他的推理提供了怎样的前提，这些前提对于找到真相是否重要并说明理由。

第二节　简单命题与复合命题

既然逻辑学旨在为评价好推理与坏推理提供标准，而人们使用的推理从数量上来看是无穷的，那么逻辑学家就需要在这无穷的推理之中找到出路，进而提供一系列评价推理的方法或原则。由于任何推理都是由命题构成的，它们自然就成了逻辑学家研究的起点。

命题可以被肯定或否定。在传统逻辑的视角下，命题的真值只有两种可能：真或假。按照真理符合论的标准，如果命题所断言的东西与客观事实相符，则其为真；如果命题所断言的东西与客观事实不相符，则其为假。每个命题都有一个确定的真值：真命题的真值为真，假命题的真值为假。

命题有简单命题和复合命题之分。简单命题只包含一个子句，且命题所陈述的内容与该子句所陈述的内容相同。也就是说，简单命题中不包含和自身不同的命题。比如"凶手是一个男人"就是一个简单命题，它只包含子句"凶手是一个男人"，且所陈述的内容与该子句所陈述的内容一致。而"凶手不是一个男人"不是一个简单命题，因为它所陈述的内容与构成它的子句"凶手是一个男人"并不一致。

复合命题是由一个或多个简单命题连同逻辑联结词构成的。最常用的四种逻辑联结词分别为：否定（记作"¬"）、合取（记作"∧"）、析取（记作"∨"）、蕴涵（记作"⊃"）。我们称相应的复合命题为否定命题、联言命题、选言命题和假言命题。

每个简单命题都有一个确定的真值，它由该简单命题是否与事实相符来决定。考虑简单命题"这本书的作者出生于沈阳"，它所断定的内容是与事实相符的，所以其真值为真。不过，复合命题的真值要复杂一些，因为它由构成它的简单命题以及联结词的含义共同决定。观察下面几个复合命题：

（1）人并非总能根据自己的主观愿望得到成功。

（2）他久病初愈而又历尽艰苦。

（3）她受斯台普吞的左右或者是出于恐惧，或者是因为爱情。

（4）如果你每次上课都坐在第一排，那么考试会得 100 分。

命题（1）"人并非总能根据自己的主观愿望得到成功"是一个否定命题。如果用大写字母 P 来代表"人总能根据自己的主观愿望得到成功"，那么命题（1）就可以被表示为命题 $\neg P$（"¬"为否定联结词）。由直觉可知：命题（1）为真当且仅当"人总能根据自己的主观愿望得到成功"为假;命题(1)为假当且仅当"人总能根据自己的主观愿望得到成功"为真。把这两种真值条件排列在一个表格里,我们便构造出了否定命题 $\neg P$ 的真值表(表1),第一列代表构成复合命题的简单命题的可能取值情况。当简单命题 P 为真时,复合命题 $\neg P$ 为假;当简单命题 P 为假时,复合命题 $\neg P$ 为真。

表 1 $\neg P$ 的真值表

P	$\neg P$
真	假
假	真

命题(2)"他久病初愈而又历尽艰苦"是一个联言命题。如果用大写字母 A 代表"他久病初愈",用 B 代表"他历尽艰苦",那么命题(2)可被表示为 $A \wedge B$("$\wedge$"为合取联结词,A 和 B 是两个合取支)。合取联结词对应于我们日常语言中的"并且""和""但是""而"等等。那么,在何种情况下我们会认为"他久病初愈而又历尽艰苦"是真的呢?只有在"他久病初愈"为真且"他历尽艰苦"也为真的情况下。因此,我们用下述真值表(表2)来表示联言命题的真值条件,真值表的前两列为其中简单命题真值的可能组合。

表 2 $A \wedge B$ 的真值表

A	B	$A \wedge B$
真	真	真
真	假	假
假	真	假
假	假	假

命题(3)"她受斯台普吞的左右或者是出于恐惧,或者是因为爱情"是一个选言命题。如果用大写字母 A 代表"她受斯台普吞的左右是出于恐惧",用 B 代表"她受斯台普吞的左右是因为爱情",那么命题(3)可被表示为 $A \vee B$("$\vee$"为析取联结词,A 和 B 是两个析取支)。析取联结词对应于日常语言中的"或者……或者……""要么……要么……"等。那么,在何种情况下我们会说"她受斯台普吞的左右或者是出于恐惧,或者是因为爱情"为假呢?答案很显然,即在"她受斯台普吞的左右是出于恐惧"和"她受斯台普吞的左右是因为爱情"都为假的时候。因此,我们用下述真值表(表3)来表示选言命题的真值条件。

表 3 $A \vee B$ 的真值表

A	B	$A \vee B$
真	真	真
真	假	真
假	真	真

A	B	A∨B
假	假	假

命题(4)"如果你每次上课都坐在第一排,那么考试会得 100 分"是一个假言命题(或条件命题),如果用 A 代表"你每次上课都坐在第一排",用 B 代表"你考试会得 100 分",那么命题(4)可被表示为 $A \supset B$("$\supset$"为蕴涵联结词,A 为前件,B 为后件)。蕴涵联结词对应于日常语言中的"如果……那么……""只要……就……"等等。假若我对学生们说出命题(4),他们在何种情况下会认为我说了假话呢?恐怕只有在这种情况之下:每次上课都坐在第一排,考试却没有得 100 分。也就是说,该假言命题只有在前件"你每次上课都坐在第一排"为真而后件"你考试会得 100 分"为假的时候才为假,在其他情况下都为真。因此,我们用下述真值表(表 4)来表示假言命题的真值条件。

表 4　$A \supset B$ 的真值表

A	B	A⊃B
真	真	真
真	假	假
假	真	真
假	假	真

要知道,命题(4)并没有肯定前件"你每次上课都坐在第一排",也没有肯定后件"考试会得 100 分",而只是肯定了"如果你每次上课都坐在第一排,那么考试会得 100 分"。换言之,假言命题只是断言如果前件为真,其后件也一定为真。

由"如果 A,那么 B"或"只要 A,就 B"等构成的假言命题,也被称为充分条件假言命题。其中前件 A 是后件 B 的充分条件:当 A 为真时,B 一定为真;当 A 为假时,B 可能为真,也可能为假。比如,根据"应当预见自己的行为可能发生危害社会的结果,因为疏忽大意而没有预见,或者已经预见而轻信能够避免,以致发生这种结果的,是过失犯罪",这里"应当预见自己的行为可能发生危害社会的结果,因为疏忽大意而没有预见,以致发生这种结果"是过失犯罪的充分条件。除了这种情况之外,还可能由于"已经预见而轻信能够避免,以致发生这种结果"导致过失犯罪。需要指出的是,用作定案根据的充分条件假言命题必须符合事实和法律,否则很可能导致冤假错案。[1]

在《大唐狄公案:玉珠串奇案》中,狄仁杰与三公主会面后推理出了三公主命他查办此案的用意:

他越想越觉得不对劲,一切皆显牵强附会。唯一清楚的是她为何要他帮忙:她怀疑某个最亲近的侍从与偷盗有关,故而她需要一个与宫中无关联且

---

[1]　赵利、黄金华:《法律逻辑学》,北京:人民出版社,2010 年,第 164 页。

宫中亦无人知晓的官员来查办此案，因此她一再强调要严守机密。①

三公主"怀疑某个最亲近的侍从与偷盗有关"，导致她命狄仁杰这一与宫中无关联且宫中亦无人知晓的官员来查办此案；而如果三公主并不怀疑某个最亲近的侍从与偷盗有关，那么命一位与宫中无关联且宫中亦无人知晓的官员来查办此案的结果则可能出现，也可能不出现。因此，"她怀疑某个最亲近的侍从与偷盗有关"与"她需要一个与宫中无关联且宫中亦无人知晓的官员来查办此案"之间的联系是充分条件联系。

由"只有 A，才 B"或"除非 A，否则 B"等构成的假言命题，也被称为必要条件假言命题。其中前件 A 是后件 B 的必要条件：若 A 为假，则 B 也一定是假的；若 A 为真，则 B 可真可假。当亨利爵士说"除非塞尔丹重新被关进监狱，否则谁也不会感到安全"的时候，他意指"塞尔丹重新被关进监狱"为"其他人感到安全"提供了必要条件。再如，"国家工作人员利用职务上的便利，侵吞、窃取、骗取或者以其他手段非法占有公共财物的，是贪污罪"，这里"国家工作人员"是犯贪污罪的必要条件，非国家工作人员不会犯贪污罪，而国家工作人员不见得会犯贪污罪。

在侦查过程中，侦探经常根据现场的毛发、脚印、指纹等痕迹来刻画嫌疑人的特征，凡不符合这些特征的人就可以被排除。比如，在《法医秦明：地沟油中惊现人手》中，两名死者均为颅骨受到钝器重伤而死，颅骨边缘的痕迹规律且清晰，作案工具很有可能是圆形金属钝体物，秦明据此判断"只有具备圆形金属钝体物的人，才是凶手"。因此，"具备圆形金属钝体物"与"是凶手"之间的联系是必要条件联系。

现在，我们了解了四种复合命题的含义及真值情况。在此基础上，希望读者可以进一步思考以下难点内容。

第一，就像我们之前提到的那样，命题和句子是有区别的。有的句子是命题，而有的句子则不是命题。另外，不同的句子可能表达相同的命题；相同的句子也可能表达不同的命题。比如：

（5）构成这个案子的每条线索都已经掌握在警方手中了。

（6）警方已经把构成这个案子的每条线索都掌握在手中了。

（7）天在下雨。

虽然（5）和（6）是两个不同的句子，但是它们表达的命题却相同。而同一个句子（7）则可能表达不同的命题，如"武汉在下雨"或"广州在下雨"。

第二，选言命题有相容的选言命题和不相容的选言命题之分，以上我们讨论的是前者，后者如：

（8）那个不知来由的人或者正藏在这里，或者正在沼地里荡来荡去。

虽然都由"或者……或者……"联结，但是命题（8）与命题（3）仍是有所区别的。因为命题（3）是一个相容的选言命题，命题（8）是一个不相容的选言命题。在本书中，如果没有特殊说明，我们便是在相容选言命题的前提下展开讨论的。

① 〔荷〕高罗佩：《大唐狄公案·肆》，金昭敏、梁甦、陆钰明等译，北京：北京联合出版公司，2018年，第29页。

相容的选言命题如果为真,则它的析取支至少有一个是真的,也可能所有的析取支都为真。就如我们在命题(3)中所看到的那样,爱情和恐惧是可以同时存在的两种感情。而不相容的选言命题如果为真,则有且仅有一个析取支为真。命题(8)中的两个析取支是不相容的,当析取支"那个不知来由的人正藏在这里"和析取支"那个不知来由的人正在沼地里荡来荡去"都为真或都为假的时候,命题(8)的真值均为假。这一点我们通过常识也很容易理解:如果这个命题为真,那么此人只能藏在这两个地方中的一个;如果这个命题为假,则此人要么不在这两地,要么此人既在这个地方又在那个地方。

第三,在上述四个真值表之中,最容易引起困惑的恐怕要数假言命题的真值表了。为何当前件 A 为假的时候,$A{\supset}B$ 依然为真? 实际上,逻辑学家并不否认日常语言中的"如果……那么……"与"$A{\supset}B$"的真值情况可能会有所差别。在日常语言中,我们可以在多种不同的含义下使用假言命题,比如:

(9) 如果我能够找到凶手,你就该加上十倍的努力去找宝物。

(10) 如果他是单身汉,那么他是未婚的。

(11) 如果我可以长出翅膀飞起来,那么我就能立刻来到你身边。

不难发现,虽然命题(9)、(10)和(11)都使用了假言命题,但是其中的前后件关系并不相同。命题(9)的前件与后件是一种决策关系;命题(10)的前件与后件是一种由词义确立的蕴涵关系;命题(11)的前件与后件则是一种反事实关系。所以说,$A{\supset}B$ 并不表示前件与后件之间的实在联系,而是逻辑学家从多种前后件关系中抽取出的最基本的真值关联,即 $A{\supset}B$ 为真当且仅当其并非前件真而后件假。

第四,我们需要将假言命题与推理区分开来。命题(4)是一个假言命题,它只断定如果前件"你每次上课都坐在第一排"为真,那么后件"你考试会得 100 分"不会为假。而当前件为假的时候,无论后件取值如何,该假言命题都为真。也就是说,即使在前件和后件都为假的时候,假言命题依然为真。现在考虑推理"斯茂之所以没有得到那宝物,是因为他和他的同伙全是罪犯,行动上不得自由",如果这个推理的前提"斯茂和他的同伙全是罪犯,行动上不得自由"和结论"斯茂没有得到那宝物"都为假的话,我们绝不会认为它是一个好的推理。但是,推理与假言命题之间也有着密切的联系。因为假言命题既可以作为推理的前提,也可以作为推理的结论。而且,任何推理都可以被改写成前提蕴涵结论的假言命题。

第五,命题与非命题的区分标准不是机械的,不能仅凭句子表面的形式判定。疑问句、感叹句、祈使句通常是没有真值的,因而不是命题。但判断命题与否的关键不在句式,而在句子实际所表达的命题内容。在推理中可能存在着一些反问句或祈使句的形式。比如"鉴于华为是我国最具影响力的创新公司,你应该买华为手机"虽然包含了一个应然的祈使句,但旨在维护某种价值判断,那么就可以被看作命题。另外,反问句是一种十分有力的表明观点的方法,它强调了唯一合适的肯定或否定的答案。例如:

如果一个人要想在伦敦城中到处跟踪着另外一个人,除了做一个马车夫外,难道还有其他更好的办法吗? 考虑了这些问题以后,我就得出这样一个必然的结论来:杰弗逊·侯波这个人,必须到首都的出租马车车夫当中去寻找。①

在上述推理中,"如果一个人要想在伦敦城中到处跟踪着另外一个人,除了做一个马车夫外,难道还有其他更好的办法吗?"表达的命题内容是"在伦敦城中跟踪另外一个人的最好办法就是做一个马车夫",我们将反问句改写为命题后,该推理就变成了"因为在伦敦城中到处跟踪着另外一个人的最好办法就是做一个马车夫,所以,杰弗逊·侯波这个人必须到首都的出租马车车夫当中去寻找"。

思 考 题

一、判断下列命题是否定命题、联言命题、选言命题还是假言命题。

1. 弃置一旁的自行车并非故布疑阵。

2. 佐山是个看不开且心地善良的人。

3. 这是爱情的问题,而不是食欲的问题。

4. 如果她婚姻幸福,那么婚戒将与其他首饰一样做定期护理。

5. 真中老板甩出去的笔,笔尖并没有收进去。

6. 如果枪口抵着头部开枪的话,头上应该会有烧伤的痕迹。

7. 如果你把那个卖掉的话,我就把你宰掉。

8. 我还从地板上收集到一些散落的烟灰,它的颜色很深而且是呈片状的。

9. 谋杀康妮的真凶不是肯尼,而是肯尼的男仆。

10. 已经弄到一大笔钱财的强盗往往都是想要安安静静地享受一下,而不会轻易再去冒险。

二、你能构建出下列命题的真值表吗? 观察你所构建的真值表,并指出其中的简单命题。

1. 尸体上未系重物。

2. 如果谷口小姐是在走出电梯时被凶嫌刺杀的话,应该是倒在电梯里面才对。

3. 打前方窗户逃走,那可逃不过街上一伙人的眼睛。

4. 罗斯玛丽像天使一样可爱,却蠢得像猪一样。

5. 如果你没能及时拆下炸弹,你的女朋友就会被炸死。

6. 这不是睁着眼睛不愿意正视现实的时候。

7. 很明显手机不是之前就丢在船上的,而是直升机上的人带来的或者被其他人在之后特意放在那里的。

8. 辛普森既没有刀,又没有伤痕。

---

① 〔英〕阿·柯南道尔:《福尔摩斯探案全集》(上册),丁钟华等译,北京:群众出版社,1981年,第122页。

三、观察下列假言命题，指出其中的充分条件和必要条件分别是什么。

1. 如果自行车上没有指纹，你们就查不出死者的身份。

2. 除非是个血液旺盛的人，否则不会在情感激动时这样大量流血。

3. 只有有人提前通知，间谍才能知道准确的行船方向。

4. 要是被他们发现工藤新一还活着，不仅我的性命堪忧，还会危及我身边的人。

5. 只要锁定了罪犯，我就有办法让他招供。

四、下列选言命题是相容的还是不相容的？ 请你试着举出两个相容选言命题和两个不相容选言命题的例子。

1. 酒杯是犯人留下的标志或是死者留下的线索。

2. 要趁着堵车逃离现场，要么徒步，要么骑摩托车。

3. 头脑正常的人怎么可能随身携带氰化钾？ 除非是打算用来清除花园里的马蜂窝。

4. 马不是回到金斯皮兰马厩，就是跑到梅普里通马厩去了。

5. 如果阿时中途下了车，地点应该是在二十点发车的热海，或是二十一点零一分发车的静冈。

第三节　命题的类型与比较

构成推理的命题在数量上是难以穷尽的，它们既可能是简单命题，也可能是由简单题、否定命题、联言命题、选言命题和假言命题中的一种或多种构成的多重复合命题。不过，理论上来讲，在掌握了上一节内容的基础上，我们可以构建出具有任意复杂度的复合命题的真值表。以下面几个多重复合命题为例：

（1）由美要么死在冲田家，要么没有死在冲田家。

（2）由美死在冲田家并且由美没有死在冲田家。

（3）如果由美死在冲田家，而案发时冲田家只有冲田一人，那么冲田是凶手。

令 Y 表示"由美死在冲田家"，L 表示"案发时冲田家只有冲田一人"，K 表示"冲田是凶手"，那么上述三个多重复合命题的命题形式分别为：

（4）$Y \lor \neg Y$

（5）$Y \land \neg Y$

（6）$(Y \land L) \supset K$

我们先构建命题形式（4）的真值表（表5）。首先列出其中出现的所有简单命题及其真值组合情况，然后依次列出其中包含的复合命题及其真值组合情况，并观察多重复合命题的真值是如何随着构成它们的简单命题的真值的变化而变化的。

表5　$Y \vee \neg Y$ 的真值表

Y	$\neg Y$	$Y \vee \neg Y$
真	假	真
假	真	真

可以看出,无论 Y 的取值怎样变化,真值表的最后一列均为真,我们把这种取值恒为真的命题称为重言命题。

再看命题形式(5)的真值表(表6):

表6　$Y \wedge \neg Y$ 的真值表

Y	$\neg Y$	$Y \wedge \neg Y$
真	假	假
假	真	假

无论 Y 的取值如何变化,$Y \wedge \neg Y$ 的真值恒为假,我们称这样的命题为矛盾命题。重言命题与矛盾命题有一个共同点,那就是它们的真值只与多重复合命题的形式或结构相关,而与事物本身的情况无关。比如,当犯罪嫌疑人说出类似"我一直在房间待着没有出去过……看到有个人影从门口闪过,我就追了出去"的矛盾命题,我们可以轻而易举地判断出他说的是假话,因为看到人影追了出去,说明嫌疑人并没有一直待在房间。

最后再看命题形式(6)的真值表(表7),其最后一列的取值时而为真,时而为假,我们把这种命题称为偶真命题。

表7　$(Y \wedge L) \supset K$ 的真值表

Y	L	K	$Y \wedge L$	$(Y \wedge L) \supset K$
真	真	真	真	真
真	真	假	真	假
真	假	真	假	真
真	假	假	假	真
假	真	真	假	真
假	真	假	假	真
假	假	真	假	真
假	假	假	假	真

概言之,依照命题的真假取值情况,我们将命题依次划分为重言命题、矛盾命题和偶真命题三种类型。偶真命题与重言命题、矛盾命题的最大区别在于,其真值是依赖于事物本身的情况的。比如,在《字母表谜案:P 的妄想》中,珠美女士在家中被毒害,根据警方初步勘查,被害人的死亡时间在下午的五点到六点之间,嫌疑人加寿子辩称"五点到六点我一直在厨房(Y)",并且"绘里小姐能证明五点到六点我一直在厨房

(L)"，那么"我不可能是凶手(K)"。我们可以把加寿子的辩白写成$(Y \wedge L) \supset K$的形式，这是一个偶真命题。经过详细调查，凶手正是加寿子。尽管这一假言命题的前件为真，但后件却是假的，加寿子利用胶囊延缓了被害人中毒的时间，又用毛毯和绳子制作机关让警方误以为案发时间是五点到六点，以此制造不在场证明。混淆作案时间、伪造不在场证明是罪犯的惯用伎俩，往往需要侦探更仔细地调查才能厘清真相。[①]

真值表除了可以帮助我们确定命题的类型，还可以用来确定命题间的相互关系。等值关系和矛盾关系是命题之间最常见的两种关系，它们对于我们更深刻地理解多重复合命题的内涵以及在思维中做到前后一致、避免自相矛盾具有重要意义。

比较$\neg A \vee B$和$A \supset B$的真值表（表8）：当A真、B真的时候，$\neg A \vee B$和$A \supset B$的真值都为真；当A真、B假的时候，$\neg A \vee B$和$A \supset B$的真值都为假；当A假、B真的时候，$A \supset B$和$\neg A \vee B$的真值都为真；当A假、B假的时候，$\neg A \vee B$和$A \supset B$的真值也都为真。也就是说，无论构成它们的简单命题的真值如何变化，$\neg A \vee B$和$A \supset B$的真值均相同，在这种情况下，我们称这两个命题形式是等值的。[②]

表8　$\neg A \vee B$和$A \supset B$的真值表

A	B	$\neg A$	$\neg A \vee B$	$A \supset B$
真	真	假	真	真
真	假	假	假	假
假	真	真	真	真
假	假	真	真	真

由下面的真值表（表9）可知：$A \vee B$和$\neg A \wedge \neg B$是矛盾的，因为在所有简单命题的真值组合中，它们的取值都相反。

表9　$A \vee B$和$\neg A \wedge \neg B$的真值表

A	B	$\neg A$	$\neg B$	$A \vee B$	$\neg A \wedge \neg B$
真	真	假	假	真	假
真	假	假	真	真	假
假	真	真	假	真	假
假	假	真	真	假	真

同样的道理，比较$A \supset B$和$\neg B \supset \neg A$的真值表，会发现它们是等值的。结合上节的内容可知，假言命题若断定前件是后件的充分条件，也就等值于断定后件是前件的必要条件；若断定前件是后件的必要条件，就等值于断定后件是前件的充分条件。

掌握了命题间的等值和矛盾关系，可以帮助侦探们从不同角度分析推理判断是否得当。在《大唐狄公案：红阁子奇案》中，由于30年前陶匡的尸体被发现时，红阁子卧

---

① 〔日〕大山诚一郎：《字母表谜案》，曹逸冰译，郑州：河南文艺出版社，2021年，第1-44页。
② 既然$A \supset B$与$\neg A \vee B$是等值的，那么这就为我们提供了另外一种理解$A \supset B$真值的途径，因为$\neg A \vee B$只有在A真B假的时候才为假。

房门锁着,钥匙在房内地板上,一把匕首紧紧握在死者手中,故当时的县令裁定其为自刎而死。但狄仁杰深入调查这起 30 年前的事故后发现,这实际上是凶手故意制造的自杀现场。分析时任县令的判断可知,"红阁子卧房门锁着,钥匙在房内地板上,一把匕首紧紧握在死者手中"这一系列情况暗示着死者似乎是自杀的,县令据此初步判定"死者为自杀而亡",这一判定即为"如果案发现场呈现出死者自杀的情况,则死者为自杀而亡",该命题等值于"如果死者不是自杀而亡,那么案发现场不会呈现出死者自杀的情况",而这一判断显然站不住脚,它忽略了凶手可能会伪造自杀现场的情况,即命题"如果案发现场呈现出死者自杀的情况,那么死者为自杀而亡"与命题"案发现场呈现出死者自杀的情况,但死者并非自杀而亡"相矛盾。通过命题间的等值转换,侦探们更易快速地排除那些不合理的分析假定,更快地查明案件真相。

思 考 题

一、先写出下列多重复合命题的命题形式,再用真值表判断它们是重言的、矛盾的还是偶真的。

1. 如果优子小姐是第一次来洋子小姐的家里,那么她不会知道那个造型独特的东西是打火机。

2. 或者优子小姐是第一次到洋子小姐的家里,或者优子小姐不是第一次到洋子小姐的家里。

3. 优子小姐第一次来洋子小姐的家里并且她知道那个造型独特的东西是打火机,这并不是真的。

二、下列命题是等值的吗? 为什么?

1. 如果优子小姐是第一次来洋子小姐的家里,那么她不会知道那个造型独特的东西是打火机。

2. 或者优子小姐不是第一次来洋子小姐的家里,或者她不知道那个造型独特的东西是打火机。

3. 优子小姐第一次来洋子小姐的家里并且她知道那个造型独特的东西是打火机,这并不是真的。

三、下列命题是矛盾的吗? 为什么?

1. 或者优子小姐不是第一次来洋子小姐的家里,或者她不知道那个造型独特的东西是打火机。

2. 优子小姐确实是第一次来洋子小姐的家里,并且她知道那个造型独特的东西是打火机。

第四节　概念、定义与划分

推理由命题构成,命题由概念构成,而概念的语言载体是语词。概念的意义有两个维度:内涵和外延。概念的内涵反映事物的本质属性,概念的外延则是其所指称的对象。比如:"犯罪分子"这一概念的内涵是实施了具有社会危害性的行为,触犯了刑律,应受到刑罚处罚的人,而它的外延包括犯有各种各样罪行而应受到刑罚处罚的那些人;"证据"这一概念的内涵是证明案件真实情况的一切事实,而它的外延包括书证、物证、证言、辩解等。[①]

自然语言的特点是通俗易懂、灵活多变,但缺点在于有不确定性。有的哲学家(如莱布尼茨)认为,产生哲学分歧的本质原因就在于语言意义的不精确。这提醒我们,在推理时首先要确保使用清晰的概念,避免含混不清、过度概括或偷换概念。

含混不清指的是概念的界定十分模糊、边界不清。比如"你学习得多,你就知道得多;你知道得多,你也就忘记得多;你忘记得多,你就知道得少",这里的"多"和"少"的意义是含混不清的,并没有说明它们究竟是相对于整体知识储备的变化而言还是通过学习所获得的新知识而言。当法律条文中包含"情节较轻""数额较大"这类概念时,就需要作出相应的解释,以进一步明确其适用对象。

过度概括指的是没有严格限制概念的内涵,导致其外延远大于实际上应有的范围。比如,当被问及"和你下棋的是人还是电脑"时,"是人"可能是个非常合适的回答;但如果问题是"犯罪嫌疑人有什么特征","是人"就是一个过度概括且毫无用处的答案了。在侦探故事和现实案件中,受害者往往需要通过家属或朋友的辨认才能确定其身份。如果用所有或大部分人都具有的特征去概括,对于确认受害者的身份来说就会收效甚微。在《摩格街谋杀案:罗杰疑案》中,《星报》报道了罗杰失踪数日后,在河里发现其尸体的案件,侦探杜潘就批评报道中存在过度概括的情况:

> 让我们来重新细读关于博韦辨认尸体的那部分论述。在有关手臂上的汗毛部分,《星报》的表述明显不真诚。博韦先生并不是傻瓜,不可能在辨认尸体时仅仅仓促地说手臂上有汗毛。而且,任何手臂上都有汗毛。《星报》的概括性表述只不过是歪曲了证人的措辞。他一定说过这毛发有某种特殊之处。它肯定有独特的颜色、数量、长度或位置。[②]

偷换概念指的是在同一思维过程中某个概念没有保持意义上的同一性。考虑推理"人是由猿进化来的,张三是人,所以张三是由猿进化来的"中的概念"人",其第一次出现是一个集合概念,第二次出现则是一个非集合概念。再如"根据我国刑法规定,犯罪分子有立功表现的,可以从轻或减轻处罚,张三在部队期间荣立三等功,是有立功表现的,因此可以从轻或减轻处罚",此处两次出现的"立功表现"就存在偷换概念的情况,部队期间的"立功表现"与刑法中规定的"立功表现"(揭发他人犯罪行为,查证属实的,或者提供重要线索,从而得以侦破其他案件等)是有显著差别的。[③]

在《字母表谜案:P 的妄想》案中,警方通过检验得知受害人死亡时间在下午的五点至六点,凶手称自己在五点至六点间一直在厨房工作,且有其他人可以为其作证,因此在初步调查中被排除了嫌疑。而事实上凶手在五点前已经完成了作案过程,在供词

---

① 陈金钊、熊明辉:《法律逻辑学》(第二版),北京:中国人民大学出版社,2015 年,第 59 页,第 66 页。
② 〔美〕埃德加·爱伦·坡:《摩格街谋杀案》,张冲、张琼译,上海:上海译文出版社,2005 年,第 52-53 页。
③ 雍琦:《法律逻辑学》,北京:法律出版社,2004 年,第 192 页。

中,凶手表明自己在五点到六点没有时间作案,实际上是巧妙地将"死亡时间"的概念偷换为"作案时间",以此混淆警方的视线。可见,如果推理的关键词有多种意义,而推理又在不同地方利用了这些不同的意义,那么由相同意义保证的关系就破裂了,无法确保从前提推出结论。

由上可知,在判断推理的结论是否为前提所支持之前,我们需要了解前提和结论的意思是什么。如果对方表达过度模糊或夹杂着歧义,具有逻辑思维能力的人就会要求对方进行澄清。澄清概念的意义,在构建和分析推理前就应进行。澄清意义的重要方法是下定义方法。

定义由被定义项、定义联项和定义项三个部分组成。被定义项就是被解释的概念,定义联项是用来联结被定义项和定义项的词项,定义项就是用来说明被定义项的表述。我们以风筝的定义为例:风筝是中国最早发明的一种玩具,有很轻的骨架,上面附有纸或其他很薄的材料,在大风中能借助一根线和用来平衡的尾巴飘浮在空中。在这个定义中,"风筝"是被定义项,"是"是定义联项,"中国最早发明的一种玩具,有很轻的骨架,上面附有纸或其他很薄的材料,在大风中能借助一根线和用来平衡的尾巴飘浮在空中"是定义项。

定义的类型包括语词定义和实质定义,前者如词典定义、规定定义,后者如属加种差定义。

词典定义指被定义项在词典中的常规用法,如《现代汉语词典》(第七版)将志愿者定义为"自愿为社会公益活动、赛事、会议等服务的人"。规定定义指通过规定来确定某些语词的含义,包括创造一个新词或者旧词新用,比如"百度自己者"即那些总是在百度上搜索自己名字的人;"内卷"本来是一个贝类学名词,这类贝壳不是往外生长,而是向内卷曲,形成很多构造,但是在外观上完全看不出这些构造,当下用来指因资源有限而导致的激烈的、非理性的内部竞争;"打工人"除了原本的意思,还传递着积极向上的力量,特指坚守岗位、不忘初心的年轻人。

由此可见,概念的定义不是一成不变的,会随着现实的需要和形势的发展而发生变化。比如人们过去都认为死亡就是"心脏停止跳动、停止呼吸",然而在 20 世纪 60 年代西班牙的一次交通事故中,被撞者经查确实心脏停止跳动、停止呼吸,医生出具了死亡证明,但其却在入棺后醒来;20 世纪 70 年代在美国的一次雪崩中,遇难者在心脏停止跳动准备予以掩埋后经抢救复活,此后人们将死亡界定为"脑电图成光滑水平线、无波折、24 小时无变化"。[①]

属加种差定义是通过邻近属概念和种差来明确概念的方法。在定义时,先将被定义项划分到一个笼统的种类当中,然后用差别性特征将其与该种类中的其他事物区别开来。因此,也可以说属加种差定义即先给出被定义项的属,再给出被定义项的种差。比如,给"故意杀人罪"下定义,首先确定其邻近属概念,即"杀人罪",然后把故意杀人罪与非故意杀人罪相比较,找出它们之间的差别,即"具有明确的杀人动机",最后将种

① 雍琦:《法律逻辑学》,北京:法律出版社,2004 年,第 31 页。

差概念与属概念结合,就得到了"故意杀人罪"的定义。

给罪名概念下定义,通常采用属加种差的定义方法。司法实践中,不同的办案人员对罪名概念的不同理解可能会影响对案件的处理,因此司法人员对相关罪名概念的理解是否得当,将直接关系到犯罪定性是否准确。[①] 例如,某大学生在动物园用硫酸泼熊;有的专家认为应属危害珍贵、濒危野生动物罪,有的专家则认为应属故意毁坏财物罪。[②]

定义应当恰如其分地解释被定义项的内涵,恰当的属加种差定义必须满足一定的标准。首先,属加种差定义需要反映被定义项的本质属性,对象的本质属性就是足以将这类对象与其他对象区别开来的特征,否则就不能达到阐释被定义项内涵的目的,如果将盗窃罪定义为"非法占有公私财物的犯罪行为",就没有反映出其本质属性,因为该定义并没有反映出盗窃罪与抢劫罪的区别;其次,要避免循环定义,即定义项中不应直接或间接地包含被定义项,如将近亲属定义为"比远亲属血缘关系更近的亲属";再次,定义不可用含混、隐晦或比喻性的语言来表示,比如将逻辑学定义为"烧脑的游戏";最后,要尽量避免否定的或带有倾向性的表述,比如"逻辑学不是历史学"或"逻辑学是聪明人的殿堂"。

前面我们介绍了如何用定义来揭示概念的内涵,下面我们简要谈谈如何用划分来揭示概念的外延。所谓划分,就是按照一定的标准将概念的属概念分成若干种概念,比如将犯罪分为故意犯罪和过失犯罪,将危险物品分为易燃性物品、易爆性物品、有毒物品、腐蚀性物品和放射性物品。其中,我们称"犯罪"为划分的母项,"故意犯罪"和"过失犯罪"为划分的子项。划分应当严格准确地给出被定义项的外延,正确的划分也必须满足一定的标准。首先,各子项外延之和必须恰好等于母项的外延,因此不应将小说划分为中篇小说和短篇小说;其次,同一次划分必须依据相同的划分标准,因此不应将犯罪划分为故意罪、过失罪、共同犯罪;最后,各子项的外延必须互相排斥,因此不应将学生划分为小学生、中学生、大学生、研究生、师范院校生。

在概念的内涵难以清晰界定,或者根据实际情况需要确切掌握概念适用范围的情况下,我们会用到划分的方法。除此之外,侦查实践中还可能会用到描述法,比如根据已经掌握的证据,对犯罪嫌疑人的特征进行描述,以缩小侦查范围。在《福尔摩斯探案全集:博斯科姆比溪谷秘案》中,福尔摩斯在勘查凶案现场后对凶手作出侧写:

> 那是一个高个子男子,他是左撇子,右腿瘸,穿一双后跟很高的狩猎靴子和一件灰色大衣,他抽印度雪茄,使用雪茄烟嘴,在他的口袋里带有一把削鹅毛笔的很钝的小刀。[③]

福尔摩斯是如何得出这些结论的呢? 由以下段落我们可以略知一二:

> 你可以从他走路步子的大小约略地判断他的高度。他的靴子也是可以从他的脚印来判明……他的右脚印总是不像左脚印那么清楚。可见右脚使

① 陈金钊、熊明辉:《法律逻辑学》(第二版),北京:中国人民大学出版社,2015年,第67-68页。
② 雍琦:《法律逻辑学》,北京:法律出版社2004年,第45页。
③ 〔英〕阿·柯南道尔:《福尔摩斯探案全集》(上册),丁钟华等译,北京:群众出版社,1981年,第326页。

的劲比较小。为什么？因为他一瘸一拐地走路,他是个瘸子……如果不是一个左撇子打的,怎么会打在左侧呢？当父子两人在谈话的时候,这个人一直站在树后面。他在那里还抽烟呢。我发现有雪茄灰,我对烟灰的特殊研究,所以能够断定他抽的是印度雪茄。[①]

在大数据时代,描述法有了新的发展方向——数据画像,它指的是通过大数据分析方法,对嫌疑人的身份、行为特征、消费习惯、人际关系等情况以数据形式表现出来,为犯罪侦查活动提供有力的线索。[②] 比如,在《法医秦明:爱情成骗局引发凶杀》中,与戚静静在相亲网站上交往过的男性多达100多人,排查难度极大。根据秦明所掌握的证据,警方从数据库中筛选出身高在170厘米左右的23位男性。接着,秦明回忆起捆绑死者的特殊绳索与绳结,建议警方排查是否有户外登山工作的相关从业者。最终,在相亲网站数据库的辅助下,警方在极短的时间内仅根据上述两点特征就将凶手从百余人当中筛选了出来。

思考题

一、下列语句作为定义是合格的吗？ 为什么？

1. 故意杀人罪就是非法剥夺他人生命的犯罪行为。
2. 诈骗罪就是非法占有公私财产的犯罪行为。
3. 犯罪就是严重危害公共安全的行为。
4. 抢劫罪就是实施了抢劫行为的犯罪。
5. 书是人类进步的阶梯。

二、请分析下列概念划分的组成及划分是否存在逻辑错误。

1. 学生有大学生、小学生、男生、女生。
2. 刑罚分为主刑和附加刑。
3. 附加刑分为罚金和剥夺政治权利。
4. 近亲属分为夫、妻、父、母、子、女。
5. 罪犯分为青少年犯、中老年犯和外来流窜作案罪犯。

三、在《大唐狄公案：黄金案》中有这样一段描述："狄公将座椅就地一转,面朝大门坐下,两手笼在袖中,心中寻思凶手会是何等人物。 杀害朝廷命官是谋反叛国的重罪,依律将被处以极刑,比如凌迟或俱五刑,凶手甘冒如此风险,必是有着非同小可的理由。 他又如何能在茶中投毒？ 既然仵作已经查验过未用的茶叶,证明皆是无毒,所以只能是锅中的茶水有异。 或许凶手曾送给王县令一小包有毒的茶叶,仅供冲泡一次之用,这是狄公所能想到的唯一解释。"这里采用了本节介绍的定义方法了吗？

① 〔英〕阿・柯南道尔:《福尔摩斯探案全集》(上册),丁钟华等译,北京:群众出版社,1981 年,第 328-329 页。
② 王燃:《大数据侦查》,北京:清华大学出版社,2016 年,第 138 页。

第五节　三种推理

无论是推理的前提还是结论,都是由命题构成的,而命题则是由概念构成的,我们在前面几节简要讨论了它们的内涵和特征。现在,让我们将目光转向前提与结论之间的关系上来。根据前提对结论支撑关系的差异,我们将推理分为演绎推理、归纳推理和溯因推理三种类型。

虽然福尔摩斯称自己的推理方法为演绎法,但从严格意义上来讲,他的"演绎法"是多种推理方法的结合。其中,归纳法(归纳推理)和溯因法(溯因推理)要远多于演绎法(演绎推理)。无论采用的是何种推理方法,似乎名侦探们总能通过敏锐的观察力和丰富的背景知识来得出可靠的结论。不过,尽管在大多数情况下他们可以料事如神,但是其看法也不总是正确的。事实上,推理的可废止性与推理的类型和特点密切相关。

在介绍三种推理之前,我们先来看三个例子。

(1)他摇头说道:"……咱们知道,他不是从门进来的,不是从窗进来的,也不是从烟囱进来的。咱们也知道他不会预先藏在屋里边,因为屋里没有藏身的地方,那么他是从哪里进来的呢?"

我嚷道:"他从屋顶那个洞进来的。"[1]

从房顶进来

(2)在铃木塔的开业仪式上,有三人相继被狙击身亡,案犯在狙击地留下的骰子上的数字分别是"4""3""2",柯南及警官据此猜测还有一次案件将发生,且留下的骰子上的数字是"1"。

(3)为什么琼诺赞·斯茂自己没有拿到宝物呢? 这个答案是显而易见

---

① 〔英〕阿·柯南道尔:《福尔摩斯探案全集》(上册),丁钟华等译,北京:群众出版社,1981年,第161页。

的。画那张图的日期,是摩斯坦和囚犯们接近的时候。琼诺赞·斯茂所以没有得到那宝物,是因为他和他的同伙全都是囚犯,行动上不得自由。[①]

囚犯无自由

(1)(2)和(3)分别例示了三种推理。在演绎推理中,前提对结论的支撑具有必然性。若前提为真,那么结论必然为真。如果(1)中的前提"他不是从门进来的,不是从窗进来的,不是从烟囱进来的,也没有预先藏在屋里边"是真的,并且进入房间只有门、窗、烟囱、屋顶的洞和预先藏进来这五种方式,那么结论"他从屋顶的那个洞进来的"就必然为真。

在归纳推理中,前提对结论的支撑具有或然性,这种支撑的信度可能很高,也可能极低。因而,即使前提为真,结论也可能为假。比如柯南在(2)中按照相同的发展趋势推测接下来将要发生的事情。由于之前的案件中骰子的数字逐渐降低,那么很有可能最后还有一个人遇害,并且骰子的数字为1。但是相信看过这部剧集的读者就会了解,案件后续的发展与这一归纳推理的结论并不相符,虽然确实出现了下一个死者,但骰子的点数却是5。这也就进一步例示了归纳推理的或然性特征——它可能会出错。

在溯因推理中,我们从令人惊异的事实(即疑点)出发,形成事实何以如此的可能性解释,进而推断该解释为真。在(3)中,福尔摩斯首先确定的事实是"琼诺赞·斯茂没有得到宝物",然后从这个情形出发形成解释"他是囚犯,行动上不得自由",该解释可以为已有的事实提供合理的说明。华生认为这只不过是揣测罢了,而福尔摩斯则回复道:"并不尽然。这不仅仅是揣测,而是唯一合乎实情的假设。咱们且看一看这些假设和后来的事实如何地吻合。"[②]乐观的情况是,进一步的事实能够证实所得解释,不过也不排除被证伪的可能。也就是说,溯因推理和归纳推理一样,它们都是可废止的推理。

我们应该怎样更清晰地区分演绎推理、归纳推理和溯因推理三者呢?皮尔士

①　〔英〕阿·柯南道尔:《福尔摩斯探案全集》(上册),丁钟华等译,北京:群众出版社,1981年,第174页。
②　〔英〕阿·柯南道尔:《福尔摩斯探案全集》(上册),丁钟华等译,北京:群众出版社,1981年,第174页。

(Peirce)曾以一组"白色豌豆"的例子来阐释演绎推理、归纳推理和溯因推理之间的区别。①

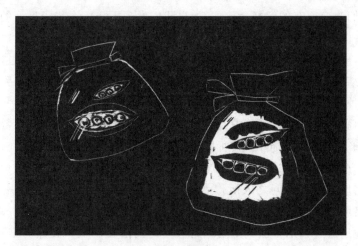

白色豌豆

演绎推理

（D_1）一般规则：这个袋子里的所有豌豆都是白色的。

（D_2）具体实例：这些豌豆是这个袋子里的。

（D_3）得到的结果：这些豌豆是白色的。

归纳推理

（I_1）具体实例：这些豌豆是这个袋子里的。

（I_2）观察到的结果：这些豌豆是白色的。

（I_3）形成的一般规则：这个袋子里的所有豌豆都是白色的。

溯因推理

（A_1）一般规则：这个袋子里的所有豌豆都是白色的。

（A_2）观察到的结果：这些豌豆是白色的。

（A_3）形成的实例：这些豌豆是这个袋子里的。

演绎推理以一般规则（D_1）"这个袋子里的所有豌豆都是白色的"和具体的实例（D_2）"这些豌豆是这个袋子里的"为前提，得到结论（D_3）"这些豌豆是白色的"。如果两个前提都是真的，那么结论也一定是真的。

归纳推理从观察到的实例（I_1）"这些豌豆是这个袋子里的"和结果（I_2）"这些豌豆是白色的"出发，得到一般规则（I_3）"这个袋子里的所有豌豆都是白色的"。这是一种由已有实例推得一般规则的概括推理。虽然前提为真，但只要在袋子里找到一个其他颜色的豌豆，那么结论就是假的。

溯因推理从已有的事实（A_2）"这些豌豆是白色的"和一般规则（A_1）"这个袋子里

---

① Charles S. Peirce, *Collected Papers of Charles Sanders Peirce. Vol. 2, Elements of Logic*, Charles Hartshorne, Paul Weiss (eds.), Cambridge, MA: Harvard University Press, 1965, pp. 372-375.

的所有豌豆都是白色的"出发,得到对这些事实的可能解释(A_3)"这些豌豆是这个袋子里的"。结论仅仅是对当下所掌握事实的一种猜想。如果观察到了新的事实,则很可能促使我们改变原有的解释。比如,如果我们发现不止一个袋子里面的豌豆是白色的,那么这些白豌豆可能来自这个袋子,也可能来自其他袋子。

概言之,皮尔士认为:演绎推理是由一般规则和实例到结果的推理过程;归纳推理是由实例和结果到一般规则的推理过程;溯因推理是由一般规则和结果到实例的推理过程。这三种推理类型经常在侦探故事中交错出现。

在《大唐狄公案:黑狐奇案》中,狄仁杰运用演绎推理的方法断定匿名信的作者是有学问的人。他在推理中指出,其所处时代对文体有着严格且烦琐的要求,人的生活、想法等各个方面的表达均有固定的方式。因此,如果匿名信中的词语被恰到好处地使用,那么匿名信则为有学问之人所作。而狄仁杰发现两封匿名信中的用词均十分恰当,不存在格调方面的错误,因此得出"匿名信的作者是有学问的人"这一结论。

同时,他还通过归纳方法判定第二封匿名信的潜在动机。在这一推理中,他首先通过自己大量的断案经验指出"罪犯总是爱用同一种手法",而后将两个案件进行类比:虽然第一封匿名信的内容无误,但作者除了控告莫将军的叛逆之心以外,还有一个不可告人的目的,即阻止莫将军揭露和惩罚他的奸情;十八年后,这位有学识的人再次以匿名信的方式揭露了婢女凶杀案,那么这封信的背后可能仍有某种不可告人的目的。

溯因推理则从出人意料的事实和疑点开始:狄仁杰从大量被精心保管和摆放的卷宗中发现有关莫将军谋反的文件被草草地塞成了一团,没有按照正确的顺序摆放。为什么其他卷宗都是整齐的,而这一箱卷宗却是凌乱的呢?狄仁杰通过溯因推理得出的结论是:宋依文翻过这箱卷宗,当发现有人进屋时,他匆匆地把文件塞进箱子而未来得及整理。

再如,在《名侦探柯南剧场版:世纪末的魔术师》中,怪盗基德在定位"回忆之卵"的位置时使用到了演绎推理。因为在市中心停电的情况下,只有饭店、医院和"回忆之卵"所在的地方会亮灯,所以他站在通天阁上方,将饭店和医院排除掉,就可以迅速地锁定"回忆之卵"的位置。在之后的剧情中,柯南推断出有地下密室用到的也是演绎推理:如果地下没有风吹上来,那么小五郎的烟会是一条直线往上走的,但是小五郎的烟不是一条直线往上走,而是弯来弯去的,这就说明地下有风吹上来。

而柯南请神助攻阿笠博士寻找某个专门枪杀右眼的人的资料,用到的则是一个归纳推理。因为基德被击中右眼,寒川先生也是由于右眼被击中而死去,柯南归纳出此人是一个专门枪击右眼的人。在阿笠博士找到此人的资料后,柯南又委托他做一个特殊的眼镜,因为他预测自己的右眼可能会遭到袭击,这也是一种归纳推理。

溯因推理常用于判断反常现象:为什么夏美小姐所持图中的蛋面上镶有宝石,而"回忆之卵"上却并没有宝石?小五郎经过溯因推理得到的结论是"本来镶嵌的宝石被卖掉了";而柯南经过溯因推理得到的结论则是"原来是在很大的纸上画了两个蛋,而中间的部分不见了"。为什么杀害寒川先生的凶手不直接偷走他脖子上的戒指,而要把房间翻得乱七八糟呢？一种可能的解释是：凶手想要找的并不是戒指。另一种可能的解释是：凶手并没有在寒川先生的脖子上发现戒指。

思 考 题

一、指出下列推理是演绎推理、归纳推理还是溯因推理，并说明理由。

1. 要勒死一个比自己高的人的确很困难。根据脖子上的勒痕角度也看得出，死者是被人往上拉扯勒死的。不过，死者可能是坐着的，说不定他当时正跨坐在自行车上。

2. 如果犯人只是单纯为了伪装作案地点，那么他偷车应该选那些更方便偷走的旧车，事实并非如此，所以犯人偷新车另有意图。

3. 怪叔叔发来的第一个暗示是"97、7、13"，第二个暗示是"47、3、4"，第三个暗示却只提供了最后一个数字"13"。如果空代表零或没有，并且球场内没有 17 号和 22 号入口，那么第三个暗号的前两个数字是"17"和"22"。

4. 在东京与亨特有关的人只有六七个，除了已经被狙击的人，与亨特有矛盾的就只有华尔兹了，所以最后一个被狙击的对象就是华尔兹。

5. 小男孩名叫雨宫勇气，所以其父应该同样姓雨宫。因此，如果那个男人是雨宫先生，那么柯南叫他的时候他就应该立刻反应过来，而不会连叫三声都没反应。如果那个男人真的是勇气的父亲，那么就应该知道勇气患的不是皮肤炎而是食物过敏，口袋里的药也不是外敷而是内服，可是他并不知道这些。如果那个男人真的担心勇气，就应该在船体剧烈晃动的时候待在勇气身边，可是他那时并不在。由上可知，那个男人不是勇气的父亲，而是伪装的。

二、英剧《神探夏洛克：粉色的研究》改编自《福尔摩斯探案全集：血字的研究》，其中还加入了一些情节，比如从华生的手机出发，夏洛克推断出他有个哥哥，是个酒鬼而且刚刚离婚。请比较两部作品中福尔摩斯初见华生所作推理的异同之处，并谈谈其中包括哪些演绎推理、归纳推理和溯因推理内容。

三、观看《名侦探柯南：二十年后的杀机，交响乐号杀人事件》，指出下面的推理是演绎推理、归纳推理还是溯因推理。

1. 死者脸上有硅胶，所以死者整过容。

2. 死者是以前抢劫银行的歹徒并且整过容，所以他的其他同伙也整过容。

3. 开完枪后从船身折回就一定会被人看到，所以凶手一定用了自动引爆装置。

4. 船上好几个人都与银行抢劫案有关，所以船上的所有人都与那件案子有关。

四、观看《神探夏洛克：致命游戏》，指出下面的推理是演绎推理、归纳推理还是溯因推理。

1. 鞋擦得很干净，被漂白过，鞋带换过四次。只有一个人很喜欢这双鞋时才会这么爱惜它。所以，鞋主人很爱惜这双鞋。

2. 鞋底有好几层泥,伦敦的泥覆盖在苏塞克斯郡的泥上面。只有一个人从苏塞克斯郡到伦敦,鞋上的泥才会覆盖在苏塞克斯郡的泥上面。所以,鞋主人从苏塞克斯郡来到伦敦。

3. 康妮尸体上伤口很大,伤口干净,失血很少。如果一个死者有很严重的伤口但失血很少,说明此人已经在遭此伤害前身亡。所以,康妮在被铁锈钉划伤之前就死了。

4. 死者或者是地铁乘务员,或者是保安。他不是地铁乘务员,所以他是保安。

5. 凡布伦超新星在 1858 年出现,维米尔的名画画于 1640 年左右。即将展出的维米尔名画上出现了凡布伦超新星,那么该画一定是赝品。

本章小结

1. 推理可被看作思想间的起承转合,而思想是由命题表征的,进而我们也可以将推理看作一个由命题构成的序列,在这一序列中有前提和结论之分。其中,前提用以宣示理由或证据,结论则为前提所支持或隐含。

2. 命题是或真或假的句子,它有简单和复合之分。

3. 简单命题只包含一个子句,且所陈述内容与该子句的内容相同。

4. 复合命题是由一个或多个简单命题连同逻辑联结词构成的。最常用的四种逻辑联结词分别为:否定(记作"¬")、合取(记作"∧")、析取(记作"∨")、蕴涵(记作"⊃")。我们称相应的复合命题为否定命题、联言命题、选言命题和假言命题。

5. 当 A 为假的时候,否定命题 $¬A$ 为真;当 A 和 B 都为真的时候,联言命题 $A∧B$ 为真;当 A 和 B 都为假的时候,选言命题 $A∨B$ 为假;当 A 为真,B 为假的时候,假言命题 $A⊃B$ 为假。

6. 按照命题的真值情况,还可将它们分为重言命题、矛盾命题和偶真命题。重言命题的取值恒为真,矛盾命题的取值恒为假,偶真命题取值可为真可为假。

7. 等值关系和矛盾关系是命题间最常见的两种关系,它们对于我们理解多重复合命题的内涵以及在思维中做到前后一致、避免自相矛盾具有重要意义。

8. 概念的语言载体是语词。概念的意义有两个维度:内涵和外延。概念的内涵反映事物的本质属性,概念的外延则是其所指称的对象。

9. 澄清内涵的逻辑方法是下定义,常见的定义类型包括词典定义、规定定义、属加种差定义;揭示概念外延的逻辑方法是划分。定义和划分均须满足一定的标准。

10. 推理有演绎推理、归纳推理和溯因推理三种类型。演绎推理的前提对结论的支撑是确定性的;归纳推理和溯因推理的前提对结论的支撑是或然性的。

第二章

演 绎 推 理

在《福尔摩斯探案全集：四签名》中，福尔摩斯是如何知道凶手是从屋顶上的那个洞进来的呢？他的逻辑是：当你排除了所有绝不可能的因素后，在所有的可能性中无论剩下的那种是什么，也不论它是多么令人难以相信的事，那都将是实情。① 既然凶手不是从门进来的，不是从窗户进来的，不是从烟囱进来的，也不可能预先藏在屋里，那么他只能从屋顶上的那个洞进来。我们可以将这个演绎推理的前提和结论分别列出来：

（1）进入房间的方式有五种：提前藏在屋内，从门进来，从窗户进来，从烟囱进来，从屋顶上的那个洞进来。

由于屋内并没有藏身的地方，他不可能预先藏在屋里。

他不是从门进来的。

他不是从窗户进来的。

他不是从烟囱进来的。

所以，他是从屋顶上的那个洞进来的。

如果这个推理的前提都是真的，那么结论"他是从屋顶上的那个洞进来的"必然为真；如果结论为假，那么前提中必然有一个不为真。

在《名侦探柯南剧场版：水平线上的阴谋》中，新一是如何知道小兰躲在体育馆里的呢？其实他和福尔摩斯用的是同一种逻辑方法：既然小兰不会躲在教学楼里，不会躲在饲育小屋，不会躲在体育用品室，不会躲在游泳馆，那么她只能躲在体育馆了。就像新一所揭示的那样：

每次你经过影碟出租店的门口，就会盯着那部电影的海报看。你嘴上说害怕妖怪，却一定会看那种电影，这么一来，你就不会躲在教学楼里，因为在那部电影里，藏在校舍里的孩子全部被妖怪吃掉了；喜欢动物的你一定担心吓到小鸡，不可能躲在饲育小屋里；那时候篮球部的高年级学生正在进行整理，因此你也不可能在体育用品室出不来；游泳池目前正在施工中；所以只剩下体育馆了。

我们把该推理的前提和结论也写出来：

（2）躲避的地点有五个：教学楼，饲育小屋，体育用品室，游泳馆，体

---

① 〔英〕阿·柯南道尔：《福尔摩斯探案全集》（上册），丁钟华等译，北京：群众出版社，1981年，第161页。

育馆。

　　小兰不会躲在教学楼里。

　　小兰不会躲在饲育小屋里。

　　小兰不会躲在体育用品室里。

　　小兰不会躲在游泳馆里。

　　所以,小兰躲在体育馆里。

如果推理(2)的前提都是真的,那么结论"小兰躲在体育馆里"也一定为真。

以上两个例子表明:演绎推理可以提供一种保真性。随着内容的深入,你会发现,这种保真性能否实现仅仅通过推理的形式就可以判断出来。也就是说,相比于演绎推理的形式结构,前提与结论的具体内容显得没那么重要。

第一节　推理形式

回顾前面提到的两个演绎推理的例子:

　　(1)进入房间的方式有五种:提前藏在屋内,从门进来,从窗户进来,从烟囱进来,从屋顶上的那个洞进来。

　　由于屋内并没有藏身的地方,他不可能预先藏在屋里。

　　他不是从门进来的。

　　他不是从窗户进来的。

　　他不是从烟囱进来的。

　　所以,他是从屋顶上的那个洞进来的。

　　(2)躲避的地点有五个:教学楼,饲育小屋,体育用品室,游泳馆,体育馆。

　　小兰不会躲在教学楼里。

　　小兰不会躲在饲育小屋里。

　　小兰不会躲在体育用品室里。

　　小兰不会躲在游泳馆里。

　　所以,小兰躲在体育馆里。

如果用 P_1 表示"他预先藏在屋里", P_2 表示"他从门进来", P_3 表示"他从窗户进来", P_4 表示"他从烟囱进来", P_5 表示"他从屋顶上的那个洞进来",那么推理(1)可以被表示为:

　　(3) $P_1 \lor P_2 \lor P_3 \lor P_4 \lor P_5$

　　$\neg P_1$

　　$\neg P_2$

　　$\neg P_3$

　　$\neg P_4$

　　$\therefore P_5$

如果用 P_1 表示"小兰躲在教学楼里"，P_2 表示"小兰躲在饲育小屋里"，P_3 表示"小兰躲在体育用品室里"，P_4 表示"小兰躲在游泳馆里"，P_5 表示"小兰躲在体育馆里"，那么推理(2)可以被表示为：

(4) $P_1 \lor P_2 \lor P_3 \lor P_4 \lor P_5$

　　$\neg P_1$

　　$\neg P_2$

　　$\neg P_3$

　　$\neg P_4$

　　$\therefore P_5$

在将某一特定推理表示为抽象的推理形式时，与前面的约定一致，我们用大写字母来表示简单命题，这些大写字母的选取是任意的，它们可以被看作命题变元。推理形式是一个只包含命题变元和逻辑联结词的符号序列。[1] 不难发现，虽然推理的具体内容不同，推理(1)和(2)的推理形式(3)和(4)却是一样的。

当把命题代入命题变元的时候（且同一命题始终代入同一命题变元），我们就得到了推理形式的一个代入例。如此说来，推理(1)、(2)分别是推理形式(3)、(4)的代入例。

下面我们来看《名侦探柯南：豪华游轮杀人事件》中柯南所给出的一个推理：

不管花是掉落在凶手小心翼翼擦地板时还是行凶时，凶手都应该看得见。凶手小心翼翼擦好了地板。若凶手看见花，却没有捡起来，那么凶手是故意栽赃给小武先生的。凶手并没有将花捡起来。所以，凶手是故意栽赃给小武先生的。

这个推理由四个前提和一个结论构成：

(5) 前提一：不管花是掉落在凶手小心翼翼擦地板时还是行凶时，凶手都应该看得见。

前提二：凶手小心翼翼擦好地板。

前提三：若凶手看见花，却没有捡起来，那么凶手是故意栽赃给小武先生的。

前提四：凶手并没有将花捡起来。

结论：凶手是故意栽赃给小武先生的。

其中第二个前提和结论是简单命题；第四个前提是否定命题；第一个前提是假言命题，其中前件由选言命题构成，后件由简单命题构成；第三个前提也是一个假言命题，其中前件由联言命题构成，后件由简单命题构成。

如果用 F 表示"凶手小心翼翼擦好地板（花掉落）"，K 表示"凶手行凶（花掉落）"，S 表示"凶手看见花"，P 表示"凶手将花捡起"，C 表示"凶手是故意栽赃给小武先生的"，那么上述推理的推理形式为：

---

[1]　Irving Copi, Carl Cohen, Kenneth McMahon, *Introduction to Logic* (14th edition), New York: Pearson, 2014, p. 329.

(6) $(F \lor K) \supset S$

F

$(S \land \neg P) \supset C$

$\neg P$

$\therefore C$

再考虑下述两个推理：

(7) 如果小兰和园子去逛街,柯南去参加少年侦探团的活动,那么小五郎就要一个人吃晚饭了。

小兰和园子逛街去了。

柯南去参加少年侦探团的活动。

所以,小五郎一个人吃晚饭。

(8) 如果由美死在冲田家,而案发时冲田家只有冲田一人(由美除外),那么冲田就是凶手。

由美死在冲田家。

案发时冲田家只有冲田一人(由美除外)。

所以,冲田是凶手。

若在推理(7)中用 A 表示"小兰和园子逛街",用 B 表示"柯南参加少年侦探团的活动",用 C 表示"小五郎一个人吃晚饭",在推理(8)中用 A 表示"由美死在冲田家",用 B 表示"案发时冲田家只有冲田一人(由美除外)",用 C 表示"冲田是凶手",则可以看出,推理(7)和推理(8)也具有相同的推理形式：

(9) $(A \land B) \supset C$

A

B

$\therefore C$

也可以发现,推理(7)和(8)都是推理形式(9)的代入例。你能写出推理形式(9)的其他代入例吗？

思 考 题

一、下列推理是否具有相同的推理形式,为什么?

1. 如果优子小姐是凶手,那么她一定不会说出她碰到了神秘男子这件事,但是优子小姐说了她在洋子小姐房中碰到神秘男子这件事,所以优子小姐不是凶手。

2. 如果山岸先生是凶手,他是不会掩盖有利于自己的证供的,山岸先生假装摔倒以拿走尸体旁边的长发(此为有利于山岸先生的证供),所以山岸先生不是凶手。

3. 如果是路人捡到手机，收到一则奇怪的短信不会理会，对方收到短信后马上打来电话，所以对方不是路人。

4. 如果手机是在船上时就掉落在非常显眼的甲板上的话，那么从参观开始，这么长时间内肯定会被人发现。可是事实上直到目暮警官他们到来之前，根本没人见过手机，所以很明显手机不是之前就丢在船上的。

5. 如果诸星是正常玩家，那么他就不会注意到大本钟分针移动的异常现象，但是他在大本钟分针移动前提醒了大家，所以诸星不是正常玩家。

二、下列推理中哪些具有相同的推理形式，哪些不具有相同的推理形式？ 为什么？

1. 华生梳着圆寸头、站姿挺拔。 如果他是一个军人，那么他会梳着圆寸头且站姿挺拔，所以华生是一个军人。

2. 华生是一个在战场上受了伤的英国军医。 最近只有阿富汗和伊拉克这两个热带国家在进行战争，并且派遣有英国士兵，会有受伤的英国军医。 所以华生之前在阿富汗或者伊拉克。

3. 受害人右小腿处有泥点，左小腿没有。 如果一个人在雨中用右手拉着箱子，泥点会翻起来溅在右小腿而非左小腿上，所以受害人在雨中拉着行李箱。

4. 如果有人提前通知，那么间谍就会知道准确的行船方向。 灯塔保卫员表示洋介凌晨打过旗语，所以可以肯定间谍是知道行船路线的。

第二节　复合命题推理

复合命题推理指的是以复合命题作为前提或结论的演绎推理。下面我们将介绍几种常见的复合命题推理，它们分别是联言推理、假言推理、选言推理、二难推理和全称例示推理。

一、联言推理

前提或结论中包含联言命题的推理，称为联言推理。联言推理分为分解式和组合式两种。

（一）分解式

在福尔摩斯潜移默化的影响下，华生也开始独立地展开一系列推理活动。比如，在《福尔摩斯探案全集：巴斯克维尔的猎犬》中，福尔摩斯差遣华生先行陪同亨利爵士返回巴斯克维尔庄园，华生在给福尔摩斯的第二封信中写道：

在我发现那桩怪事以后的第二天早饭以前，我又穿过走廊，察看了一下昨晚白瑞摩去过的那间屋子。在他专心致志地向外看的西面窗户那里，我发现了和屋里其他窗户都不同的一个特点——这窗户是面向沼地开的,在这里可以俯瞰沼地,而且距离最近,在这里可以穿过两树之间的空隙一直望见沼地,而由其他窗口则只能远远地看到一点。因此可以推断出来,白瑞摩一定是在向沼地上找什么东西或是什么人,因为要达到这种目的只有这个窗户适用。[①]

沼地

概括来说,华生的推理即为:

(1) 白瑞摩透过这窗户可以穿过两树之间的空隙一直望见沼地,而由其他窗口则只能远远地看到一点。

所以,白瑞摩在透过这扇窗户望向沼地。

如果用 P 表示"白瑞摩透过这扇窗户可以一直望向沼地",用 Q 表示"白瑞摩由其他窗口只能远远地看到一点沼地",那么推理(1)的逻辑形式为:

(2) $P \wedge Q$

$\therefore P$

我们称推理形式(2)为联言推理的分解式(结论里出现的联言支通常会提供关键信息),它是以一个联言命题为前提,进而推得其中一个联言支为真的推理形式。也就是说,分解式还可能具有如下推理形式:

(3) $P \wedge Q$

$\therefore Q$

举例来说,如果我们用 P 表示"该判决符合事实",用 Q 表示"该判决符合法律",

① 〔英〕阿·柯南道尔:《福尔摩斯探案全集》(中册),丁钟华等译,北京:群众出版社,1981年,第619页。

那么由推理形式(3)可知"因为该判决既符合事实又符合法律,所以该判决符合法律",由推理形式(2)可知"因为该判决既符合事实又符合法律,所以该判决符合事实"。

这就是说,在一般情况下,联言支的前后次序并不影响联言命题的真值,因为"$P \land Q$"和"$Q \land P$"是逻辑等值的。但是,如果联言支之间有时间、主次、大小、强弱等排序规定,联言支的前后次序就不能随意交换[①],例如"他拿出钥匙,并且打开了门"及"防卫过当应负刑事责任,但是可以酌情减轻处罚"。

(二) 组合式

组合式联言推理指的是以肯定两个或更多联言支为前提,进而推得联言命题为真的推理。它的逻辑形式可以表示为:

(4) P

Q

$\therefore P \land Q$

如果我们用 P 表示"该判决符合事实",用 Q 表示"该判决符合法律",那么由推理形式(4)可知"因为该判决符合事实,并且该判决符合法律,所以该判决既符合事实又符合法律"。

由联言推理的组合式特征可知,这种形式便于我们从总体上把握全局。侦探们在侦查过程中应用联言推理,可以准确分析案情,综合运用已经掌握的各种线索锁定嫌疑人。在《名侦探柯南:五彩传说中的水中豪宅》中有两条重要的线索。第一,宗师脖子上绳结的打法是钓鱼者经常使用的固定船结法;第二,要想在众人眼皮底下接近饮茶室就只能从桥下游过去,这样一来,凶手就会全身湿透。

由组合式联言推理形式可知,凶手需要同时满足上述两点。宗师的儿子青野木亮虽然满足第一点,但他并没有全身湿透,故不满足第二点,这就证明他不是凶手。矢仓先生之前正好去洗澡了(为掩饰全身湿透的事实),而他也熟悉这种绳结的打法,所以凶手就是他。

在《大唐狄公案:御珠奇案》中,狄仁杰推断凶手具有以下特征:第一,凶手必定与古董生意有关;第二,凶手是精力充沛、行动敏捷且善于骑马驰骋于乡间之人。有作案嫌疑的四人均与古董生意有关,但其中两位(寇元亮、卞嘉)并非常常往来于乡间之人,第三位匡闵虽走南闯北但不善骑射。根据组合式联言推理,凶手必须同时符合上述特点,故凶手是既与古董生意有关、身体状况也符合第二点特征的第四位嫌疑人杨有才。

在《法医宋慈》中,由被害人吴通的尸体被切割成规整的尸块可以初步判断行凶者可能为屠夫或者厨师。同时,被害者被残忍分尸极有可能是仇杀。嫌疑人石长青虽然和被害人有仇,但他只是个文弱书生,根本不会用刀。嫌疑人夏望山作为一个屠夫,虽然擅长切割动物尸体,但他却是死者的知心朋友。根据组合式联言推理,被害人的徒弟丁虎作为常年受被害人欺压的厨师便具有重大嫌疑。

[①] 　张晓光:《法律专业逻辑学教程》,上海:复旦大学出版社,2007 年,第 105 页。

二、假言推理

前提中包含假言命题的推理,我们称为假言推理。我们将介绍几种常见的假言推理,它们分别是否定后件式假言推理、肯定前件式假言推理和纯假言推理。

(一)否定后件式

在《名侦探柯南:葡萄田上的玫瑰花》中,柯南从"南田的土地是黏质红土"和"上午下过雨,土地泥泞"推得"百合香说自己下午三点半去过南田找被害人是在说谎"。其中就包括一个否定后件式假言推理。

(5) 如果百合香去过南田,那么她的鞋上或裤子上会沾有红土。

百合香的鞋上和裤子上都没有红土。

所以,百合香没有去过南田。

该推理由两个前提和一个结论构成:第一个前提是假言命题,其前件为"百合香去过南田",后件为"她的鞋上或裤子上会沾有红土";第二个前提为后件"她的鞋上或裤子上会沾有红土"的否定;结论为前件"百合香去过南田"的否定。

如果用 P 表示"百合香去过南田",用 Q 表示"她的鞋上或裤子上会沾有红土",则以上推理具有如下推理形式:

(6) $P \supset Q$

$\neg Q$

$\therefore \neg P$

在《名侦探柯南:能听见汽笛声的旧书店》中,柯南利用否定后件式排除了玉木先生的作案嫌疑。玉木先生曾与死者发生过争执,同时检测报告显示,凶器上的护手霜成分与玉木先生的护手霜成分一致。这一系列证据都将嫌疑指向了玉木先生。但通过仔细阅读检测报告,柯南捕捉到"血迹部分沾有护手霜"这一细节,并由此作出以下推理:

(7) 如果凶手手上涂了护手霜,那么凶器上沾有护手霜的地方无法沾上血液。

但检测报告显示血迹部分沾有护手霜。

所以,凶手手上没有涂护手霜。

在这一推理中,第一个前提为假言命题,前件为"凶手手上涂了护手霜",后件为"凶器上沾有护手霜的地方没有沾上血液";第二个前提则对第一个前提的后件"凶器上沾有护手霜的地方没有沾上血液"进行了否定;结论为前件"凶手手上涂了护手霜"的否定。因此,该推理为标准的否定后件式假言推理。

再看《福尔摩斯探案全集:血字的研究》中的类似推理:

我当时心中早已断定:和锥伯一同走进那个屋中去的不是别人,正是那个赶马车的。因为我从街道上的一些痕迹看出,拉车的马曾经随便行动过,如果有人驾驭,是不可能有这种情况的。[①]

我们将其中的否定后件式假言推理还原为:

（8）如果那段时间有人驾驭马车,那么拉车的马不会随便行动。

拉车的马不是没有随便行动过(拉车的马曾经随便行动过)。

所以,那段时间无人驾驭马车。

如果用 A 表示"有人驾驭马车",用 B 表示"拉车的马随便行动",则以上推理具有如下推理形式:

（9）$A \supset \neg B$

B

$\therefore \neg A$

由该推理的结论"那段时间无人驾驭马车",福尔摩斯推得和锥伯一同走进那个屋中去的就是那个赶马车的人。

（二）肯定前件式

肯定前件式与否定后件式的相似之处在于它们的第一个前提都是假言命题,它们的不同之处则是肯定前件式的第二个前提是对前件予以肯定,进而在结论中对后件予以肯定。肯定前件式具有如下推理形式:

（10）$P \supset Q$

P

$\therefore Q$

在《名侦探柯南:婚礼前夜》中,新郎伴场先生鞋底的蛋糕为其洗脱罪名提供了有力的证据,原因在于:

（11）外面大雨滂沱,如果伴场先生的鞋底仍留有初音小姐去做指甲前就沾上的巧克力蛋糕,那么伴场先生一直待在咖啡厅里。

伴场先生的鞋底仍留有初音小姐去做指甲前就沾上的巧克力蛋糕。

所以,伴场先生一直待在咖啡厅里。

这是一个典型的肯定前件式推理。如果用 P 表示"伴场先生的鞋底仍留有初音小姐去做指甲前就沾上的巧克力蛋糕",用 Q 表示"伴场先生一直待在咖啡厅里",那么推理(11)可以被看作推理形式(10)的代入例。

在美剧《基本演绎法:地铁推手》中,凯莉的姐姐认为凯莉被她的丈夫德鲁杀害了。而六个月前,一名叫作薇薇安的女子被人从列车站台推下身亡,凶手是一名留着胡子的神秘男子,他究竟是谁? 在揭开谜团的过程中,出现了这样一个肯定前件式的推理:

（12）如果视频是一年半前录好的,那么德鲁杀害薇薇安纯粹是为他杀害妻子做掩饰。

视频在一年半前就已经录好。

[①] 〔英〕阿·柯南道尔:《福尔摩斯探案全集》(上册),丁钟华等译,北京:群众出版社,1981年,第122页。

鞋底蛋糕

所以,德鲁将无辜的女人推下月台以掩饰他杀害妻子的罪行。

其中第一个前提由假言命题"如果视频是一年半前录好的,那么德鲁杀害薇薇安纯粹是为他杀害妻子做掩饰"构成,由于福尔摩斯找到证据证明视频确实是在一年半前录好的,所以该假言命题的前件是真的,于是就得到了后件"德鲁将无辜的女人推下月台以掩饰他杀害妻子的罪行"也为真的结论。

(三) 纯假言推理

如果一个推理所包括的所有命题都为假言命题,那么这个推理就是纯假言推理。华生在《福尔摩斯探案全集:巴斯克维尔的猎犬》中,通过与莱昂丝太太的第一次对话,作出了如下推理:

如果她真的去过巴斯克维尔庄园的话,恐怕她不见得敢说她没有去过。因为她总得坐马车才能到那里去,这样的话,要到第二天清晨她才能回到库姆·特雷西,这样一次远行是无法保守秘密的。因此,最大的可能就是,她说的是实话,或者说至少有一部分是实情。[①]

将上述推理改述成我们熟悉的形式,即为:

(13)如果她真的去过巴斯克维尔庄园的话,到第二天清晨她才能回到库姆·特雷西。

如果第二天清晨她才回到库姆·特雷西,那么这样一次远行是无法保守秘密的。

---

① 〔英〕阿·柯南道尔:《福尔摩斯探案全集》(中册),丁钟华等译,北京:群众出版社,1981年,第652页。

倘若这样一次远行无法保守秘密，那么她不见得敢说自己没有去过。

所以，如果她真的去过巴斯克维尔庄园的话，她不见得敢说她没去过。

如果用 P 表示"她真的去过巴斯克维尔庄园"，用 Q 表示"她第二天清晨能回到特雷西"，用 R 表示"这样一次远行是无法保守秘密的"，用 S 表示"她不见得敢说她没去过"，那么推理（13）可被表示为：

(14) $P \supset Q$

$Q \supset R$

$R \supset S$

$\therefore P \supset S$

这便是纯假言推理的推理形式。

我们在《名侦探柯南：德休拉别墅杀人事件》中找到这样一个推理：

(15) 如果田所是凶手的话，那么他是从大门进出的。

如果他是从大门进出的，那么门就不可能在里面被反锁。

大门是在里面被反锁的。

所以，田所不是凶手。

仔细观察可知，推理（15）实际上是否定后件式和纯假言推理的结合。你能写出它的推理形式吗？

假言推理在案件侦破的过程中，对于确定案件性质、锁定怀疑对象、查明案件事实等发挥着十分重要的作用。比如，在《法医宋慈》中，一位姑娘被人用手扼住脖颈而死，凶手被锁定在了泼皮无赖黄三川、死者未婚夫赵先生以及死者旧识张阿福三人身上。宋慈运用一系列假言推理缩小了嫌疑人范围。

首先，宋慈要搞清楚死者生前的活动迹象。他注意到，女尸下身裙摆和裤脚、鞋子是湿的且脚底沾了泥巴，且案发当天的申时下过雨，他由此断定死者曾于申时出过门，因此凶案应该发生于申时之后。其所作推理如下：

(16) 如果女尸下身裙摆和裤脚、鞋子是湿的且脚底沾了泥巴，那么她于申时出过门。

女尸下身裙摆和裤脚、鞋子的确是湿的且脚底沾了泥巴。

所以，死者生前曾于申时出过门。

黄三川于未时来到案发现场，下雨前离开，且有申时不在场的证明，因此可以断定他在死者死亡前离开了案发现场。通过以下推理，则可排除黄三川的作案嫌疑。

(17) 如果死者在申时以后被害，那么黄三川不是凶手。

死者的确在申时以后被害。

所以，黄三川不是凶手。

由于死者在下雨时出过门，但家中唯一的雨具并未被淋湿，因此死者出门时没有使用家里的雨具，推理如下。

(18) 如果死者生前使用自家雨具遮雨，则雨具应该是湿的。

雨具不是湿的。

所以,死者出门时并未使用自家雨具。

但如果她没有使用任何雨具,那么应该是全身湿透,但她下半身的衣物有淋湿的痕迹而上半身没有,所以是有人将她送回了家中,由此可知并非只有黄三川一人到达过案发现场。

(19) 如果死者上半身衣物没有淋湿痕迹,那么有人将她送回家中。

死者上半身衣物没有淋湿痕迹。

所以,有人将她送回家中。

最后,宋慈注意到女尸指甲缝中的血液痕迹,断定身上有抓伤的人是凶手。旁人将赵先生的袖子捽上去,看到两条清晰可见的疤痕,因此凶手很可能是赵先生。可见,侦探往往需要综合运用多种假言推理,一步步地揭露事实真相。有关假言推理在侦查工作中的综合运用,我们再举一例。

在《绝对不在场证明:钟表侦探与跟踪狂的不在场证明》中,大学女教授在自己家中被人谋杀,被害人的前夫因为沉迷赌博常常跟踪、骚扰被害人并向其索要钱财,因此有重大作案嫌疑。但警方通过调查发现,在案发时间被害人的前夫有完美的不在场证据,这使得案件的调查一度陷入僵局。

在案件发生后,警方通过初步调查得出以下结论:第一,被害者的死因是被利器刺伤心脏;第二,被害人的死亡时间是晚上七点前后;第三,凶手在被害者刚准备好晚饭时突然来访;第四,被害人的前夫有重大作案嫌疑;第五,被害人前夫不可能在七点前后作案。那么警方是如何根据已有线索得出这些初步结论的呢?

首先,被害者的死因是被利器刺伤心脏。法医通过对被害人的尸体进行尸检,得到被害人的确切死因。

(20) 如果被害人的心脏受伤出现心包填塞,那么凶手是用利器刺伤了被害者的心脏。

法医解剖发现被害人有心包填塞现象。

所以被害人是被利器刺伤心脏而亡。

其次,被害人的死亡时间是晚上七点前后。与上一条结论可以直接通过法医的检验直接得出不同,这一结论是基于间接推理获得的。法医在被害人的十二指肠中发现了被害人中午吃的便当,且在被害人的胃里发现了被害人下午吃过的蛋糕残留。根据食物残渣分别在十二指肠和胃里的停留时间,可以推断:

(21) 如果在被害人十二指肠发现中午十二点吃的午饭残留,那么被害人死亡时间是晚上七点前后。

如果在被害人胃里发现下午三点吃的蛋糕残留,那么被害人死亡时间是晚上七点前后。

在被害人的十二指肠发现中午十二点吃的午饭残留。

在被害人的胃里发现下午三点吃的蛋糕残留。

所以被害人的死亡时间在晚上七点前后。

进一步地,通过尸检和对犯罪现场的勘验,时钟侦探推得凶手很可能是在被害人准备好晚饭时来访行凶的。法医只在被害者体内发现午饭和下午茶的食物残留。

（22）如果被害者死前吃过晚饭，那么法医会在口腔和胃里检测出晚饭的食物残留。

法医没有在被害者口腔和胃里检测出晚饭的食物残留。

所以被害者没有吃过晚饭。

而且，在厨房里有炖好了的菜和煮好的米饭，但是没有动过的痕迹。

（23）如果凶手在被害人吃过晚饭后才来，那么桌上的饭菜会有动过的痕迹。

饭菜没有被动过的痕迹。

所以凶手是在被害人吃晚饭前来的。

确定了案发时间之后，警方将调查的重点放在排查嫌疑人上。通过对被害人的关系网进行排查，警方认为被害人的前夫有重大作案嫌疑。此人不仅曾去大学研究室找过被害人，而且还向被害人借钱但被拒绝，因此前夫有杀人动机。

（24）如果被害人前夫有杀人动机，那么他可能是凶手。

被害人前夫有杀人动机。

因此，被害人前夫可能是凶手。

但是在案发时有人能证明被害人的前夫一直在酒吧，其间只短暂地离开了八分钟。紧接着警方排除了受害人前夫在八分钟内去受害人家作案的可能性，认为嫌疑人不可能在七点前后行凶。

（25）只有在四分钟时间既躲过酒吧所有员工的视线，又完成按门铃等被害人开门并通过聊天使其放松警惕的行为，嫌疑人才可能在八分钟内往返凶案现场和酒吧。

嫌疑人不可能在四分钟内完成这一系列动作。

因此嫌疑人不可能在八分钟内往返现场。

调查陷入僵局，除非被害人的死亡时间不是晚上七点前后，否则嫌疑人就没有作案的可能。时钟侦探发现被害人在午饭时拒绝了别人给她的盐豆包，而盐豆包是被害人生前最喜欢吃的食物，由此推断出被害人行事蹊跷，是在故意制造某种假象，导致警方错误地估计了死亡时间。时钟侦探据此疑点作出推断：

（26）如果被害人反常地拒绝了别人给她最喜欢的食物，那么她一定有特殊的理由。

被害人没有吃别人给她的盐豆包。

所以被害人一定有特殊的理由。

而被害人吃过蛋糕说明她不是为了减肥，那么这个理由就可能是为了掩盖自己吃便当和蛋糕的真正时间——分别是上午九点和中午十二点，而不是中午十二点和下午三点。根据食物残渣会在胃里停留四个小时，侦探推断被害人的死亡时间是下午四点。这样，嫌疑人的不在场证明就被瓦解了。案件的真相是被害人因为自己命不久矣，为了给妹妹留下保险金，恳求前夫将自己杀死并通过伪造死亡时间的方法给前夫制造不在场证明。[①]

三、选言推理

在选言推理中，有一个选言命题作为前提，由它产生 N 种可能的情形，再通过排除掉 $N-1$ 种可能性之后得出结论——第 N 种情形是实情。如果我们用 $P_1, P_2, \cdots,$ P_{n-1}, P_n 来表示多种可能的情形，则选言推理的推理形式如下：

（27）$P_1 \vee P_2 \vee \cdots \vee P_{n-1} \vee P_n$

$\quad \neg P_1$

$\quad \neg P_2$

$\quad \vdots$

$\quad \neg P_{n-1}$

$\therefore P_n$

大家对于这种推理形式一定毫不陌生，本章开头举的两个例子与它如出一辙。类似地，在《名侦探柯南：加贺大小姐的推理之旅》中，案发现场发现了三个人的脚印，经检测除了死者林社长的脚印外，剩余两个人的脚印分别是阿学先生以及凛太郎先生。于是柯南将凶手锁定在这二者之间，并推断出凶手为凛太郎先生：

（28）凶手要么为阿学先生，要么为凛太郎先生。

（那块被用来行凶的石头很重，无法依靠一只手拿起，而阿学先生的惯用手受伤，只能使用一只手。）

凶手不是阿学先生。

所以，凶手是凛太郎先生。

在《名侦探柯南：被召集的名侦探》中，茂木先生也作出了选言推理：

（29）凶手要么是枪田，要么是白马，要么是小兰，要么是女仆，要么是茂木，要么是小五郎。

枪田不可能落入自己设下的陷阱。

白马已死。

小兰和女仆已经晕倒。

凶手不是茂木本人。

所以，凶手是小五郎。

前面我们讲过，选言命题有相容和不相容之分。相容的选言命题肯定了它的析取支至少有一个是真的，也可能所有的析取支都为真。不相容的析取命题则有且仅有一个析取支为真。在选言推理中，无论我们遇到的是哪种选言命题，由否定某选言支之外的所有选言支而推得该选言支为真的推理都是可行的。另外，对于不相容的选言推理而言，由肯定一个选言支而推得其余选言支为假的推理也是可行的。

比如在《法医宋慈》中，死者窦天宝蹊跷地死于青楼，通过观察尸体可以初步判断

---

① 〔日〕大山诚一郎：《绝对不在场证明》，曹逸冰译，上海：上海文艺出版社，2020 年，第 1-42 页。

被害人要么死于纵欲过度导致的脱阳,要么死于呕吐物窒息,要么死于头部受到重击而产生的内部出血。宋慈经过两次尸检,证明被害人死于头部重创,所以被害人死亡的原因既不是脱阳也不是呕吐物窒息。再如,在《大唐狄公案:红阁子奇案》中,李琏是自杀还是被谋杀,这一问题始终没有定论,但可以肯定的是:他要么是被谋杀,要么是自杀。这个问题直到狄仁杰在秋月的抽屉里发现了李琏的绝笔信之后才有了答案。绝笔信意味着李琏是自杀,故狄仁杰得出结论"李琏不是被谋杀的"。这样一来,也就无须纠结死李琏的凶手到底是温元还是冯岱了。

在侦查破案的初始阶段,用足够多的证据直接举证是相当困难的,因此,侦探们常常将选言推理与否定后件式的假言推理结合起来,通过不断排除一些可能性,进而缩小侦查范围。比如《福尔摩斯探案全集:四签名》中的如下片段:

"观察的结果说明,你今早曾到韦格摩尔街邮局去过,而通过推断,却知道了,你在那里发过一封电报。"

我道:"对! 完全不错! 但是我真不明白,你怎么知道的。那是我一时突然的行动,并没有告诉任何人啊。"

他看到我的惊奇,很得意地笑道:"这个太简单了,简直用不着解释,但是解释一下倒可以分清观察和推断的范围。我观察到在你的鞋面上沾有一小块红泥,韦格摩尔街邮局对面正在修路,从路上掘出的泥,堆积在便道上,走进邮局的人很难不踏进泥里去,那里的泥是一种特殊红色的,据我了解,附近再没有那种颜色的泥土了。这就是从观察上得来的,其余的就都是由推断得来的了。"

"那么你怎么推断到那封电报呢?"

"今天整整一个上午我都坐在你的对面,并没有看见你写过一个信封。而在你的桌子上面,我也注意到有一大整张的邮票和一捆明信片,那么你去邮局除了发电报还会做什么呢? 除去其他的因素,剩下的必是事实了。"[①]

福尔摩斯必然曾经对贝克街附近的泥土进行过仔细的观察,他能辨认出各种不同的泥土,尤其是韦格摩尔街邮局门口的红色黏土。他还注意到邮局附近正在修路,走进邮局的人很难不踏进泥里去。到邮局去办理邮务只有几种有限的可能,或是寄信,或是寄明信片,或是发电报。如果去邮局寄信则必然会被福尔摩斯看到写信和信封,福尔摩斯没有看到华生写信,所以华生去邮局不是寄信。如果是寄明信片,则必然会使用邮票和明信片,但整张邮票和整捆明信片都没有开封,所以去邮局也不是寄明信片。那么,只剩下一种可能——华生是去邮局发电报的。

这个推理中既包含选言推理,又包含否定后件式假言推理。如果用 P_1 表示"去邮局寄信",P_2 表示"去邮局寄明信片",P_3 表示"去邮局发电报",Q 表示"福尔摩斯看到华生写信",R 表示"华生使用邮票和明信片",那么上述引文的推理形式为:

(30) $P_1 \lor P_2 \lor P_3$

① 〔英〕阿·柯南道尔:《福尔摩斯探案全集》(上册),丁钟华等译,北京:群众出版社,1981 年版,第 131 页。

邮局的泥

$P_1 \supset Q$

$\neg Q$

$\neg P_1$

$P_2 \supset R$

$\neg R$

$\neg P_2$

$\therefore P_3$

在上述推理过程中,福尔摩斯先对三种可能的情况进行预测,形成了一个选言命题"到邮局或是寄信,或是寄明信片,或是发电报";然后分别将"寄信"和"寄明信片"作为假言命题的前件,并引申出"被看到写信和信封"和"使用邮票和明信片"这两个假言命题的后件;接着经过进一步检验"福尔摩斯没有看到华生写信"和"整张邮票和整捆明信片都没有开封"来否定后件,继而否定前件"寄信"和"寄明信片",亦即否定两个选言支;最后推得剩下的选言支"发电报"为真。

四、二难推理

二难推理是由假言命题和选言命题作为前提构成的推理,其中假言命题中前件的数量与选言命题中选言支的数量相同,因此二难推理也被称为假言选言推理。根据推理形式的差异,我们将二难推理分为构成式和破坏式两种。

(一)构成式

构成式二难推理的前提由两个假言命题和一个选言命题构成(选言支分别为两个假言命题的前件),结论可能是一个简单命题,也可能是一个选言命题(选言支分别为两个假言命题的后件)。

在《福尔摩斯探案全集：四签名》中，那箱宝物是印度北部一个土王计划让自己的亲信藏匿在阿格拉碉堡的。他为什么要这样做呢？此乃土王担心自身遭遇不测而安排的。

> 他把所有的财产分做两份，凡是金银钱币都放在他宫中的保险柜里；凡是珠宝钻石另放在一个铁箱里，差一个扮作商人的亲信带到阿格拉碉堡来藏匿。如果叛兵得到胜利，就保住了金银钱币；如果白人得胜，金银虽失，还有钻石珠宝可以保全。[①]

土王的计划包含一个选言命题："或者叛兵得胜，或者白人得胜。"两个选言支必然有一个为真。不管哪个选言支为真，结果都对土王有利，因为"他要么得到金银钱币，要么得到钻石珠宝"，所以说这是一个看起来"两全其美"的办法。我们将其中的二难推理改写为：

（31）如果叛兵得到胜利，土王就保住了金银钱币；如果白人得到胜利，土王还有钻石珠宝可以保全。

或者叛兵得到胜利，或者白人得到胜利。

所以，或者土王保住了金银钱币，或者土王保全了钻石珠宝。

如果用 P 表示"叛兵得到胜利"，Q 表示"白人得到胜利"，R 表示"土王保住了金银钱币"，S 表示"土王保全了钻石珠宝"，则推理（31）的推理形式为：

（32）$P \supset R$

$Q \supset S$

$P \vee Q$

∴ $R \vee S$

事实上，"土王保住了金银钱币"和"土王保全了钻石珠宝"表达的含义是类似的，即"土王会得到财富"，如果用 T 来表示这一含义，那么我们就得到了由两个假言命题和一个选言命题作为前提，一个简单命题作为结论的二难推理：

（33）$P \supset T$

$Q \supset T$

$P \vee Q$

∴ T

（二）破坏式

破坏式二难推理的前提由两个假言命题和一个选言命题构成（选言支分别为两个假言命题后件的否定），结论可能是一个否定命题，也可能是一个选言命题（选言支分别为两个假言命题前件的否定）。

比如前面提到的《名侦探柯南：五彩传说中的水中豪宅》，凶手需要满足两个条件：会用固定船结法给绳子打结；全身湿透。虽然嫌疑人青野木亮会用固定船结法给绳子

---

① 〔英〕阿・柯南道尔：《福尔摩斯探案全集》（上册），丁钟华等译，北京：群众出版社，1981 年，第 217-218 页。

打结,但他并没有全身湿透,这就证明他不是凶手。我们将其中的推理表示为:

(34) 如果本案的凶手是青野木亮,他就应会用固定船结法给绳子打结。

如果本案的凶手是青野木亮,他就应全身湿透。

青野木亮或者不会用固定船结法给绳子打结,或者没有全身湿透。

所以青野木亮不是凶手。

如果用 P 表示"本案的凶手是青野木亮",R 表示"他会用固定船结法给绳子打结",S 表示"他全身湿透",则推理(34)的推理形式为:

(35) $P \supset R$

$P \supset S$

$\neg R \lor \neg S$

$\therefore \neg P$

在《大唐狄公案:铜钟奇案》中,狄仁杰也利用了一个类似的破坏式二难推理断定王贤东不是凶手。仵作尸检结果表明,死者身上的指甲印是浅浅的,而王贤东指甲是长的,在人体上用力会留下深创;此外,柔弱书生王贤东只能通过由布条做成的绳索进入洁玉的房间,但在案发现场,这团布条已被拉起丢在洁玉的房间中。根据以上信息可推断如下:

(36) 如果王贤东是凶手,则死者颈部应有深深的指甲印。

如果王贤东是凶手,则布条不会出现在死者房内。

死者颈部没有深深的指甲印,且布条出现在死者房内。

所以王贤东不是凶手。

在《字母表谜案:F 的告发》中,被害人左胸被捅三刀,失血过多致死。案发地点藏品室有特殊的开门装置"F"系统,只有在系统中登记过指纹的人才能进入并且会在系统中留下进入的时间。根据"F"系统的记录和初步调查,犯罪嫌疑人锁定在仲代哲志和松尾大辅二人之中,但是仲代哲志因为身体原因不可能行凶。有能力犯案的松尾大辅据"F"系统显示是在案发后才进入现场的。侦探分析了两种可能的解释:一是松尾大辅和仲代哲志互换了名字登记指纹,在案发后进入现场的是仲代哲志,这样松尾大辅就可能是凶手;另一种可能是松尾大辅和仲代哲志是由同一个人假扮的,另外有人利用了仲代哲志的身份登记指纹犯案。而所有同事中只有秘书香川声称同时见过他们二人。如果香川说谎,那么她可能就是用仲代哲志指纹进入收藏室的真凶。松尾大辅为了隐瞒自己分饰两角的事情而包庇了香川。据此,侦探作出分析:

(37) 如果松尾大辅不是凶手,那么他一定是用自己的指纹开启的收藏室。

如果香川没有撒谎,那么仲代哲志和松尾大辅就是两个不同的人。

或者松尾大辅用仲代哲志的指纹打开了收藏室,或者仲代哲志和松尾大辅是同一个人。

因此,或者松尾大辅是凶手,或者香川说谎。[①]

如果用 P 表示"松尾大辅不是凶手",用 R 表示"松尾大辅用自己的指纹开启收藏室",用 Q 表示"香川没有说谎",用 S 表示"仲代哲志和松尾大辅是两个不同的人",那么于是,我们可以从中总结出结论为选言命题的破坏式二难推理的推理形式:

(38) $P \supset R$

$Q \supset S$

$\neg R \lor \neg S$

$\therefore \neg P \lor \neg Q$

可见,无论是构成式还是破坏式,其利用的都是由两种可能性导致两种结果的模式,论证者经过巧妙设计,既可使自己"左右逢源""两全其美",又可让对方"进退维谷""左右为难"。也正是鉴于此,二难推理常被应用于法庭辩论之中,用以巩固自身的有利地位,或使对方陷入困难境地。

五、全称例示推理

全称例示推理是以全称命题为前提,以单称命题为结论的推理。全称命题表示某一类中的全部成员具有(或不具有)某种属性,单称命题则表示某一特定个体具有(或不具有)某种属性。显然,如果某一类中的全部成员都具有(或不具有)某种属性,那么这一类中的任意个体成员也具有(或不具有)该种属性,这就是全称例示推理的基本原理。在司法实践中,我们由某一法律规定推得具体案件中罪犯应承担法律后果的过程用到的就是全称例示推理,比如由"犯罪时不满 18 周岁的人不适用死刑及张三犯罪的时候不满 18 周岁,推得张三不适用死刑"。再如:

(39) 如果与小五郎擦肩而过时会侧身,那么此人是女性。

凶手与小五郎擦肩而过时侧身了。

所以,凶手是女性。

其中包含着一个全称例示推理和一个肯定前件式推理:

(40) 对于任意的人 x 来说,如果 x 与小五郎擦肩而过时会侧身,那么 x 是女性。

所以,如果凶手与小五郎擦肩而过时会侧身,那么凶手是女性。

(41) 如果凶手与小五郎擦肩而过时会侧身,那么凶手是女性。

凶手与小五郎擦肩而过时侧身了。

所以,凶手是女性。

如果用"$\forall x$"表示"对于一个集合中的任意元素 x",用 Φx 表示"x 具有性质 Φ",那么全称例示推理具有如下形式:

(42) $\forall x(\Phi x)$

$\therefore \Phi v$(v 是该集合中的任意个体)

---

① 〔日〕大山诚一郎:《字母表谜案》,曹逸冰译,郑州:河南文艺出版社,2021 年,第 45-88 页。

特别地,若 Fx 表示"x 与小五郎擦肩而过时会侧身",Gx 表示"x 是女性",用 Fv 表示"凶手与小五郎擦肩而过时侧身",用 Gv 表示"凶手是女性",那么推理(39)具有如下推理形式:

(43)$(\forall x)(Fx \supset Gx)$

$Fv \supset Gv$

Fv

$\therefore Gv$

在《名侦探柯南:毛利小五郎的盛大演讲会》中,筑波芽衣发现并指出了月野木衣服上闪着光的玻璃碎片,并作出以下推理:

(44)如果玻璃器械是在死者口袋中被损坏的,那么碎片不会四处飞散。

月野木衣服上有玻璃碎片(碎片四处飞散了)。

所以,怀表是在口袋外被损坏的。

其中包含着一个全称例示推理和一个否定后件式推理:

(45)对于任何玻璃器械来说,如果是在死者口袋中被损坏的,那么碎片不会四处飞散。

所以,如果怀表是在死者口袋中被损坏的,那么碎片不会四处飞散。

(46)如果怀表是在死者口袋中被损坏的,那么碎片不会四处飞散。

月野木衣服上有玻璃碎片(碎片四处飞散了)。

所以,怀表是在口袋外被损坏的。

特别地,若 Fx 表示"x 是在死者口袋中被损坏的",Gx 表示"x 的碎片不会四处飞散",Fv 表示"怀表是在死者口袋中被损坏的",用 Gv 表示"怀表的玻璃碎片不会四处飞散",那么推理(44)具有如下推理形式:

(47)$(\forall x)(Fx \supset Gx)$

$Fv \supset Gv$

$\neg Gv$

$\therefore \neg Fv$

由于侦探的调查工作都是针对具体案件展开的,全称例示推理在侦查实践中有着十分广泛的应用。除了全称例示推理,我们还分别介绍了联言推理、假言推理、选言推理和二难推理,这些演绎推理在侦破案件的过程中可能会组合在一起,进而发挥十分重要的作用。但我们切不可对其结论盲目自信,也不应一遇到案件就生硬套用推理形式,而应基于事实和法律谨慎地进行推理和分析。

思 考 题

一、下列段落中包含推理吗？ 如果答案是肯定的,找到其中的推理,并指出它属于哪一种演绎推理形式。

1. 如果她婚姻幸福,那么婚戒将与其他首饰一起定期护理,但是婚戒外脏内光滑，证明了她的婚姻是不幸的。

2．石神清楚他们是要和电影院保存的另一半存根比对。 找到和她给的存根撕口吻合的另一半存根，再检验上面的指纹。 如果上面确有晴子母女的指纹，至少能证明，她们进了电影院。 如果没有指纹，警方则会更加关注她们。

3．如果犯人是因为过于慌乱而忘记处理自行车上的指纹的话，那么他应该也没有心思砸烂死者脸部、烧毁指纹，还处理衣物。 但事实并非如此，因此犯人留下自行车上的指纹是刻意为之。

4．安田若真是搭"球藻号"火车抵达的，让河西到月台接他当然更具效果。但对于飞机而言，总会有因天气因素或机械故障延误两三小时的情况。 如果安田恰巧遇到了那种情况，那么他从札幌折返小樽，在那里搭乘"球藻号"的惊险表演就无法实现了。 如果无法搭上"球藻号"，反而会向河西证明自己不是搭那趟列车过来的。

5．如果我略去了日期或其他能够使人追溯到事情真相的情节，希望读者见谅。

6．如果粉衣女郎从周边的城市来伦敦小住，她身边一定会带手提箱。 根据她的衣领是湿的但雨伞是干的这一点可以判定她来自加迪夫，也就说明她身边肯定会带有手提箱。

7．接触炭疽病毒的人需要消毒，消毒的人会带有消毒水的味道，查理每天都会带着消毒水味道散步归来，所以查理每天都接触炭疽病毒。

8．它不是到金斯皮兰就是到梅普里通去了，它现在不在金斯皮兰，那就一定在梅普里通。

9．如果他不报警，我就趁着他去交易地点的时候偷盗赃画；如果他报了警，那么警察的注意力就被转移到了交易地点，这有利于我更好地偷窃。

10．这个范围内最近的女子高中就是清纯女院和米花女高了。 清纯女院的女高中生穿西装外套。 米花女高的女高中生穿水手服。 而电话里说的是穿水手服的高中女生，所以说的是米花女高。

11．莱斯巴尼小姐的母亲手中拽着一种奇怪的毛发，听街坊说楼梯中传来的怪声不是人发出来的，莱斯巴尼小姐喉部的深色瘀伤和深深的指印不是人类有的力度。 只有水手的那头猩猩才具有这种毛发，能够发出奇怪的声音并且具有如此大的力量。 所以凶手是猩猩。

12．如果遭到猎犬的袭击，身上会留下暴力袭击的痕迹，查尔斯爵士身上没有遭受暴力袭击的痕迹，所以查尔斯爵士没有被猎犬袭击。

13．打前房窗口逃走，那可逃不过街上一伙人的眼睛。 因此，凶手一定是从后房窗口逃跑的。

14. 锦旗表面的切口都是从左上方到右下方割的，用右手割会很不方便，因此是用左手割的，所以犯人应该惯用左手。小尾同学惯用右手，所以犯人不是他。

15. 如果这把匕首是假货，那么真的匕首上将只有凶手的指纹且假的匕首上有凶手和少年两个人的指纹。这把匕首上有辛格拉社长的指纹和少年的指纹，真的匕首上有辛格拉社长的指纹。所以，辛格拉社长是凶手。

第三节　演绎推理的有效性

每个演绎推理都要求前提为结论的真提供无可辩驳的理由，但并不是所有演绎推理都能够做到这一点。对于那些满足了上述要求的演绎推理，我们称之为有效的演绎推理；对于那些没有满足这个要求的演绎推理，我们称之为无效的演绎推理。有两点值得读者们注意：第一，推理的有效性仅与推理形式有关，而与推理的具体内容无关；第二，"有效性""无效性"与"真""假"是两个维度的概念：前者是用来衡量演绎推理的，后者则是用来衡量构成推理的前提与结论的。①

回顾我们在否定后件式假言推理中所谈到的一个例子：

(1) 如果百合香去过南田，那么她的鞋上或裤子上会沾有红土。

百合香的鞋上和裤子上都没有红土。

所以，百合香没有去过南田。

在《名侦探柯南：咖啡店杀人事件》中，我们可以找到类似的推理：

(2) 如果他是凶手，那么他是从厕所门上面的缝隙爬过（离开）的。

他无法从厕所门上面的缝隙爬过（离开）。

所以，他不是凶手。

如果用 A 表示"百合香去过南田"（或"他是凶手"），用 B 表示"她的鞋上或裤子上沾有红土"（或"他是从厕所门上面的缝隙爬过的"），则推理(1)和(2)具有相同的推理形式：

(3) $A \supset B$

$\neg B$

$\therefore \neg A$

接下来的问题是，我们该怎样判定推理(1)和(2)是不是有效的演绎推理呢？既然有效性只与推理形式有关，那么这个问题就等值于我们该怎样判定推理形式(3)是否有效。

还记得在第一章我们介绍过的真值表方法吗？它不仅可以用来判定命题的类型，

① 〔美〕欧文·柯匹、〔美〕卡尔·科恩：《逻辑学导论》(第 13 版)，张建军等译，北京：中国人民大学出版社，2014 年，第 36 页。

而且是判定推理有效性最简单和直接的方法。具体的操作步骤可以概括为以下几点：第一，确定推理的前提和结论；第二，写出推理形式；第三，构建推理的真值表，该真值表中须包含前提与结论中所出现的简单命题的真值组合，并将前提和结论所在的列予以标识；第四，考虑所有前提为真的行数，如果此时结论都为真，那么该推理是有效的，如果存在前提都为真而结论却不为真的情况，那么说明该推理是无效的。

概言之，在真值表中我们需要列出推理的前提和结论，穷尽所有简单命题的取值情况，进而写出前提和结论分别对应的真值，然后检查在前提为真的情况下结论是否为真。如果结论都为真，则该推理是有效的；如果存在前提都为真而结论为假的情况，则该推理是无效的。

现在我们用这种方法来判定肯定前件式假言推理的有效性（这里我们省略了步骤一和二）。由于推理中包含的简单命题有两个，那么其可能的真值组合有四种（表10）：

表 10　肯定前件式假言推理的真值表

A	B	$A \supset B$（前提）	A（前提）	B（结论）
真	真	真	真	真
真	假	假	真	假
假	真	真	假	真
假	假	真	假	假

由真值表可知，当前提 $A \supset B$ 和 A 都为真的时候，结论 B 也为真，所以肯定前件式假言推理是有效的。

用同样的办法，我们来验证组合式联言推理的有效性（表11）：

表 11　组合式联言推理的真值表

A（前提）	B（前提）	$A \wedge B$（结论）
真	真	真
真	假	假
假	真	假
假	假	假

两个前提 A 和 B 都为真的行数只有一行（即第一行），此时结论 $A \wedge B$ 也为真，所以该推理形式是有效的。有兴趣的读者可以自行验证纯假言推理的有效性（注意此时真值表的行数和列数均会有所增加）。

现在让我们回到本节一开始的疑问：推理形式（3）有效吗？为了回答这一问题，我们构造推理形式（3）的真值表（表12）如下：

表 12　否定后件式假言推理的真值表

A	B	$A \supset B$(前提)	$\neg B$(前提)	$\neg A$(结论)
真	真	真	假	假
真	假	假	真	假
假	真	真	假	真
假	假	真	真	真

根据真值表可知,当前提 $A \supset B$ 和 $\neg B$ 都为真的时候(最后一行),结论 $\neg A$ 也为真,所以推理形式(3)是有效的。

细心的读者会发现,推理(2)的前提之一"如果他是凶手,那么他是从厕所门上面的缝隙爬过的"并不为真,而推理(1)的前提却都是真的。然而,这种差异并不影响这两个推理的有效性,因为它们具有相同的推理形式,而有效性只与推理形式有关。

现在,让我们来检验下述推理是否有效:

(4)斯诺没有得到宝物。

如果斯诺是行动上不自由的囚犯,那么他无法得到宝物。

所以斯诺是行动上不自由的囚犯。

如果用 P 表示"斯诺得到宝物",用 Q 表示"斯诺是行动上不自由的囚犯",则上述推理的推理形式和真值表(表 13)分别为:

(5) $\neg P$

$Q \supset \neg P$

$\therefore Q$

表 13　推理形式(5)的真值表

P	Q	$\neg P$(前提)	$Q \supset \neg P$(前提)	Q(结论)
真	真	假	假	真
真	假	假	真	假
假	真	真	真	真
假	假	真	真	假

由于在前提 $\neg P$ 和 $Q \supset \neg P$ 都为真的情况(即倒数第二行和倒数第一行)下,结论并不都为真(倒数第一行的情况下结论为假),所以该推理形式是无效的。尽管如此,在柯南道尔的故事中,推理(4)的前提和结论都是真的。这再次印证了推理的有效性只与前提与结论之间的关系有关,而与前提和结论的真假无关。这种类型的推理通常体现的是以果溯因的思维过程。虽然从形式上来讲,它们不是有效的,但在侦查实践中既有合理性,又有重要意义,相关内容我们将在第四章节予以详细讨论。

在《神探夏洛克:盲眼银行家》中,华生从超市回来,看见夏洛克与他去超市之前所坐的位置一样,便作了如下推理:

(6)如果夏洛克干了别的事情,那么他现在就不会还坐在那儿。

现在他还坐在那儿。

说明他什么事都没干。

如果用 Q 表示"夏洛克干了别的事情"，用 P 表示"夏洛克还坐在那儿"，则上述推理的推理形式和真值表（表 14）分别为：

(7) $Q \supset \neg P$

P

$\therefore \neg Q$

表 14 推理形式(7)的真值表

P	Q	$\neg P$	$Q \supset \neg P$（前提）	P（前提）	$\neg Q$（结论）
真	真	假	假	真	假
真	假	假	真	真	真
假	真	真	真	假	假
假	假	真	真	假	真

由于在前提 $Q \supset \neg P$ 和 P 为真的时候，结论也为真，所以该推理形式有效。但是，推理(6)的第一个前提还有结论却都是假的。别忘了，夏洛克可能在华生进门前与人进行了一场殊死搏斗，也可能演奏了几首不错的小提琴曲。至于为什么华生由一个有效的演绎推理得到了一个假的结论，这将是我们下节要讨论的话题。

思 考 题

一、先写出下列推理的推理形式，再用真值表方法判断它们是否有效。

1. 粉衣女郎的智能手机可能在她身边，可能在失踪的手提箱内，也可能被凶手无意中带走。经过侦查，智能手机不在案发现场，也不在手提箱内，最后只可能被凶手带走。

2. 氢酸钾中毒死亡会使尸体的指甲和嘴唇呈粉红色，而不是通常的紫色。死者浦田耕平的指甲和嘴唇呈粉红色。所以，浦田耕平是因为氢酸钾中毒而死。

3. 玛丽带着一条镶有东方珍珠、钻石、无瑕红宝石的项链。如果玛丽是一个家庭教师，她不可能负担得起一条镶有东方珍珠、钻石、无瑕红宝石的项链，所以这条项链不是玛丽的。

4. 在整个房子里，在屋里每个人的身上，在路上以及在墓地上，都找不到遗嘱。在这次葬礼中，哪一件东西是离开了这所房子而又再一次回来，并且在发现遗嘱失踪之后一直没有被搜查过的呢？除了那口棺材以及棺材里卡吉士的尸体再无其他。

5. 弓箭从外面射进来，碎掉的玻璃片排成了一条直线。如果此处之前摆放有强化玻璃，那么玻璃碎片会掉在地上排列成一条直线。所以这里之前摆放过强化玻璃。

6. 杀手要么在 7：34 进入房间，要么在 8：02 进入房间，要么在 11：21 进入房间，要么在 11：50 进入房间。 杀手不在 7：34 进入房间，不在 8：02 进入房间，不在 11：21 进入房间，所以杀手在 11：50 进入房间。

7. 慕斯说他手上的伤是狗咬的，所以现场肯定出现了狗。 监控视频显示现场并没有出现狗。 所以，慕斯手上的伤不是狗咬的。

8. 如果他们三人是凶手，那么他们必须在突然停电的黑暗情况下五秒内跑到被害人的面前。 他们三人在光亮的情况下跑到被害人面前花了将近十秒。 所以，他们三人不是凶手。

二、在《神探夏洛克：三签名》中，夏洛克在为华生婚礼致辞的时候提到了之前发生的有趣案件——卫兵洗澡遭刺案件和幽灵约会案件（如果感兴趣的话可以重温一下剧情），写出下列推理的推理形式并判断它们是否有效。 除此之外，你还能找出剧中的其他推理吗？

1. 卫兵洗澡遭刺案件中，浴室里并没有找到凶器，说明卫兵不是自杀。

2. 幽灵约会案件中，护士与华生原本素不相识，但她却知道华生要结婚了并能准确说出他的中间名（华生本人极其不愿意告诉别人自己的中间名），说明她一定看过他的请柬。

3. 幽灵约会案件中，"幽灵"多次变换身份并与不同女性约会。 只有在有犯罪意图的情况下人才有可能如此大费周折地伪造身份打探情报。 所以，"幽灵"是有预谋在婚礼上杀人的。

4. 只有在迫不得已的情况下凶手才会选择在婚礼这样的公众场合行凶，而凶手选择了在婚礼上进行谋杀，所以夏洛克认定被害人是平时极其注重隐私、极少在公众场合出现的人。

第四节　演绎推理的可靠性

我们已经在上一节中验证了下面这个推理的有效性，但是熟悉《名侦探柯南：咖啡店杀人事件》的读者应该知道，恰恰那个无法从厕所门上面的缝隙爬过的胖男人才是凶手。也就是说，虽然这个推理是有效的，但是它的结论却是假的。

(1) 如果他是凶手，那么他是从厕所门上面的缝隙爬过（离开）的。

他无法从厕所门上面的缝隙爬过（离开）。

所以，他不是凶手。

同样地，我们已验证过下面这个推理是无效的，但是这个无效的推理却可能得到真的结论——夏洛克一直坐在那儿思考着棘手的案件。

(2) 如果夏洛克干了别的事情，那么他现在就不会还坐在那儿。

现在他还坐在那儿。

说明他什么事都没干。

这两个例子向我们传递了两点讯息。第一,推理的有效性仅仅依赖于前提与结论间的关系,前提或结论的内容对于判断有效性来说无关紧要。第二,虽然从形式上来讲,推理(1)是一个有效的推理,但是从内容上来说,它并不可靠,因为其中的一个前提是假的。换言之,有效的推理形式并不能够保证得到真的结论。要想得到真的结论,还需要确保从真的前提出发。

如果一个推理是有效的,并且其所有的前提都是真的,那么我们称它为一个可靠的推理。一个好的(或正确的)演绎推理应该是既有效又可靠的。

在《名侦探柯南:古装演员杀人事件》中,起初柯南和小五郎都怀疑冲田是凶手,其推理过程如下:

(3) 如果由美死在冲田家,而案发时冲田家只有冲田一人(由美除外),那么冲田是凶手。

由美死在冲田家。

案发时冲田家只有冲田一人。

所以,冲田是凶手。

若用 A 表示"由美死在冲田家",B 表示"案发时冲田家只有冲田一人(由美除外)",C 表示"冲田是凶手",那么推理(3)的推理形式为:

(4) $(A \wedge B) \supset C$

A

B

$\therefore C$

构建上述推理形式的真值表(表15)如下(其中包括三个简单命题,它们的真值组合共有八种,所以真值表除表头以外共有八行):

表 15 推理形式(4)的真值表

A	B	C	$A \wedge B$	$(A \wedge B) \supset C$ (前提)	A (前提)	B (前提)	C (结论)
真	真	真	真	真	真	真	真
真	真	假	真	假	真	真	假
真	假	真	假	真	真	假	真
真	假	假	假	真	真	假	假
假	真	真	假	真	假	真	真
假	真	假	假	真	假	真	假
假	假	真	假	真	假	假	真
假	假	假	假	真	假	假	假

当三个前提 $(A \wedge B) \supset C$、A、B 都为真的时候,结论 C 也为真,可见该推理形式是有效的。然而,剧中土方先生诡异的笑容、不同的电话铃声、尸体位置的变动、尸体身上的勒痕等细节使得柯南开始怀疑推理(3)是否可靠。与之相关的另一个问题是,柯

南他们被带入的确实是土方先生在五楼的住所吗？为了解答这一困惑,柯南又作出了如下推理:

(5) 如果柯南等人被带入的是土方先生五楼的住所,那么五楼会留有小五郎的指纹和掉落的枪零件。

没有在五楼发现小五郎的指纹和掉落的枪零件。

所以,柯南等人被带入的不是土方先生五楼的住所。

只有五楼和六楼是土方先生的。

所以,柯南等人被带入的是六楼的住所。

因此,由美并非死在冲田家里。

由上述推理的结论——"由美并非死在冲田家里",可知推理(3)虽然有效,但并不可靠,因为其中的一个前提"由美死在冲田家"是假的。

在《名侦探柯南:被召集的名侦探》中,由白马警探所作的选言推理可知凶手是枪田小姐。因为:

(6) 凶手要么是白马,要么是小兰,要么是女仆,要么是枪田。

小兰和女仆已经晕倒。

白马知道自己不是凶手。

所以,凶手是枪田。

而根据茂木先生所作的选言推理,又可以得知凶手是小五郎先生。因为:

(7) 凶手要么是枪田,要么是白马,要么是小兰,要么是女仆,要么是茂木,要么是小五郎。

枪田不可能落入自己设下的陷阱。

白马已死。

小兰和女仆已经晕倒。

凶手不是茂木本人。

所以,凶手是小五郎。

事实上,凶手既不是枪田,也不是小五郎。推理(6)和(7)之所以得到了假的结论,就是因为这两个推理中的选言命题不全为真。在侦查实践中,案情往往错综复杂,新情况层出不穷,即使是对于名侦探而言,也难以一下子将各种问题都考虑在内。从形式上来说,切不可因为选言推理是有效的就忽略结论为假的可能性;从内容上来说,作为前提的选言命题虽不能做到客观穷尽所有可能的情况,但仍应做到主观穷尽——确保选言命题至少包含了一个真实的判断(或至少有一个选言支为真)。①

也就是说,在衡量一个推理是否确实做到了言之成理时,我们应当同时考虑其有效性及可靠性。如果运用了虚假的前提,即使推理形式有效,也是无济于事的。比如,在《名侦探柯南:德休拉别墅杀人事件》中,田所先生为自己作出了如下辩驳:

(8) 如果我用桃木木钉将其杀害,那么小兰就不可能在收藏室里看到桃

---

① 刘洪波、刘澈:《侦查思维谋略》,北京:中国政法大学出版社,2016年,第24页。

木木钉。

　　小兰在收藏室里看到了桃木木钉。

　　所以,我不是凶手。

　　(9) 如果我是凶手的话,那么我是从大门进出的。

　　如果我是从大门进出的,那么大门不可能在里面被反锁。

　　大门是在里面被反锁的。

　　所以,我不是凶手。

而柯南则依次反驳了田所先生的两个推理,指出它们都不可靠。一方面,小兰看到的不是真正的桃木木钉,而是仿制的木钉,故而田所在第一次辩驳(8)中所用到的第二个前提为假。另一方面,即使田所是从大门进出的,利用胶带和放映机,大门也可能在里面被反锁住,故而田所在第二次辩驳(9)中所使用的第一个前提也是假的。柯南的两次反驳针对的都是假言命题,这也提醒我们要时刻警惕假言命题的前件和后件之间是否具有必然的联系。

思 考 题

　　一、在《名侦探柯南:没有脚印的沙滩》中,小五郎认为死者死于意外。 他的推理如下:如果死者是被谋杀并且被弃尸于沙滩,那么沙滩上一定会有脚印。但是沙滩上并没有发现脚印,所以死者不是被谋杀并被弃尸于沙滩的。 又因为死者要么死于谋杀要么死于意外,所以死者死于意外,即在冲浪时被绳子缠住脖子而意外身亡。 你觉得小五郎的推理有什么问题吗?

　　二、在《名侦探柯南剧场版:银翼的魔术师》中,小五郎推理道:"过世的数里小姐上了飞机后只吃了两样东西:一样是巧克力;另一样就是天子小姐拿给她的维生素。 我想各位已经猜出来了,杀害数里小姐的犯人就是天子小姐。 就是你!"你觉得小五郎的推理有什么问题吗?

　　三、在《名侦探柯南:计算机杀人事件》中,巨木企业的木木由社长在睡眠中与世长辞。 他的死亡不是由毒药所致,就是由喝酒引发心脏病所致。 验尸结果显示木木由社长体内并没有毒素,所以他的死亡乃是由于喝酒引发了心脏病。这种推理有什么问题吗? 它是可靠的吗?

　　四、在《名侦探柯南:通往天国的倒计时》中,大木岩松、原佳明和常盘美续陆续被害。 而如月峰水表示,三起案件的现场都遗留有小酒杯,说明这是一起连环杀人案,又因为自己有原佳明遇害时的不在场证明,所以自己的嫌疑应该完全被排除。 你认为如月峰水为自己的辩护有什么问题吗? 问题出在哪里呢?

　　五、在《名侦探柯南:过于完美的模型》中,代表日本专业模型制作最高水平的模型制作人北岛昌宏被害,凶器被确认为一把利刀。 犯罪嫌疑人有三个:一个是准备采访被害者的专业模型杂志编辑广户健儿,一个是向被害者借了很多钱的模型制作人森下先生,还有一个是被害者向其提出分手的被害者的女朋友龟山女士。 为了找到真凶，柯南与众人进行了一系列的推理。 其中，圆谷光彦所作的推理为：只有凶手才会逃离案发现场，广户健儿准备逃离案发现场，所以广户健儿就是凶手。 广户健儿则作了如下推理：如果龟山女士没有杀害被害者，那么她的胸针上就不会有被害者的血迹，而龟山女士的胸针上确实沾有被害者的血迹，所以龟山女士是凶手。 他们的推理正确吗？ 为什么？

第五节　直言命题及推理

直言推理是由直言命题构成的推理形式。直言命题是简单命题的一种，它的基本组成部分是词项(即概念)。什么类型的简单命题被称为直言命题呢？如果一个命题断定了对象具有或不具有某种性质，那么该命题就是直言命题。

一、直言命题

常见的直言命题有四种：全称肯定命题、全称否定命题、特称肯定命题和特称否定命题。全称肯定命题形如"所有 S 是 P"(简称为 A 命题)；全称否定命题形如"所有 S 不是 P"(简称为 E 命题)；特称肯定命题形如"有些 S 是 P"(简称为 I 命题)；特称否定命题形如"有些 S 不是 P"(简称为 O 命题)。

这四种命题都是断定某一对象(即主项)具有或不具有某种性质(即谓项)的命题，因此人们也称直言命题为性质命题。考虑下述推理：

(1) 所有村里的人都是不识字的。

所有杀人后写下诅咒的人都不是不识字的。

所以，所有杀人后写下诅咒的人都不是村里的人。

第一个前提"所有村里的人是不识字的"是一个 A 命题，它由量项"所有"、主项"村里的人"、联项"是"和谓项"不识字的"构成。主项给出的是命题所讨论的对象(即"村里的人")，谓项所给出的则是所讨论的性质(即"不识字的")。第二个前提"所有杀人后写下诅咒的人都不是不识字的"则是一个 E 命题，它由量项"所有"、主项"杀人后写下诅咒的人"、联项"不是"和谓项"不识字的"构成，所断定的是主项"杀人后写下诅咒的人"不具有谓项"不识字的"所描述的性质。结论"所有杀人后写下诅咒的人都不是村里的人"同样是一个 E 命题，你能分别说出其中的量项、主项、联项和谓项吗？

再考虑下述推理：

(2) 有些村里的人是不识字的。

所有杀人后写下诅咒的人都不是不识字的。

所以，有些杀人后写下诅咒的人不是村里的人。

推理(2)与(1)的区别在于(2)中的第一个前提由全称肯定命题(A 命题)变成了特称肯定命题(I 命题)，而(2)中的结论由(1)中的全称否定命题(E 命题)变为特称否定命题(O 命题)。第一个前提"有些村里的人是不识字的"的量项为"有些",主项为"村里的人",联项为"是",谓项为"不识字的"。结论"有些杀人后写下诅咒的人不是村里的人"的量项为"有些",主项为"杀人后写下诅咒的人",联项为"不是",谓项为"村里的人"。

值得注意的是,除了上述四种直言命题之外,还存在着单称肯定命题和单称否定命题两种直言命题。在讨论直言三段论的时候,我们一般将单称命题看作全称命题。也就是说,"詹姆斯少校不是在任何地方都能够被杀害的人"将被当作全称否定命题,"詹姆斯少校是一个深居简出的人"将被看作全称肯定命题。其中的原因很简单,因为这两个单称命题与全称命题一样,都是对"詹姆斯少校"其人整体性质所作出的断定。

量项、主项、联项、谓项这四个部分在直言命题中各司其职。其中量项标识的是命题为"全称的"还是"特称的",我们称之为直言命题的"量"。具体来说,A 命题和 E 命题的量为"全称";I 命题和 O 命题的量为"特称"。联项表示的则是命题中主项与谓项"肯定"或"否定"的联系,我们称之为直言命题的"质"。具体来讲,A 命题和 I 命题的质为"肯定";E 命题和 O 命题的质为"否定"。

举例来讲,直言命题"所有有梅花无影针的人都是高手"的量为"全称",质为"肯定";直言命题"所有修剪过的手指甲都不会刮下墙粉"的量为"全称",质为"否定";直言命题"有些路线是在地图上标识出来的"的量为"特称",质为"肯定";直言命题"有些凶手走过的路线不是在地图上标识出来的"的量为"特称",质为"否定"。

我们已经谈论了直言命题的量和质,现在再来谈谈主项和谓项的周延性,这种看似拗口的性质究竟是怎样的呢?如果一个直言命题对某一词项所指称的类的全体作了断定,我们就说该词项在这个直言命题中周延;反之,则说该词项在这个直言命题中不周延。[①]

A 命题("所有有梅花无影针的人都是高手")断定第一个类("有梅花无影针的人")中所有的元素都是第二个类("高手")的元素;但是该命题并没有断定第二个类("高手")中的元素都是第一个类("有梅花无影针的人")中的元素。也就是说,全称肯定命题的主项周延,谓项不周延。

E 命题("所有修剪过的手指甲都不会刮下墙粉")断定第一个类("修剪过的手指甲")与第二个类("会刮下墙粉")是完全排斥的。所有第一个类("修剪过的手指甲")中的元素都不是第二个类("会刮下墙粉")中的元素;所有第二个类("会刮下墙粉")中的元素也都不是第一个类("修剪过的手指甲")中的元素。因此,全称否定命题的主项和谓项均周延。

I 命题("有些路线是在地图上标识出来的")断定主项指称的类("路线")中至少有一个元素是谓项指称的类("在地图上标识出来的")的元素,但是既没有对主项指称的类("路线")的全体作断定,也没有对谓项指称的类("在地图上标识出来的")的全体作断定。因此,特称肯定命题的主项和谓项均不周延。

---

① 〔美〕欧文·柯匹、卡尔·科恩:《逻辑学导论》(第 13 版),张建军、潘天群、顿新国等译,北京:中国人民大学出版社,2014 年,第 208 页。

O命题("有些凶手走过的路线不是在地图上标识出来的")断定主项指称的类("凶手走过的路线")中至少有一个元素被谓项指称的类("在地图上标识出来的")的全体所排斥。也就是说,O命题对谓项指称的类("在地图上标识出来的")的全体作了断定,它不是某特定的"凶手走过的路线"。因此,特称否定命题的主项不周延,谓项周延。

一种简便的记忆方法是:全称命题(A命题和E命题)的主项周延;否定命题(E命题和O命题)的谓项周延。掌握了直言命题的量、质和周延性,也就掌握了直言命题的逻辑特征,而这是进行直言命题直接推理的基础。

二、直言命题直接推理

直言命题直接推理指的是根据直言命题的逻辑特征,由一个直言命题出发,不经任何中间步骤,直接推导出另外的直言命题作为结论的推理。直言命题直接推理只有一个前提,因此前提和结论中的基本素材是一致的。基本素材一致指的是,保持主项和谓项的内容不变,可以改变的是量项、联项以及主项和谓项的位置。下面我们分别以全称肯定命题、全称否定命题、特称肯定命题、特称否定命题为例,列举一些有效的直接推理,其推理依据留给读者去思考。

由全称肯定命题"所有有梅花无影针的人都是高手"出发,我们可以推得(但不限于)以下结论:"有些有梅花无影针的人是高手""并非所有有梅花无影针的人都不是高手""并非有些有梅花无影针的人不是高手""有的高手是有梅花无影针的人""所有有梅花无影针的人都不是非高手"。

由全称否定命题"所有修剪过的手指甲都不会刮下墙粉"出发,我们可以推得(但不限于)以下结论:"有些修剪过的手指甲不会刮下墙粉""并非所有修剪过的手指甲都会刮下墙粉""并非有些修剪过的手指甲会刮下墙粉""所有会刮下墙粉的手指甲都不是修剪过的"。

由特称肯定命题"有些路线是在地图上标识出来的"出发,我们可以推得(但不限于)以下结论:"并非所有路线都不是在地图上标识出来的""并非有些路线不是在地图上标识出来的""有些在地图上标识出来的是路线"。

由特称否定命题"有些不正当防卫行为不是合法行为"出发,我们可以推得(但不限于)以下结论:"并非所有不正当防卫行为都是合法行为""有些不正当防卫行为是非法行为""有的非法行为是不正当防卫行为""有的非法行为不是正当防卫行为"。

在进行直接推理时,应当注意以下两个问题:第一,推理的依据是直言命题间的逻辑关系而非其所表达的具体内容;其二,在前提中不周延的项,在结论中不得周延。比如,在《东方快车谋杀案》中,波洛断定凶手杀人后回到了自己的火车包厢,其中就包含了一个直接推理:"所有的包厢都住了人",由此可以推出"凶手躲进去的包厢住了人";而要想不被其他人发现,凶手躲进去的只可能是自己住的包厢。在《大唐狄公案:铜钟奇案》中,狄仁杰在初步排除王贤东的作案嫌疑时也使用了直接推理的方式。他认为,所有将邪欲付诸行动的人都是粗俗之人或富裕好色之徒,由此可知,非粗俗之人或好色之徒不会将邪欲付诸行动。而王贤东是有才学的年轻人,并非上述两种类型,所以,他不会是将邪欲付诸行动的凶手。

三、直言三段论

直言三段论指的是由两个直言命题作为前提,推得另一个直言命题的演绎推理。直言三段论不仅只由三个直言命题构成,而且三个直言命题当中只出现三个词项,并且每个词项在命题中刚好出现两次。实际上,直言三段论是借助于一个共同的词项将直言命题中的另外两个词项连接起来,从而推出结论的推理。回顾前面举过的例子:

(1) 所有村里的人是不识字的。

　　所有杀人后写下诅咒的人不是不识字的。

　　所以,所有杀人后写下诅咒的人都不是村里的人。

这里出现的三个词项分别是:"村里的人""不识字的""杀人后写下诅咒的人"。每个词项都重复出现两次,结论是通过在前提中出现两次的共同词项"不识字的"把两个前提联结在一起而推出的。其中,我们称结论的谓项("村里的人")为直言三段论的大项(用 P 表示);结论的主项("杀人后写下诅咒的人")为直言三段论的小项(用 S 表示);在结论中不出现,在前提出现两次的项("不识字的")为直言三段论的中项(用 M 表示)。

我们刚刚强调了直言三段论只包含三个词项,其中的大项和小项通过中项建立起相应的外延关系。鉴于此,我们不仅要将三段论的词项严格限制为三个,而且还应要求它们在每次出现时表达的意义都相同,否则就犯了"四词项"或偷换概念的错误。比如"缓刑只适用罪行较轻的犯罪分子,张三被处死缓,所以张三是罪行较轻的犯罪分子",这里就包含"缓刑""死缓""罪行较轻的犯罪分子""张三"四个词项。再如"群众是真正的英雄,张三是群众,所以张三是真正的英雄",虽然"群众"在前提中的两次出现具有相同的形式,但实则表达了不同的意义:首次出现的"群众"是一个集合概念;第二次出现的"群众"是非集合概念。因此这并不是一个真正的直言三段论。

在直言三段论的两个前提中,我们称包含大项的前提为大前提,包含小项的前提为小前提。也就是说,推理(1)中的大前提是"所有村里的人都是不识字的",小前提是"所有杀人后写下诅咒的人都不是不识字的",结论是"所有杀人后写下诅咒的人都不是村里的人"。掌握了直言三段论的结论,就确定了大项和小项、大前提和小前提。按照惯例,我们将大前提写在最前面,小前提居中,最后是结论。

我们称(1)为一个 AEE 式的直言三段论。因为大前提、小前提和结论分别是 A 命题、E 命题和 E 命题。可见,三段论的式是由构成它的直言命题类型(A、E、I、O),亦即量和质决定的。简之,我们将 A、E、I、O 四种命题在大小前提和结论中的各种不同组合所构成的三段论形式,叫作三段论的式。

除了直言三段论的式,另一个决定直言三段论结构的因素是三段论的格,它由中项的位置确定。在第一格中,中项是大前提的主项、小前提的谓项;在第二格中,中项是大前提和小前提的谓项;在第三格中,中项是大前提和小前提的主项;在第四格中,中项是大前提的谓项、小前提的主项。由此可知,(1)是一个第二格的直言三段论,因为中项("不识字的")分别是大前提和小前提的谓项。

我们再看下面两个直言三段论:

(2) 有些村里的人是不识字的。

所有杀人后写下诅咒的人不是不识字的。

所以,有些杀人后写下诅咒的人不是村里的人。

(3) 知道案件情况的人都有作证的义务,

所以,张三有作证的义务。

根据上述介绍,我们知道(2)的大项是"村里的人",小项是"杀人后写下诅咒的人",中项是"不识字的",大前提是"有些村里的人是不识字的",小前提是"所有杀人后写下诅咒的人都不是不识字的",结论是"有些杀人后写下诅咒的人不是村里的人";(3)是一个省略的直言三段论,其大项是"有作证的义务",小项是"张三",中项是"知道案件情况的人",大前提是"知道案件情况的人都有作证的义务",小前提是被省略的"张三是知道案件情况的人",结论是"张三有作证的义务"。

由上述分析可知,(2)是一个 IEO 式第二格的直言三段论,(3)是一个 AAA 式第一格的直言三段论。既然直言三段论的大前提可能是 A、E、I、O 这四种命题中的一种,小前提可能是 A、E、I、O 这四种命题中的一种,结论也可能是 A、E、I、O 这四种命题中的一种,那么直言三段论一共就有 64 种式。又因为每种式可能有四种格,也就是说我们将得到 256 种形式的直言三段论。然而,并非每种直言三段论形式都有效。

有效的直言三段论是以刻画词项之间的恰当关系为基础确立的。判定直言三段论有效性的规则有六条,它们分别是:第一,中项至少周延一次;第二,在结论中周延的项在前提中也必须周延;第三,不允许出现两个否定的前提;第四,前提有一个是否定的,结论必为否定,反之亦然;第五,不允许出现两个特称的前提;第六,前提有一个是特称的,结论也一定是特称的。[①]

如果一个直言三段论完全符合上述规则,那么它就是形式上有效的,这样的推理形式被称为直言三段论的有效式;反之,如果一个直言三段论不完全符合上述规则,那么它就不是形式上有效的。根据这六条规则,我们来依次判断推理(1)(2)(3)是不是有效的直言三段论。

既然(1)是一个 AEE 式的直言三段论,那么第三条、第五条和第六条规则并不适用。所以,我们只考虑第一条、第二条和第四条规则。

(1)的中项是"不识字的",作为全称否定命题的谓项,它在小前提中是周延的,满足第一条规则;(1)的结论是 E 命题,E 命题的主项和谓项都是周延的,再看它们在前提当中是否周延:小前提是 E 命题,所以主项"杀人后写下诅咒的人"是周延的;大前提是 A 命题,所以主项"村里的人"也周延,满足第二条规则;(1)的小前提是否定的,结论是否定的,满足第四条规则。所以说,(1)是一个有效的直言三段论。由于有效性

---

① 此处略去六条规则的证明过程。如果读者有兴趣,可参见《逻辑学》编辑组:《逻辑学》(第二版),北京:高等教育出版社,2018年,第 51-53 页。

只与推理的形式有关,所有 AEE 式第二格的直言三段论都是有效的。

(2)是一个 IEO 式的直言三段论,所以第三条和第五条规则并不适用,我们仅考虑余下的四条规则。

首先,(2)的中项是"不识字的",作为全称否定命题的谓项,它在小前提中是周延的,满足第一条规则;其次,(2)的小前提是否定的,结论也是否定的,满足第四条规则;再次,(2)的大前提是特称的,结论也是特称的,满足第六条规则;最后,(2)的结论是 O 命题,O 命题的谓项周延,但是"村里的人"作为大前提(I 命题)的主项并不周延,违背第二条规则。所以说,(2)是一个无效的直言三段论。进一步讲,所有 IEO 式第二格的直言三段论都是无效的。

将省略的前提补全,可知(3)是 AAA 式的直言三段论,所以第三条、第四条、第五条和第六条并不适用,我们仅考虑余下的两条规则。第一,中项"知道案件情况的人"作为全称肯定命题,在大前提中周延,满足第一条规则;第二,在结论中周延的项"张三",在前提中也是周延的,满足第二条规则。所以说,(3)是一个有效的直言三段论,且所有 AAA 式第一格的直言三段论都是有效的。事实上,审判工作中常用这种形式的审判三段论,将一般原则应用于具体案件,根据有关法律条文对某一案件作出判决。例如,根据我国刑法第八章第三百八十三条的规定,"贪污数额较大或者有其他较重情节的,处三年以下有期徒刑或者拘役,并处罚金。"现有确凿证据表明,张三贪污数额较大,于是得出结论:对张三应处三年以下有期徒刑或者拘役。值得注意的是,审判三段论的大前提(即所依据的法律条款)是判决的基础,不可随意省略,以便能够及时发现错误。比如,某县法院审理了一起故意伤害案,对被告人作出"免于刑事处罚"的判决,其判决书仅列出"第一,被告伤人后已两次行政拘留;第二,被告已赔偿被害人;第三,被告伤人后无新的犯罪",所省略的依据"被行政拘留过的被告人可以免除处罚""赔偿了被害人损失的被告人可以免除处罚""无新犯罪的被告人可以免除处罚"显然都是站不住脚的。[1]

当然,我们并不总是能轻而易举地将直言三段论识别出来,因为它很可能隐藏在段落之中,这就需要首先抽取出段落中的直言三段论,然后用六条规则去判定它是否有效。我们举两个这样的例子。

> 他在油灯和煤气喷灯上点烟斗的习惯。你可以看出这烟斗的一边已经烧焦了。当然用火柴就不会弄成这样了。用火柴点烟怎么会烧焦烟斗边呢?但你在油灯上把烟点着,就不能不烧焦烟斗。而烧焦的只是烟斗的右侧,由此,我推测他是一个使用左手的人。现在你把你的烟斗在油灯上点燃,你就可以看到,因为你惯用右手,自然是左边侧向火焰了。有时你也许不这么点烟,但这毕竟不是经常的。所以只能认为他惯用左手。[2]

> 老太太手中拽着一种奇怪的毛发,听街坊说楼梯中传来的怪声不是人发

① 雍琦:《法律逻辑学》,北京:法律出版社,2004 年,第 206 页。
② 〔英〕阿·柯南道尔:《福尔摩斯探案全集》(中册),丁钟华等译,北京:群众出版社,1981 年,第 32 页。

出来的,莱斯巴尼小姐喉部的深色的瘀伤和深深的指印不是人类有的力度。只有水手的那头猩猩才具有这种毛发,能发出这种奇怪的声音并且具有如此大的力量。所以凶手是猩猩。[①]

隐藏在上述两个例子中的直言三段论分别为:

(4) 所有习惯使用右手的人不是在点烟斗时烧焦烟斗右侧的人。

此人是在点烟斗时烧焦烟斗右侧的人。

所以,此人不是习惯使用右手的人。

(5) 所有人类都不具有这类奇怪毛发、声音和巨大力量等特征。

凶手具有这类奇怪毛发、声音和巨大力量等特征。

所以,凶手不是人类。

由于我们将单称命题当作全称命题来看待,推理(4)和(5)都是 EAE 式第二格的直言三段论。其中(4)的大项是"习惯使用右手的人",小项是"此人",中项是"在点烟斗时烧焦烟斗右侧的人";(5)的大项是"人类",小项是"凶手",中项是"具有这类奇怪毛发、声音和巨大力量等特征"。如果用 P 表示大项,S 表示小项,M 表示中项,则推理(4)和(5)具有相同的推理形式:

(6) 所有 P 都不是 M。

S 是 M。

所以,S 不是 P。

其中没有特称命题,所以我们只需考虑六条规则中的前四条。中项 M 在大前提中周延,满足第一条规则;结论中周延的项 S 和 P 在前提中均周延,满足第二条规则;大前提为否定的,小前提为肯定的,满足第三条规则;大前提为否定的,结论也为否定的,满足第四条规则。所以,该推理形式是有效的。换言之,推理(4)和(5)都是有效的直言三段论。(温馨提示:推理(1)(3)(4)(5)都可以被形式化为全称例示推理,你能将它们的形式写出来吗?)

以上我们讨论的例子大部分都是第二格的直言三段论,其特点是:大前提总是全称的,前提之一为否定,结论也是否定的。第二格也被称为区别格,在侦查实践中常常会用第二格来排除一些情况,以进一步明确侦查方向。与第二格一样具有否定意味的是第三格,也被称为反驳格,因为其结论总是特称命题,可以用来反驳全称论断。比如"过失犯罪不是有犯罪动机的,过失犯罪是犯罪,所以有的犯罪不是有犯罪动机的",结论是对"所有犯罪都有犯罪动机"的反驳。[②]

① 〔美〕埃德加·爱伦·坡:《莫格街谋杀案》,李罗鸣、罗忠诠译,成都:四川文艺出版社,2008 年,第 22-25 页。

② 吴家麟、阳作洲、石子坚:《法律逻辑学》(修订本),北京:群众出版社,1998 年,第 140 页;赵利、黄金华:《法律逻辑学》,北京:人民出版社,2010 年,第 103 页。

思 考 题

一、下列命题的质和量分别是什么？ 你能判断主项和谓项的周延性吗？

1. 所有军医都是有医生风度和军人气概的。

2. 有些开枪自杀的人是会留下烧伤痕迹的。

3. 所有海豹突击队员都是擅长狙击和游泳的。

4. 没有自杀的人是会在坠楼时戴着隐形眼镜的。

5. 有些外科医生的手上是有一条斜斜的痕迹的。

6. 凡是智商超常的人都是特别喜欢打牌的。

7. 所有进入厨房的人都是会带有醋味的。

8. 有些犯罪嫌疑人不是黑衣人。

9. 所有穿长裙的女孩都不是来打网球的。

10. 所有亲生父亲都是了解自己孩子的身体状况的。

二、分别写出下面三段论的格和式，并判断它们是否有效。

1. 所有受到诅咒的尸体都会呈现出令人毛骨悚然的死相。 展俊的尸体呈现出了毛骨悚然的死相。 所以展俊的尸体是受到诅咒的尸体。

2. 最先发现尸体的人是凶手。 最先发现尸体的人是夫人。 所以夫人是凶手。

3. 所有被绳子勒死的人的脖子上都是有勒痕的。 这个男人的脖子上是没有勒痕的。 所以这个男人不是被绳子勒死的人。

4. 所有在火中窒息而死的人是肺里充满烟灰的。 死者是肺里充满烟灰的。 所以，死者是在火中窒息而死的人。

5. 从小就戴着戒指的人是某根手指特别细的人。 开膛手杰克是从小就戴着戒指的人。 所以，开膛手杰克是某根手指特别细的人。

6. 有些被称为伦理的东西不是能指引人们走上正确道路的。 所有被称为伦理的东西都是社会的一般想法。 所以，有些社会的一般想法是不能指引人们走上正确道路的。

7. 有些女人的想法是谜。 有些谜不是男人能理解的。 所以，有些女人的想法不是男人能理解的。

8. 所有和不忠心的人交往的人是要被铲除的。 莫里斯是和不忠心的人交往的人。 所以，莫里斯是要被铲除的。

9. 德国人写的字母 "A" 不是使用德文字体的。 这个字母 "A" 是使用德文字体的。 所以这个字母 "A" 不是德国人写的字母 "A"。

10. 你是用左手打电话的人。 没有惯用右手的人是用左手打电话的人。 所以你不是惯用右手的人。

三、你能将下列推理改写成直言三段论吗？ 其中是否有被省略的前提或结论？ 它们的推理形式如何？ 是有效的吗？ 为什么？

1. 温特尔家门口的标签还是新的，说明他们是刚搬过来的。

2. 这位女性很显然是一位职业女性，身着一身显眼的粉红色职业装，我猜她是传媒界的。

3. 这位小姐是练过高低杠的。 其实是刚才她的裙子被风吹起来的时候，我不小心看到她的腿上有茧白，练过高低杠的人腿上才会长出独特的茧白。

4. 狗除了家里人，不会亲近外人的。 绑架犯利用这棵松木潜入再逃离，这么说的话，这只狗应该会叫才对，但是并没有听到狗叫声，所以绑架犯应该是家里的人。

5. 你行凶时一定把鞋脱掉了吧？ 穿着拖鞋在地板上走的话，就没法悄悄地从背后接近黑川先生了。 可你没有注意到你踩到了溅在地板上的血，你的白袜子底下一定沾有血迹，并且你在警方做笔录时说你从未接近过尸体。

本章小结

1. 推理形式是一个只包含命题变元和逻辑联结词的符号序列。

2. 每个演绎推理都要求前提为结论的真提供无可辩驳的理由，但并不是所有演绎推理都能够做到这一点。对于那些满足了这种要求的演绎推理，我们称之为有效的演绎推理；对于那些没有满足这个要求的演绎推理，我们称之为无效的演绎推理。

3. 如果一个演绎推理是有效的，并且其所有的前提都是真的，那么它就是一个可靠的推理。

4. 一个好的(或正确的)演绎推理既有效又可靠。

5. 常用有效的演绎推理包括联言推理(分解式和组合式)、假言推理(肯定前件式、否定后件式、纯假言推理)、选言推理、二难推理(构成式和破坏式)和全称例示推理。

分解式联言推理：

$P \wedge Q$

$\therefore P$

或

$P \wedge Q$

$\therefore Q$

组合式联言推理：

P

Q

$\therefore P \wedge Q$

肯定前件式假言推理：

$P \supset Q$

P

$\therefore Q$

否定后件式假言推理：

$P \supset Q$

$\neg Q$

$\therefore \neg P$

纯假言推理：

$P \supset Q$

$Q \supset R$

$R \supset S$

$\therefore P \supset S$

选言推理：

$P_1 \vee P_2 \vee P_3$

$\neg P_1$

$\neg P_2$

$\therefore P_3$

构成式二难推理：

$P \supset R$

$Q \supset S$

$P \vee Q$

$\therefore R \vee S$

破坏式二难推理：

$P \supset R$

$Q \supset S$

$\neg R \vee \neg S$

$\therefore \neg P \vee \neg Q$

全称例示推理：

$\forall x (\Phi x)$

$\therefore \Phi v$

6. 如果一个命题断定对象具有或不具有某种性质，那么该命题就是直言命题。直言命题是简单命题的一种，它的基本组成部分是词项。常见的直言命题有四种：全称肯定命题（A 命题）、全称否定命题（E 命题）、特称肯定命题（I 命题）和特称否定命题（O 命题）。

7. A 命题和 E 命题的量为"全称"；I 命题和 O 命题的量为"特称"。A 命题和 I 命题的质为"肯定"；E 命题和 O 命题的质为"否定"。全称命题（A 命题和 E 命题）的主项周延；否定命题（E 命题和 O 命题）的谓项周延。

8. 直言命题直接推理指的是根据直言命题的逻辑特征，由一个直言命题出发，不经任何中间步骤，直接推导出另外的直言命题作为结论的推理。

9. 直言三段论指的是以两个直言命题作为前提,推得另一个直言命题的演绎推理。直言三段论由三个直言命题构成,三个直言命题当中只出现三个词项,并且每个词项刚好出现两次。

10. 判定直言三段论有效性的规则有六条,它们分别是:(1)中项至少周延一次;(2)在结论中周延的项在前提中也必须周延;(3)不允许出现两个否定的前提;(4)前提有一个是否定的,结论必为否定,反之亦然;(5)不允许出现两个特称的前提;(6)前提有一个是特称的,结论也一定是特称的。

第三章

归 纳 推 理

　　相信各位对日本推理小说家东野圭吾的《嫌疑人 X 的献身》并不陌生,也一定注意到了作者在开头的场景渲染中,对新大桥下游民的描写。这个部分前后共出现三次,一次是在小说开头,一次是石神和汤川学一起走过时,一次是汤川重走这段路时。

　　一个男人正倚着堤防边架设的扶手刷牙。他有六十多岁,花白的头发绑在脑后。另一名男子正在蜗居的棚子旁将大量空罐踩扁,石神之前见识过这光景多次,私下给此男取了绰号——"罐男"。

　　整排蓝色塑料布棚子到此为止。再往前走,石神看见一个人坐在长椅上。原本米色的大衣,已变得肮脏不堪,几近灰色。大衣里面是夹克,夹克底下露出白衬衫。石神给这男子取名"技师",几天前,他看到过"技师"阅读机械杂志。①

　　他机械地走着固定的路线。过了新大桥,沿着隅田川边前行,右边是蓝色塑料布搭成的成排小屋。花白长发绑在脑后的男子,正把锅放到煤气灶上,不知锅里是什么。

　　"罐男"还是老样子,忙着踩扁罐子,独自嘀嘀咕咕地自言自语。经过"罐男"继续走一阵子,就看到长椅,椅子上空无一人。②

　　汤川没点头,只说:"有个收集空罐的人,对住在那一带的游民了如指掌。我找他问过,一个月前,有个新伙伴加入。说是伙伴,其实不过是共享同一个场所。那人还没搭盖小屋,也不愿用纸箱当床。收集空罐的大叔告诉我,起先谁都这样——生而为人,难以抛开自尊。大叔说这只是时间早晚的问题。可那人有一天突然消失了,毫无征兆。"③

　　东野圭吾在这里使用了一种隐晦而含蓄的表达来暗示案情的发展,一般读者如果没有足够高的敏锐度,就很难发现在这些场景描写中隐藏着的更深的含义。但如果你恰好是读者中的"翘楚",发现游民中"罐男"和"技师"两人中的其中一人在案发之后人间蒸发了,那么你离真相就只差一步了。

　　很多推理迷在发现这个异样之后,会想到"技师"可能被杀了,但是很难参透作者究竟卖了什么关子。即使是书中的神探汤川学对此也是一筹莫展。直到他从草薙口

---

① 〔日〕东野圭吾:《嫌疑人 X 的献身》,刘子倩译,海口:南海出版公司,2014 年,第 2 页。
② 〔日〕东野圭吾:《嫌疑人 X 的献身》,刘子倩译,海口:南海出版公司,2014 年,第 183-184 页。
③ 〔日〕东野圭吾:《嫌疑人 X 的献身》,刘子倩译,海口:南海出版公司,2014 年,第 231-232 页。

中得知作为数学老师的石神喜欢"针对一般人自以为是的盲点出题",他才找到接近真相的关键性一步：

> "哦,想必您出的考题很难。"
>
> "为什么?"石神直视着草薙的脸问。
>
> "就是有这种感觉。"
>
> "一点也不难,我只是针对一般人自以为是的盲点出题。"[1]
>
> "草薙告诉我一件有趣的事,是关于你出考题的方式,针对自以为是的盲点。比方说看起来是几何问题,其实是函数问题,我听了恍然大悟……草薙他们自以为这次题目是瓦解不在场证明,因为最可疑的人坚称有不在场证明。也难怪他们会这样想,那个不在场证明看起来又摇摇欲坠。发现了这个线索,当然会想从这里攻入,这是人之常情。我们搞研究时也是这样,不过在研究的世界里,往往会发现,那个所谓的线索,其实完全搞错了方向。草薙也一样,掉入了陷阱。"[2]

根据草薙警官提供的讯息,汤川学在石神每天要走的固定路线上等他并对石神说出了上面这段话。汤川学之所以会恍然大悟,是因为他作了一个大胆的推理:在这个案件中,石神像他给学生在试卷中所设计的陷阱一样抓住了警方一个"自以为是的盲点"——他故意设计了"摇摇欲坠的不在场证明"的陷阱,让警方无法逃出思维定式。对于这个细节,在随后汤川学对草薙开诚布公时有更加精确的阐述：

> "你提过石神出数学考题时的出发点,就是针对自以为是的盲点,看似几何问题,其实是函数问题。"
>
> "什么意思?"
>
> "同样的模式,看似是不在场证明,核心其实在于隐瞒死者身份。"草薙不禁"啊"了一声。
>
> "后来,你给我看石神的出勤表,那上面显示,他在三月十日上午,请假没去学校。你以为和命案无关,没怎么重视,但我一看到那个时间点就明白,石神想隐瞒的最重要的一件事,必发生于前一晚。"[3]

我们在上一章讨论了演绎的逻辑,它指的是若前提为真则结论也为真的推理形式,结论所推得的内容包含于前提之中,因而演绎推理是一种可以带给我们确定性的推理。然而,使用演绎推理的条件是已经掌握了大量的可靠证据。侦探们的工作往往是在极度缺乏证据和思路的情况下展开的,因此如果要求日常案件侦破中的推理具有演绎推理的确定性,那么这显然是无法达成的目标。在汤川学的推理中,我们就没有看到这种确定性;相反,展现于我们面前的则是一种扩展性和或然性。

从扩展性的角度看,结论所带给我们的知识超出了前提所断定的范围。因为前提只与身为高中数学老师石神的命题方式有关,而结论却与案件嫌疑人石神的作案手法

① 〔日〕东野圭吾:《嫌疑人X的献身》,刘子倩译,海口:南海出版公司,2014年,第172页。

② 〔日〕东野圭吾:《嫌疑人X的献身》,刘子倩译,海口:南海出版公司,2014年,第186-187页。

③ 〔日〕东野圭吾:《嫌疑人X的献身》,刘子倩译,海口:南海出版公司,2014年,第235页。

有关。从或然性的角度看，既然石神出数学卷子的时候喜欢从学生的盲点下手，那么石神在策划案件的时候也很可能从警官的盲点下手，这便是归纳推理。侦探们要想获得对于一个具体案件的全部认识，往往需要从现场的各种痕迹、搜集到的人证和物证出发，通过现象看本质，用归纳推理的方法对搜集到的每一个证据进行概括分析，进而获得关于案件发生过程的整体判断。[①]

在这种推理中，当前提为真时，结论仅仅可能为真。也正因为如此，评价归纳推理的维度不再是有效或无效、可靠或不可靠，我们更愿意用推理力度的强弱和推理的可信性对其加以刻画。

归纳推理的前提通常是人们所熟知的，而结论则是不为人们所熟知的，并且前提对结论的支撑是或然性的。那么由熟悉的前提出发，得到一个不熟悉的结论，这种推理中前提支撑结论的力度如何？这种支撑是强的还是弱的？如果这种支撑足够强，我们称该归纳推理为强的归纳推理；如果这种支撑相对较弱，我们称该归纳推理为弱的归纳推理。

强的归纳推理是指：当该推理前提为真时，结论为假的可能性不是很大，虽然这种可能性是存在的。弱的归纳推理是指：当该推理前提为真时，结论为假的可能性较大。当然，归纳推理的强弱只是一个相对的概念。当强的归纳推理遇到了更强的归纳推理时，自然也就变成了相对较弱的归纳推理；当弱的归纳推理遇到了更弱的归纳推理，自然也就变成了相对较强的归纳推理。这并不难理解。如果一个归纳推理是相对强的，并且其所有的前提都是真的，我们就称它为一个可信的归纳推理。接下来，我们将分别介绍归纳推理中的简单枚举推理、科学归纳推理、统计推理、类比推理和密尔方法。

第一节　简单枚举推理

人们经常根据观察到的某一类事物的部分对象具有某种性质，推出这一类事物的全部对象或另一部分对象也具有该性质，这就是简单枚举推理的基本过程。简单枚举推理是使用频率较高的归纳方法。比如：我国许多的民谚俗语，像"立春头一天，大雪纷飞是旱年""燕子低飞要下雨"等，都是在经验基础上进行简单枚举推理得出的；传统中医理论大抵也是基于这种方式发展的，相传华佗想要帮需要开刀的病人减轻痛苦时曾多次使用酒和臭麻子花等材料做实验，从而得出这些物料有麻醉效果，最终发明了麻沸散；《洗冤集录》中的经验性原则如"凡生前被火烧死者，其尸口鼻内有烟灰"也是由简单枚举推理获得的。

我们将简单枚举推理分为全称枚举推理、特称枚举推理和单称枚举推理三种。

人们考察欧洲、非洲、亚洲等地的天鹅，发现它们都是白色的，于是得出结论"所有的天鹅都是白色的"，这就是一个典型的全称枚举论证，即由已经观察到的部分对象具有某种性质为前提，推出这类事物都具有该性质。全称枚举推理得出结论的依据，是

---

① 朱武、刘治旺、施荣根等：《司法应用逻辑》，郑州：河南人民出版社，1987 年，第 205 页。

在考察对象的过程中没有遇到反例。后来人们在澳大利亚沿海发现了黑色的天鹅,这一发现表明原来的结论是错误的。

如果用 A 表示一类事物(A_1 到 A_n)的全体,用 A_1 到 A_i 表示观察到的个体($1 < i < n$),用 P 表示某种性质,则全称枚举推理具有如下推理结构:

(1) 观察到的 A_1 是 P。

观察到的 A_2 是 P。

观察到的 A_3 是 P。

…………

观察到的 A_i 是 P。

所以,所有的 A 都是 P。

在侦查破案的过程中,搜集到的材料往往是支离破碎的,有效地使用全称枚举推理可以帮助侦探们概括犯罪事实中的共同点。在《法医秦明:爱情成骗局引发凶杀》中,秦明在观察一具女尸的口腔情况后发现其缺失了一颗后槽牙,并且确定是在死者死后拔下的。这是近几个月里第三起有上述情况的杀人案,秦明由此应用全称枚举推理断定这是一起连环杀人案,凶手的作案习惯是在死者死亡后将其后槽牙拔下。据此,警方最终锁定了凶手并将其缉拿归案。

在《无人生还》中,八个素不相识的人被邀请到一座海岛别墅做客,岛上只有管家罗杰斯夫妇,主人却迟迟不肯现身。在别墅餐厅的桌上有十个小瓷人,每个房间都有一首儿歌,儿歌描述了十个印第安小孩相继以不同的方式死去,直至最后无人生还。从众人到达的第一晚开始,就有宾客被杀害。幸存的人发现,第一个死者是按照儿歌第一句的方式死亡的,且死后桌上的瓷人少了一个;第二个死者是按照儿歌第二句的方式死亡的,且死后桌上的瓷人只剩八个;以此类推,活着的人得出结论"凶手会按照儿歌描述的方式杀死所有人"。且第一个死者马尔斯顿撞死了两个小孩,第二个死者管家夫人觊觎主人财产延迟施救导致主人死亡,第三个死者麦克阿瑟以权谋私导致下属死亡……但这些人最终都逃脱了法律的制裁,因此可以通过全称枚举推理得出"被邀请来的八个宾客和两个管家都是逃脱法律制裁的犯罪分子",由此推断出凶手的杀人动机。

在《名侦探柯南:八枚速写记忆之旅》中,小兰和柯南来到了以盛产桃子、葡萄等多种水果而闻名的冈山。当地正在举办水果美食节,小兰幸运地当选为美食杂志的体验采访记者,由一名叫梨田的记者带领着在冈山市内四处品尝美食欣赏风景。在公园,柯南注意到了一位哼着小曲的女子。在诗人竹久梦二乡土美术馆门前,他们又遇到了这位女子。后来,这位女子被送到医院并被诊断为患有记忆障碍,在医生的帮助下,失忆女子画了八张素描画。柯南看出其中的两幅画分别是丹顶鹤和黑猫,刚好代表他们之前遇到她的地方,由此推断八张素描画代表的都是女子曾经去过的地方。这里柯南也运用了全称枚举推理(其中观察到的个体有两个,分别是丹顶鹤素描和黑猫素描):

(2) 观察到的丹顶鹤素描表现的是女子去过的地方(公园)。

观察到的黑猫素描表现的是女子去过的地方(美术馆)。

所以,所有的素描表现的都是女子去过的地方。

丹顶鹤　　　　　　　　　　　　　　　黑猫

以此为线索,柯南一行人便开启了为失忆女子寻找记忆的旅程。

如果说全称枚举推理是从样本到总体的推理,那么特称枚举推理就是从样本到样本的推理。特称枚举推理是以所观察的样本个体具有的某种性质为前提,得出其他一些个体也具有这种性质的推理,其具有如下推理结构:

（3）观察到的 A_1 是 P。

观察到的 A_2 是 P。

观察到的 A_3 是 P。

……………

观察到的 A_i 是 P。

所以,A 中未被观察到的部分对象是 P。

如果由欧洲、非洲、亚洲等地的天鹅都是白色的,推出"所有北美洲的天鹅是白色的",这就是一个特称枚举推理。如果我们将结论限制在 A 中未被观察到的个体 A_k（$i<k$）,那么就得到了一个单称枚举推理,其推理结构为:

（4）观察到的 A_1 是 P。

观察到的 A_2 是 P。

观察到的 A_3 是 P。

……………

观察到的 A_i 是 P。

所以,A_k（$i<k$）也是 P。

鉴于特称枚举推理和单称枚举推理的结论往往是指向未来的,换言之,它们是从过去的知识到未来的知识的推理,因此也被称为预测推理。事实上,我们也可以将预测推理看作综合运用全称枚举推理和全称例示推理的结果。

侦查人员在结案后会对相似案件的特点和侦破经验进行总结,常常会用到特称枚举推理,进而得出"某类案件大多会具有某种特征"的结论。比如,侦查人员根据数起保险柜被盗案总结出识别外部人作案的特点:出入口明显(翻墙、破门而入等)和盗窃目标不明确(现场混乱、四处翻寻)等。但由于存在明明是内部人作案,却又将现场伪装成外部人作案的情况,所以侦查人员采用的是特称枚举推理而非全称枚举推理。在《13·67:黑与白的真实》中,骆督查根据死者房间中"窗户被打破""房间内有搜寻财物的痕迹"以及"窗户上贴上了胶带以防止打破窗户时碎片掉在地上"等证据初步判断这是一起盗窃杀人案,因为在以往的侦查中只有老练的盗窃犯才懂得运用这种手法。然而案件后续却表明这起案件的犯罪现场是凶手为了混淆视听而刻意布置的,这更能说明侦查人员在推理过程中采用特称枚举推理的必要性。

下面我们来看看上述几种简单枚举推理在《名侦探柯南剧场版:第十四个目标》中的综合应用。首先,晨跑的目暮警官被十字弓射伤,现场留下了一把纸做的短刀;隔天,妃英理食用了巧克力而中毒,在巧克力的盒子上有一朵花;接着,阿笠博士在家中被神秘人射伤,现场留下了一个形状奇特的纸制品(形状接近数字8)。

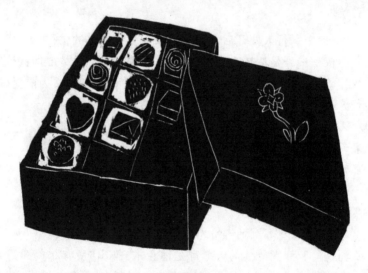

巧克力

由此柯南展开推理:目暮十三的"十三"在扑克牌中是"K",现场留有 K 牌上的宝剑;妃英理中的"妃"在英文里为"Queen",对应扑克牌中的"Q",现场留有 Q 牌上的花朵;阿笠博士的"士"可以拆成"十一",对应扑克牌中的"J",现场留有 J 牌上的类似宝剑之物。小五郎在此启发下进行了一个特称枚举推理:

(5)目暮十三(名字里有"十三")被凶手袭击。

妃英理(名字里有"十二")被凶手袭击。

阿笠博士(名字里有"十一")被凶手袭击。

所以,名字里有十三到一的人将依次被凶手袭击。

柯南又补充道:"这些人都与小五郎有一定的关系。"于是就有了以下单称枚举推理:

(6)目暮十三(名字里有"十三")被凶手袭击。

妃英理(名字里有"十二")被凶手袭击。

阿笠博士(名字里有"十一")被凶手袭击。

所以,下一个小五郎认识的人中名字里有"十"的人将被凶手袭击。

紧接着,小五郎根据柯南的预测推理迅速搜索朋友圈中名字有"十"的人——十合子小姐和辻弘树先生。不出所料,辻弘树的滴眼液被人动过手脚,柯南的预测得到验证。

《名侦探柯南剧场版:异次元的狙击手》中,在铃木财团为铃木塔举行的盛大的开幕典礼上,一名房产经纪人突遭狙击身亡,狙击地点留下了一枚弹壳和一颗骰子,该骰子的点数为4。警方在美国联邦调查局的帮助下,初步锁定技能卓越的亨特(原海豹突击队的狙击手)为犯罪嫌疑人。经过警方的调查,嫌疑人亨特恰好有四名仇敌,房产经纪人正是其中之一。不久,另一名亨特的仇敌(亨特妹妹的前男友)也被狙击,狙击地点同样留下了一枚弹壳和一颗骰子,该骰子的点数为3。这时,警方作出了如下单称枚举推理:

(7) 亨特的仇敌之一房产经纪人被狙击的地点留下了一颗骰子,点数为4。

亨特的仇敌之二亨特妹妹的前男友被狙击的地点留下了一颗骰子,点数为3。

所以,下一个被狙击的将是亨特的仇敌并且在狙击地点会留下一颗骰子,点数为2。

出人意料的是,下一个被狙击的人竟然是嫌疑人亨特,并且在狙击的地点确实发现了一颗骰子,点数为"2"。据此,警方又作出了一个单称枚举推理:

(8) 狙击滕波(房产经纪人)的地点留下了一颗骰子,点数为4。

狙击森山(亨特妹妹前男友)的地点留下了一颗骰子,点数为3。

狙击亨特的地点留下了一颗骰子,点数为2。

所以,还将有人被狙击,且狙击地点将留下一颗骰子,点数为1。

然而,在第四个被狙击者墨菲的死亡现场所发现的骰子点数却并不是1,而是5。这个例子说明枚举推理虽然有一定的前瞻性,但其结论却不一定是真的。

在侦查实践的过程中,枚举推理还有着特殊的用途——侦查实验。侦查实验是为了查明对案件具有重要意义的情节在客观上是否可能,而按照原有条件将其加以重演的侦查行为。如果实验的结果是肯定的,结论便具有证据的作用。[①] 比如,在《点与线》中,一名叫佐山宪一的科长在海滩同某餐厅女招待阿时一起服毒身亡,当地刑警从死者装束整齐而又无外伤而且阿时身旁还放着一瓶掺有氰酸钾的橘汁等情况判断此乃殉情。但经验丰富的老刑警鸟饲却心生疑窦,他从佐山衣袋中发现一张餐车用餐卡,从卡上的内容来看两人只有一人用了餐,这不符合情侣的做法。在整个侦查过程中,无论是鸟饲测试从国铁香椎站到西铁香椎站所需步行时间,还是三原为了验证嫌疑人的不在场证明亲自乘坐各种运输工具,都采用了侦查实验的方法。这种方法能够

---

① 吴家麟:《法律逻辑学》(修订本),北京:群众出版社,1998年,第189-191页。

帮助侦查人员获得对于关键情节的正确认识,揭穿犯罪嫌疑人的谎言,准确地把握案件真相。[1]

不过,鸟饲和三原虽然通过运用枚举推理在侦查实验中获得了正面的时间证据,但并不意味着这一证据得到了确证,它代表的仍是一种可能性。因为枚举推理的结论并不具有确定性,就像柯南所说:"虽然没有证据确定地显示八张素描都是女子去过的地方,但是很有可能是这样。"即便如此,我们仍然希望枚举推理具有一定程度的可能性和可接受性,因为获得普遍的知识对于我们的生活十分重要。那么,在通过细致观察以确保从真前提出发的基础上,究竟怎样能够构建出强有力的枚举推理呢?

首先,观察到的个体数量越多,枚举推理就越强。在日常生活的推理中,如果仅仅从你所见过的两个哲学专业的学生行为诡异,推得"所有哲学专业的学生都是行为诡异的人",那么这就是一个过于弱的全称枚举推理了。在失忆女子的例子中,柯南一行人依次找到了第三张、第四张、第五张素描画所代表的地点。第三张是鹫羽山展望台附近的大桥,第四张是鸣釜祭神仪式的祭祀台,第五张是仓敷美观地区的格子窗,而这些地点的目击证人也证实了失忆女子确实经由此处。于是,随着观察到个体(素描画所代表的地点)数量的增多,之前所作的全称枚举推理也随之增强了。在《名侦探柯南剧场版:异次元的狙击手》的例子中,比较警方前后的两个单称枚举推理(7)和(8),你会发现后者更强,因为观察到的骰子由两个增加到了三个。

其次,观察到的个体越多样,枚举推理越强。由于枚举推理是从断定个别事物的性质到断定其他同类别事物性质的过程,这就意味着观察到的个别事物越具有代表性和多样性,那么枚举推理就越强。如果想要得到"哲学专业的学生都是行为诡异的人"这种结论,那么观察的个体既应该包括本科生,也应该包括研究生;既应该包括男生,也应该包括女生;既应该包括国内的哲学专业学生,也应该包括国外的哲学专业学生。如果他们都是行为诡异的人,那么由枚举推理所得到的结论"哲学专业的学生都是行为诡异的人"就会更加可信。回到《名侦探柯南剧场版:异次元的狙击手》的例子,除了狙击地点留下骰子的数字,警方所观察的个体还包括射击的距离和手枪的口径。如果他们发现无论射程远近、手枪口径等如何变化,凶手都毁灭性地破坏了被害人的尸体,那么就会加强推理("凶手会毁灭性地破坏被害人的尸体")的力度。

再次,观察到的个体事物与所断定的性质越相关,枚举推理就越强。如果说哲学专业的学生行为诡异,那么这种诡异或多或少是由这个专业决定的(或者源于他们所研究的理论、阅读的书目,或者与其思维方式有关)。如果我们将断定的性质由"行为诡异"更换为"相貌怪异",这时枚举推理的力度就会减弱,因为所学专业与相貌并不相关。同样地,失忆女子所画的素描与地点关联的程度也很高,这就增强了柯南所作推理的强度。

最后,一旦在枚举推理中发现了反例,即观察到的某个个体不具有相应的性质,那么枚举推理的力度就会被削弱,甚至结论也可能被推翻。法国警官贝蒂荣在 19 世纪

---

[1]   雍琦:《法律逻辑学》,北京:法律出版社,2004 年,第 295 页。

运用枚举推理获得了结论——所有人的人体测试数据都是不同的,即"人体测定法",警方运用这一方法甄别了上百例有前科的罪犯,直至贝蒂荣在后来的测量中发现了两名人体测量数据完全相同的罪犯,这一反例的出现宣告了人体测定法的失败。[①] 回到前面的例子,如果在观察到的不同层次、不同性别、不同国籍的哲学专业学生中,存在着行为十分正常的人,那么认为"所有哲学专业的学生都是行为诡异的人"就站不住脚了。类似地,如果失忆女子的第六幅素描所画的是百慕大三角,那么柯南的枚举推理也将被削弱。

在侦查破案中考察反例场合十分重要。在《名侦探柯南剧场版:异次元的狙击手》中,警方发现亨特尸体的完整性并没有被破坏,这一差异似乎暗示着凶手的此次狙击和前两次有所不同。而且,警方起初认为骰子的数字是倒序的,用来对被狙击者进行计数,但当墨菲被狙击后,在狙击地点发现的骰子点数为5(反例出现),这也就意味着之前预测的结论("骰子的点数是倒序的")并不正确。

为了阻止凶手继续作案,柯南需要准确地预测下一个狙击地点。偶然地,柯南在元太的提醒下发现若从另一角度观察五个凶案现场,它们在空间上正好构成了正五边形。如果按照骰子的点数顺序将这个正五边形的五个顶点依次连接起来,那么构成的恰好是一个五角星。如果用五角星的思路再次进行预测推理,就不难推断出最后一个狙击地点在铃木塔。果不其然,柯南在铃木塔上发现了正准备狙击的凶手吉野,并成功地阻止了他再次杀人的企图。

勋章

---

① 赵利、黄金华:《法律逻辑学》,北京:人民出版社,2010 年,第 209 页。

思 考 题

一、在《名侦探柯南：本厅刑警恋爱物语4》中，高木警官在公厕逮捕了三个嫌疑犯，分别是身高180厘米的蓝衣男子、身高170厘米的绿衣男子和一名黑衣女子。三个目击者对他们所见劫匪的描述截然不同。其中，在服装店的女生说劫匪是身高180厘米以上穿绿衣服的人。高木警官通过模拟遇到人潮时会退到路边缘（路边缘比较高）的情况，推得人们在赶时间的情况下都会采取这种方式避让人群。这里高木用到枚举推理了吗？这个推理的强度如何？为什么？

二、在《神探夏洛克：盲眼银行家》中，夏洛克的大学同学塞巴斯蒂安的公司遭到非法入侵，入侵者用极短的时间在墙上留下了奇怪的记号后逃走，夏洛克推理出该记号是留给范孔的。当他赶到范孔家的时候，发现他已在密室中被杀害。在此期间，又有一个记者在见过奇怪的记号后以同样的手法被杀害。夏洛克继续追查，参透了古董店中的记号是古汉语中的数字——苏州码子。由于见过此记号的人都被杀害了，夏洛克推断所有见过该奇怪记号的人都会被杀害，进而推得姚素琳有生命危险。这其中既有归纳推理又有演绎推理，你能分别写出它们的推理形式和结构吗？

三、在《名侦探柯南：福尔摩斯的默示录》中，默示录的内容为"轰鸣的钟声令我惊醒，我是住在城堡里的长鼻子魔法师，以冰冷得如尸体般的白煮蛋为食，最后一口气吞掉腌黄瓜菜就大功告成，对了，应该提前订个蛋糕来庆祝，再次响起的钟声引起了我的憎恨，将一切了结吧，用两把剑穿透白色的背脊"。柯南知道这其中必有深意，但是如何将其参透呢？与小兰通电话时，传来了大本钟（2012年更名为伊丽莎白塔）的钟声，柯南于是联想到默示录的第一句"轰鸣的钟声令我惊醒"，认为这一句暗示的就是大本钟，进而他推断出默示录中的每个句子都指代着一个地点，你能将柯南所做的枚举推理写出来吗？随着剧情的发展，关于默示录内容所作的枚举推理的强度是不是越来越强了呢？为什么？

四、在《名侦探柯南：二十年的杀意，交响乐号连续杀人事件》中，凶手巧妙地利用了各种诱饵和障眼法，制造出一系列陷阱，成功地引开了众人的视线，扰乱了名侦探们（柯南和平次）的思路。比如，众人在船尾的火焰中发现了一具带着蟹江先生手表并穿着蟹江毛衣的焦尸。随后，鲸井先生故意让船员在船尾看到自己，让人们认为自己是被约出来的，你知道鲸井先生耍的是什么把戏吗？他希望误导侦探们作出何种推理？

五、在《名侦探柯南：斯特拉迪瓦里小提琴的不和谐音》中，小五郎说："连着三年都在同一天有人死去，加上三十年前的今天被强盗杀死的响辅先生的父亲一共是四人，这样的话明年就只有停止调一郎先生的生日宴会了。"小五郎用到了哪种推理类型？

六、在《点与线》中有一段对鸟饲重太郎预估从国铁香椎站到西铁香椎站所需步行时间推理的描写："鸟饲重太郎返回香椎站，到了车站，他看了看手表。这是个旧表，但走得很准。他像按下了秒表似的快步走着，略微低着头，双手插在兜里，方向仍旧是西铁香椎站。他抵达了灯火通明的车站。看看手表，用时六分。他看看表，又折回国铁香椎站。步行速度较之前慢了一些，到了车站，看看手表，耗时六分多一点。他又踏上了刚才的路。这回他慢吞吞地、左右打量着路边的房屋，一副悠然漫步的样子。用如此慢的走法来到西铁香椎站，用时约八分钟。他弄清楚了，从国铁香椎站到西铁香椎站，步行要用六至八分钟。"你能写出鸟饲的推理过程吗？他是如何由前提得到结论的？

第二节 科学归纳推理

作为一种或然性推理，即使枚举推理的前提都为真，也不能确保结论为真。枚举推理的优点在于简单方便，但缺点是可信性较低。不过，我们还是可以采用一些可靠的方法来不断地提高枚举推理的强度。本节我们将介绍枚举推理的进化形式——科学归纳推理。

科学归纳推理是由已经观察到的部分对象具有某种性质为前提，进一步分析这部分对象与这种性质之间的因果联系，由此得出这类事物都具有该性质的结论。如果用 A 表示一类事物（A_1 到 A_n）的总体，用 A_1 到 A_i 表示观察到的个体（$1<i<n$），用 P 表示某种性质，则科学归纳推理具有如下结构：

（1）观察到的 A_1 是 P。

观察到的 A_2 是 P。

观察到的 A_3 是 P。

观察到的 A_i 是 P。

…………

$A_j(1 \leqslant j \leqslant i)$ 与 P 可能存在因果联系。

所以，所有的 A 都是 P。

可见，科学归纳推理即是在简单枚举推理的基础上引入了科学证成。比如，人们观察了大量向日葵，发现它们的花总是朝着太阳。这时，科学家不急于进行枚举归纳，而是进一步探寻向日葵和向阳生长之间的联系，他们发现向日葵茎部含有一种具有背光特性的植物生长素，使得茎部背光的一面生长快于向阳的一面，于是才得出结论"所有的向日葵都是向阳生长的"，这一结论便是基于科学归纳推理得出的。

科学归纳推理在包括尸体检查在内的法医解剖及包括血液、指纹、毛发提取在内的痕迹提取等方面有着广泛的应用。比如，法医学家通过研究若干出现尸斑的尸体，发现它们都是死后半小时到四小时之间的尸体，通过分析得知，其原因在于死者血液循环终止导致血液沉积，于是得出结论"凡是出现尸斑的尸体都是死后半小时到四小时的尸体"。再如,我国犯罪侦查人员收集了若干溺死尸体,发现其内脏均有硅藻,并指出作为一种不易被酸碱破坏的水中浮游物,其被吸入后由血液循环经肺脏进入内脏,于是得出结论"凡是在水中溺死的人其内脏都有硅藻"。[1] 又如,侦查人员发现许多因扼颈而死的精神正常的人都不是自杀,后结合生理学知识查明,精神正常的人之所以不能扼颈自杀,是因为自扼颈部时会出现窒息状态或意识丧失,导致肌体肌肉松弛,自扼颈部的手无力自然下垂,不能继续扼压颈部致死。[2]

作为一名出色的法医,宋慈常常娴熟地使用科学归纳推理,例如其在《洗冤集录》中记载自缢死亡的特征是"喉下痕紫黑赤色或黑淤色,直至左右耳后发际"。如果一个人是自缢而死的,那么他脖子上的勒痕应该是紫黑色的,并且这道痕迹会一直延伸到耳后的发际。而如果死者的勒痕是白色的,那么很有可能是他杀死亡之后伪造的自缢假象。造成二者之间差别的原因是血液循环,自缢因为阻断了血液循环而造成血液淤积,他缢由于没有血液循环自然便不会出现紫黑色的痕迹。清雍正年间有一个案子,丈夫将妻子打死后伪造妻子自缢的假象,知府在查案时便运用《洗冤集录》中的科学归纳推理进行破案。

> 县令带仵作到现场检验尸体,仵作检验出死者左耳、脑门致命部位有伤痕,脖子上"微有"勒痕。县令于是得出结论:这个丈夫殴打妻子后,又勒死了她,然后以"无故杀妻"之罪结案并上报府衙。知府看了案卷,觉得"微有"勒痕未必是致死的原因,于是派出仵作重新验尸。府衙来的仵作仔细验看了死者脖子上的勒痕,发现只是一道白痕,不是《洗冤集录》上说的那种紫色(勒痕),断定是死后卡勒所致。知府提审丈夫,他的供述与仵作检验结果一致,确实是先殴打致死然后再以绳勒的。知府于是改判,将罪名改为"夫殴妻致死",判绞监候。[3]

在一些犯罪手法类似的系列或连续案件中,公安机关往往需要借助痕检、尸检等科学手段去判断凶案是连环杀手一人作案还是不同的人员模仿作案。例如在《法医秦明:清道夫》中,在不同城市先后发生类似命案,死者都是精神有问题的流浪汉,在案发现场的墙上都留有用血写下的"清道夫"三个字。字迹专家通过比对每个现场的字迹,根据连笔、倒笔等习惯性特征判定凶手是同一人且受过良好教育,写字时非常从容;痕检人员根据对现场血迹的分析得出,每一个案发现场凶手都是用橡胶手套留下字迹,且根据地面血迹颜色判断出凶手行凶时穿了和刑警类似的鞋套,可见凶手十分小心;法医通过尸检发现每起案件的死者都是一刀毙命,根据颈部切创判断出凶手有一定的医学常识,且使用的凶器都是七八厘米左右较为轻薄的刀具。这样,通过科学归纳推理,办案人员不仅可以推断出几起案件是同一人所为,还能根据凶手的犯案手法勾勒出凶手的基本特征。

科学归纳推理与枚举推理的相同之处在于,它们都是不完全的归纳推理。不过,

---

① 吴家麟:《法律逻辑学》(修订本),北京:群众出版社,1998 年,第 199-200 页。

② 苏越:《司法实践与逻辑应用》,北京:北京师范大学出版社,1990 年,第 30-31 页。

③ 钱斌:《宋慈洗冤》,北京:商务印书馆,2015 年,第 94 页。

由于科学归纳推理是建立在科学分析基础之上的，因此相较于枚举推理，科学归纳推理要更严谨，更可信。但不可忽视的是，科学分析本身也会受到各种主客观条件的制约，且探求事物间的因果关联本就不是一项简单的工作，因而科学归纳推理的结论依然具有或然性特征。为了提高科学归纳推理结论的可信程度，我们既要确保被观察对象 A_1 到 A_i 的典型性，又要运用正确的科学理论去揭示对象与属性间的因果联系。[①]

思 考 题

一、科学家由"金、银、铜、铁受热体积会膨胀"推得"凡金属受热体积就膨胀"，这是一个枚举推理。加上何种前提，可以将其上升为一个科学归纳推理呢？

二、分析下列推理是枚举推理还是科学归纳推理，如果是前者，应如何将其上升为后者呢？

1. 法医经过长期观察，发现被雷击死者，皮肤上会出现自上而下呈分支走向的树枝状雷电击纹，并且没有发现与此不同的情况，于是断定：所有被雷击死者，皮肤上都会出现自上而下呈分支走向的树枝状雷电击纹。

2. 意大利的那不勒斯城附近有个石灰岩洞，人们牵着牛马等高大的动物通过岩洞从未出现问题，但是狗、猫、鼠等小动物走进岩洞就会倒地而死。人们通过研究发现，小动物之所以死去，是因为它们的头部靠近地面，而地面附近有大量的二氧化碳，缺乏氧气。因此得出结论：地面附近缺氧的石灰岩洞会造成头部离地面较近的各种小动物死亡。

3. 在《ABC 谋杀案》中，名字以 A 开头的爱丽丝·阿什（Alice Asher）在以 A 开头的地点安多弗（Andover）城被人杀害；接着，名字以 B 开头的第二位死者贝蒂·巴纳德（Betty Barnard）死在以 B 开头的地点贝克斯希尔（Bexhill）海滩；再接着，名字以 C 开头的第三位死者卡迈克尔（Carmichael）在以 C 开头的地点彻斯顿（Churston）村庄遇害。每位死者的尸体边都发现了被特意翻开到对应页面的《ABC 铁路旅行指南》，且凶手在行凶后给大侦探波洛寄去杀人预告告知地点并以 A.B.C 的名字落款。因此，在波洛收到第四封信后，警方推断凶手的目标是名字以 D 开头的人，并在调查后将嫌疑人锁定在名为亚历山大·波拿帕特·卡斯特身上，因为他不但在几个犯罪现场都出现过，且他名字的缩写正是 A.B.C。

4. 在《法医秦明：地沟油中惊现人手》中，根据从地沟油中捞出的手的大小，警察初步推测这可能是人手。随后，秦明来到现场，利用法医人类学的相关知识断定从地沟油中捞出的是人手，因为他在被油炸的手指中发现了一截指骨。在法医人类学中，经过对大量物种进行解剖，科学家们发现指骨是人类拥有的形态比较特殊的骨骼之一。人类在演化的过程中，指骨的骨体变得较短，但是为了

① 赵利、黄金华：《法律逻辑学》，北京：人民出版社，2010 年，第 214 页。

手指能更加灵活，关节面变得比较大。从骨骼形态上来看，秦明所发现的骨头是典型的人类指骨。

5. 宋慈在《洗冤集录》中对溺水者尸体进行断定：若生前溺水尸首，男仆卧，女仰卧。头面仰，两手两脚俱向前。口合，眼开闭不定，两手拳握，腹肚胀，拍着响。两脚底皱白不胀，头鬓紧，头与发际、手脚爪缝或脚着鞋，则鞋内各有沙泥，口、鼻内有水沫及有些小淡色血污，或有磕擦损处。

第三节　统计推理

统计推理是以统计数据为前提，以概率论为基础的现代归纳推理方法。考虑这样一个例子：假如我们想知道北京大学学生对于硕士推免生取消面试这一举措的看法，我们可以对北京大学 10％的学生进行问卷调查。如果调查结果表明，这些学生中有 80％的学生对此表示赞同，那么就可以得出结论：北京大学 80％的学生赞同这一举措。

在上述例子中，我们想知道北京大学学生就某一措施的看法，但调查所有人的做法显然不够经济，因此我们采用统计方法，对 10％的学生进行问卷调查，再根据这部分学生的观点得出结论。也就是说，总体是北京大学的所有学生，即研究对象的全体；个体是北京大学的某个学生，即被研究对象中的某个成员；样本是北京大学参与问卷调查的学生，即从总体中抽取出的那部分个体。

掌握了总体、个体和样本的内涵之后，我们就可以给统计推理下定义了。统计推理是一种通过样本具有某个特征，来推得总体也具有这个特征的推理。如果以 T 代表总体，S 代表个体，R 代表特征，那么统计推理的形式为：

(1) S_1 具有属性 R。

S_2 具有属性 R。

S_3 不具有属性 R。

…………

S_n 具有属性 R。

$S_1, S_2, \cdots, S_n$ 组成来自 T 的样本，其中 m/n 具有属性 R。

所以，T 的元素中 m/n 具有属性 R。

其中 m/n 指的是比率，统计推理根据样本中的比率情况去推断总体相应的比率情况。在刚才的例子中，由样本中有 80％的北京大学学生支持硕士推免生取消面试推得总体中北京大学学生对该举措的支持率也是 80％。

统计推理在民意调查中有着非常广泛的应用。欧美一些国家习惯于通过民意调查来预测选举结果。比如，2020 年特朗普和拜登同时竞选总统，美国预测分析网站538 对大选结果进行了 40000 次模拟并抽取了其中 100 次的结果——其中拜登获胜的情况出现了 88 次,远高于特朗普获胜的次数,由此得出拜登将会当选的结论。事实表明,拜登的确当选新任总统,这与民意调查的结果一致。然而需要指出的是,虽然民意调查有时对结果的预测是正确的,但不管样本有多大,作为前提的样本本身都不能保证调查的结果是准确的。

美国的《文学文摘》曾开展一项电话调查,来预测 1936 年总统大选的获胜者。在收集整理了 200 多万份选举票的结果之后,《文学文摘》得出的预测结果是:兰登会以压倒性优势击败罗斯福。然而最终获胜的却是罗斯福,该杂志也因此次错误预测于次年被迫停刊。

为什么民意测验会得出错误的结果?这就涉及统计推理的抽样问题了。统计推理中可能出现的抽样问题有:调查数量不够多、调查信息不可靠、缺乏随机性、抽样未分层等。调查数量不够多是指样本的数目太小。调查信息不可靠是指被调查者因多种原因对访问者有所隐瞒,故意偏离答案,导致统计结果不准确。缺乏随机性是指在调查中样本不是被随意抽取的,总体中的每一个对象并不是都有同样的概率被选取为样本。抽样未分层是指当总体中对象的差异性较大时,应该先按照一定的标准进行分层,再从各层中抽取。在前面的例子中,如果被调查的学生只有十几个,或者他们没有讲真话,或者他们全部来自同一专业,甚至是同一年级,就可能产生抽样问题,从而影响调查结果的准确性。

统计推理可以在很大程度上推动案件调查的进度,特别是在当今大数据侦查时代,警方既可以应用统计推理来分析被害人或嫌疑人的通话时长、社交账号动态和网购记录以掌握其主要社会关系和生活作息习惯,也可以应用统计推理缩小侦查范围、揭示犯罪规律、预测案件走向,从而"终结犯罪在犯罪发生之前"。比如在一起碎尸案的调查过程中,法医验尸发现死者为萌生智齿的女性,那么死者的年龄是多大呢?为了弄清这一问题以便查明死者身份,侦查人员抽查了 100 名萌生智齿的女性,发现 98 名的年龄均在 19～21 岁,因此推得 98% 的女性均在 19～21 岁萌生智齿,并提出受害者年龄在 19～21 岁的侦查假说,为查找死者缩小了侦查范围。又如具有预测功能的犯罪情报分析系统,采用的就是统计推理的方法将犯罪数据和社会人口、时间、空间等因素相结合,以建立犯罪的分析模型,并根据模型预测犯罪嫌疑人、犯罪高风险地区和易害人群,从而将犯罪遏制在萌芽阶段。[①]

侦查人员还可以运用统计方法来确定某一观察结果是否存在异常。比如美国马萨诸塞州的一名护士克里斯汀总能注意到有心脏停搏迹象的病人,并及时地给患者注射肾上腺素药物从而拯救部分生命,她也因此被称为"死亡天使"。不过她的同事们却觉得事情有些蹊跷,克里斯汀所在的病区因心脏停搏死亡的患者远多于其他病区,会不会是克里斯汀故意给病人使用了药物才导致他们出现心脏停搏的症状呢?马萨诸塞大学的统计学教授吉尔巴赫在克里斯汀 5 年的工作时长中抽取了 18 个月的数据作为样本,在此阶段该医院的 1641 名病人中共有 74 人死亡,死亡概率为 0.045;克里斯

① 吕雪梅:《美国预测警务中基于大数据的犯罪情报分析》,载《情报杂志》,2015 年第 12 期,第 16-20 页。

汀上班的班次里共收治 257 名病人,那么在她当班时死亡的人应约为 12 人(257×0.045),但实际上死亡的人数却有 40 人之多。[1] 由统计推理可知,克里斯汀当班时病人死亡的数量明显高于其他时段。结合其他事实性证据,克里斯汀因谋杀罪被判处终身监禁。

思 考 题

一、下列推理是何种类型的推理? 你能写出它们的推理形式吗?

1. 日本刑侦技术专家在研究男性血液中的多核白细胞和淋巴细胞的核内 Y 染色体时,检查了 54 个成年男女的血液,其结果是:多核白细胞 Y 染色体出现概率,男性是 49％～88％(平均 66.8％),女性是 0～4％(平均 0.7％);淋巴细胞 Y 染色体出现概率,男性是 47％～88％(平均 62.6％),女性是 0～4％(平均 0.7％)。 因而得出结论:不论多核白细胞还是淋巴细胞,都能够用于区别男女。

2. 在一起案件中,秦明起初无法确定死者的死亡是源于意外还是他杀。 开颅解剖之后,秦明发现死者额头的骨折线错综复杂且骨折线的中心点不止一个,而且骨折线之间有相互截断的情况,说明死者的额头曾多次受力。 故他根据已有医学常识推测,死者的头部经历过多次撞击,死者不可能死于意外。

二、下列统计推理合理吗? 为什么?

1. 北京某报以《15％的爸爸替别人养孩子》为题,发布了北京某司法物证鉴定中心的统计数据:在一年时间内北京进行亲子鉴定的近 600 人中,有 15％的检测结果排除了亲子关系。

2. 为了估计当前人们对管理基本知识的掌握水平,《管理者》杂志开展了一次管理知识有奖答卷活动。 答卷评分后发现,60％的参加者对于管理基本知识的掌握水平很高,30％左右的参加者也表现出了一定的水平。 《管理者》杂志因此得出结论,目前社会群众对于管理基本知识的掌握还是不错的。

3. 美国与西班牙作战期间,美国海军曾经广为散发海报,招募兵员。 当时最有名的一个海军广告说,美国海军的死亡率比纽约市民的死亡率还要低。 海军的官员解释说:"根据统计,现在纽约市民的死亡率是每千人有 16 人,而尽管是战时,美国海军士兵的死亡率也不过每千人有 9 人。"

第四节　类比推理

还记得本章开篇列举的汤川学的推理吗? 因为石神在数学试卷中习惯于针对学生的盲点出题——看起来是几何问题,其实是函数问题,所以他也很可能针对警官的盲点来设计案件——看似是不在场证明,核心其实在于隐瞒死者身份。这里,汤川学

---

[1] 〔美〕基思·德夫林、加里·洛登:《数字缉凶——美剧中的数学破案》,陆继宗译,上海:上海科技教育出版社,2011 年,第 21 页。

运用的是另一种归纳推理——类比推理。

类比推理是由两个（或多个）事物在某些方面存在类似性，并且其中一个事物还具有某个已知的其他性质，从而推得另外一个事物也具有这种性质的推理。概括来说，类比推理的结构为：

(1) 事物 A 具有性质 $P_1, P_2, \cdots, P_n$ 和性质 P_{n+1}。

事物 B 具有性质 $P_1, P_2, \cdots, P_n$。

所以，事物 B 也具有性质 P_{n+1}。

类比方法在日常生活、科学发现、案件调查中均十分常见，它是我们在说理、理解以及获得新知识等活动中最自然的理性手段。在类比推理的过程中，我们通过相似的特征建立起类比物（事物 A）和待认识对象（事物 B）之间的关联，并作出大胆预测及小心求证。比如，我国著名的地质学家李四光在对东北的地质结构进行深入的调查研究后发现，松辽平原的地质结构与中亚地区极其相似。他推断，既然中亚地区蕴藏着大量的石油，那么松辽平原很可能也蕴藏大量石油。后来，大庆油田的开发证明了李四光的推断是正确的。

在侦破案件的过程中，名侦探也难免会陷入僵局，而后又在偶然之中受到启发从而成功破局。在上述情况下，侦探们往往需要借助类比推理来打开思路，破解罪犯的作案手法和特点。比如前面讲到的汤川学所进行的类比推理，（如果石神是凶手的话）"出数学题"和"设计案件"在以下方面相似：都出自石神之手；都是细致思考的结果。进而，汤川学推得这两个事物在另一个方面也应当具有类似性：因为石神承认自己的试卷是针对学生的盲点而出，所以，他的作案手法也应当针对警官的盲点而设计。

在《名侦探柯南：爱犬杀人案件》中，柯南之所以能破案，正是因为他将在游泳课上受到的启发与案发过程进行类比，最终推理出坂口正先生利用爱犬约翰杀人的全部过程。这里具有类似方面的两个事物分别是"狗扑向小刚"和"小朋友的游泳起跳过程"。这两个事物在多个方面具有的类似性分别为：第一，主体均受过人工训练；第二，均为刺激-反应活动；第三，均有起跳动作。又因为"小朋友的游泳起跳过程"是通过声音提示（"各就位，预备——"）而进入动作准备状态，柯南推断"狗扑向小刚"也是通过声音提示（"电话铃音响起的同时钟表响九下"）而使狗进入动作准备状态。在这个结论的基础上，柯南进行了侦查模拟实验，使得凶手不得不认罪。

作为归纳推理的一种，类比推理是基于两个事物之间的相似性进行推理的，但任何两个事物都存在相似及相异之处，如果通过类比推得的那个性质正好是类比物和待认识对象的差异所在，那么类比推理就站不住脚。鉴于此，我们不仅希望类比推理中的前提都为真，而且希望前提可以为结论提供足够强的支撑。下面我们就以《名侦探柯南剧场版：引爆摩天楼》为例，看看哪些因素会影响类比推理的力度。

从丢失火药的数量判断，森谷帝二想要破坏的建筑不只是黑川宅、水岛宅、安田宅、阿久津宅和石桥，他想破坏的最后一座建筑是什么呢？我们进行如下类比推理：

(2) 黑川宅、水岛宅和阿久津宅都是森谷帝二的作品。

它们都是他 30 多岁时设计的。

它们都不是完全的左右对称风格。

它们都已经被破坏了。

米花都市大楼是森谷帝二的作品。

米花都市大楼也是他 30 多岁时设计的。

米花都市大楼也不是完全的左右对称风格。

所以,米花都市大楼将被破坏。

引爆摩天楼

在这个类比推理中,同时进行类比的事物有黑川宅、水岛宅、阿久津宅和米花都市大楼。它们在多个方面具有的类似性包括:是森谷帝二的作品;都是森谷帝二 30 多岁时设计的;都不是完全的左右对称风格。由此,柯南推得它们在其他方面(即是否被破坏)也具有类似性。

将上述类比推理与下述类比推理进行比较:

(3)黑川宅和水岛宅是森谷帝二的作品。

它们都是他 30 多岁时设计的。

它们都不是完全的左右对称风格。

它们都已经被破坏了。

米花都市大楼是森谷帝二的作品。

米花都市大楼也是他 30 多岁时设计的。

米花都市大楼不是完全的左右对称风格。

所以，米花都市大楼将被破坏。

推理(3)的强度显然要弱一些，因为类比物只有黑川宅和水岛宅两个；而(2)中进行类比的事物有黑川宅、水岛宅、阿久津宅三个。因而，我们得到结论，类比物的数量越多，类比推理越强。

再看下面这个类比推理：

(4) 黑川宅、水岛宅、阿久津宅和石桥都是森谷帝二的作品。

它们都是他 30 多岁时设计的。

它们都不是完全的左右对称风格。

它们都已经被破坏了。

米花都市大楼是森谷帝二的作品。

米花都市大楼也是他 30 多岁时设计的。

米花都市大楼不是完全的左右对称风格。

所以，米花都市大楼将被破坏。

这个类比推理要强于(2)，因为我们不仅增加了类比物的数量——石桥；同时增加了类比物的多样性——石桥和住宅代表了不同的建筑类型。鉴于此，我们得出结论，前提中进行类比的事物越多样，类比推理越强。

再看下面的类比推理：

(5) 黑川宅、水岛宅和阿久津宅都是森谷帝二的作品。

它们都是他 30 多岁时设计的。

它们都已经被破坏了。

米花都市大楼是森谷帝二的作品。

米花都市大楼也是他 30 多岁时设计的。

所以，米花都市大楼将被破坏。

这个推理要弱于(2)，因为相似方面的数量减少了，从"森谷帝二的作品""森谷帝二 30 多岁时设计的""非完全左右对称风格"三个方面减少到"森谷帝二的作品"和"森谷帝二 30 多岁时设计的"两个方面。所以，我们得出结论，结论中的事物与前提中的事物之间的相同性质越多，类比推理就越强。

接着考虑如下类比推理：

(6) 黑川宅、水岛宅和阿久津宅都是冬暖夏凉的建筑。

它们内部都有两部电梯。

它们都已经被破坏了。

米花都市大楼是冬暖夏凉的建筑。

米花都市大楼内部也有两部电梯。

所以，米花都市大楼将被破坏。

这个类比推理也变弱了，因为前提中的性质"是冬暖夏凉的建筑"和"有两部电梯"

与结论所断定的性质"是否被破坏"之间并不那么相关。因此,我们得出结论,前提中事物具有的性质与结论中的性质越相关,类比推理越强。

最后,考虑下面的类比推理:

(7) 黑川宅、水岛宅和阿久津宅都是森谷帝二的作品。

它们都是他 30 多岁时设计的。

它们都不是完全的左右对称风格。

黑川宅、水岛宅和阿久津宅都不是英国古典主义风格。

它们都已经被破坏了。

米花都市大楼是森谷帝二的作品。

米花都市大楼也是他 30 多岁时设计的。

米花都市大楼也不是完全的左右对称风格。

米花都市大楼是英国古典主义风格。

所以,米花都市大楼将被破坏。

这个类比推理的力度也被削弱了,因为在其中指出了黑川宅、水岛宅、阿久津宅和米花都市大楼之间的差异——只有米花都市大楼是英国古典主义风格。由此,我们得出结论,差异性会使类比推理的力度减弱。鉴于此,我们在进行类比推理时不仅要善于挖掘类比物和待认识对象之间的共同特征,还应关注二者之间的不同点。一旦发现不同点与推得属性不相容,那么就应考虑放弃原有类比推理的结论。

概括来说,以下几个方面会影响类比推理的强度:类比物的数量;类比物的多样性;结论中的事物与前提中的事物之间的相同性质的数量;前提中的相似性与结论断定的相似性的相关程度等。

在侦查的过程当中,侦探们常常根据以往的调查经验来分析当下的案件。我们曾经提过,福尔摩斯十分重视对犯罪史的研究。因为他坚信过去发生的事情将来还是可能会发生的。在《福尔摩斯探案全集:血字的研究》中,他告诉华生:"在这伦敦城中,有许多官方侦探和私人侦探。这些人遇到困难的时候就来找我,我就设法把他们引入正轨。他们把所有的证据提供给我,一般说来我都能凭着我对犯罪史的知识,把他们的错误纠正过来。犯罪行为都有它非常类似的地方,如果你对一千个案子的详情细节都能了如指掌,而对第一千零一件案子竟不能解释的话,那才是怪事哩。"①事实上,从一千个案子中寻找与当下案件的相似之处进而展开推断,体现的正是类比推理的过程。

此外,刑事侦查工作中经常用到的并案侦查方法,其背后的逻辑方法也是类比推理。所谓并案侦查方法,就是把在一定时间内发生的几起相同性质(或有关联)的案件认定为同一作案人所为的案件而展开破案的方法。② 比如,在《阳光下的罪恶》中,侦探波洛通过将旷野杀人案与女明星海滩被杀案进行类比:死者都是被人勒住喉咙窒息而死;嫌疑人均有不在场证明;嫌疑人的不在场证明都是通过在时间上玩花样达成的;在两起案件中,都有一个女性帮助嫌疑人完成他的不在场证明。此外,两起案件中的

① 〔英〕阿·柯南道尔:《福尔摩斯探案全集》上册,丁钟华等译,北京:群众出版社,1981 年,第 18 页。
② 雍琦:《法律逻辑学》,北京:法律出版社,2004 年,第 294 页。

被害人都是拥有大笔钱财的女性。这些犯罪手段和特征的共同点为并案侦查提供了基本依据,通过将两案的既有线索结合,可以获得更有价值的信息,从而缩小侦查范围。在本案中,波洛翻阅了女子被扼死的旧案记录,发现有两起案件与本案类似,在那两起案件中,被扼死的都是有钱的女性,死后最大的受益人都是她们的未婚夫或丈夫。但是在警方的调查中,嫌疑人都有明确的不在场证明。但波洛发现,这两起案件中,尸体的发现者都是一名年轻的女性,且死者的被害时间都是根据这位发现者的证词确定的。换言之,两起案件都是基于一个女证人的证词,使嫌疑人拥有了完美的不在场证明。通过与该两起案件类比,波洛察觉到本案的嫌疑人先让自己的女性帮凶假装被害人,再故意和其他人一起发现假"尸体",接着趁其他人去报警的时候行凶,以此为自己制造不在场证明,通过刻画嫌疑人特征,将杀人凶手锁定在雷德芬夫妇身上,最后将凶手缉拿归案。相较于孤立地侦破案件,并案侦查既体现了侦探的专业能力,又能因案情的互补而提高破案效率,有时还能通过作案规律推测可能的犯罪行为,避免悲剧再次发生。

在《名侦探柯南:毒与恨的设计》中,若松先生被杀于自家的浴室里,他在死前用手指在瓷砖上写下了以"S"开头的英文,女管家和叶曾亲眼看到这组字母。但是当警方赶到的时候,字迹却不见了。由于瓷砖自上而下的颜色越来越浅,所以似乎不太可能将瓷砖进行调换。数日后,柯南、平次和众人来到若松本家拜访查探,正巧椎名正繁和藤波纯生带着年轮蛋糕来访,女管家和女秘书将蛋糕切成了八等份,若松先生的儿子育郎因为太饿,在没有完全装盘的蛋糕中选了离自己最远的一块,并当场毒发身亡。警方发现其余的七块蛋糕都没有毒。接着,平次和柯南意外地发现书房里的太太也中毒身亡。太太之前看过女秘书的公司标志设计,同时找椎名先生借了青铜钢笔,向藤波先生借了眼药水,让女管家泡了红茶,因此这四个人均有嫌疑。那么,应当如何锁定嫌疑人呢?

浴室杀人

　　由于和叶在老家别墅看到的"S"和视觉错觉有关,而育郎事件中又用到了贾斯特罗视觉错觉的方法,雷同的作案手段促使柯南和平次决定进行并案侦查。他们运用类比推理来互补案情——松本案和育郎案都与视觉错觉有关,因此太太的死亡很可能也和视觉错觉有关。以此为据,柯南和平次回到太太的书房,找到了电脑中让她产生视觉形象崩塌的手法——利用太太看了太多含有"若"字的公司标志设计而产生形象崩塌,以至于签字时不知道如何写"若"而只好查阅字典,导致手上沾到早已涂在字典上的毒而死亡。如果这个推理成立,那么可能的凶手只有一个,那就是给太太看公司标志并嘱咐她在合约上签名的女秘书佐竹小姐。鉴于松本案、育郎案和松本太太案均与视觉错觉有关,而已经查明松本太太案的嫌疑人,那么也就锁定了杀害松本和育郎的作案人。

字典上的毒药

　　在《名侦探柯南:通往天国的倒计时》中,根据第一起和第二起杀人案的共同特征——死者身边都有一个小酒杯,警方认为这是同一凶手所为,应当进行并案侦查,然而柯南注意到在第二起杀人案中,警察收集到的落在血泊中的小酒杯碎片上并未沾有血迹,这意味着小酒杯是在死者血液凝固后才被人放上的。如果进行并案处理,嫌疑人只要提供两起案件中任何一起的不在场证明,警方就会排除对他的怀疑,因此柯南猜测此乃第二起案件的真凶故意为之来凸显自己的不在场证明。该案例提醒我们,在进行并案侦查类比推理时,还应注意当下案件与类比案件的差异性,如果该差异性会影响到整个案件的走向,就应当及时停止并案侦查。

　　一、在影片《大侦探福尔摩斯1》中有一个这样的推理:四圣会的四圣是人头、牛、鹰和狮子。侏儒是在坟墓发现的——人头;托马斯是在自己家被杀并被偷走了圣牛图戒指——牛；卡文顿是在宗教会议场所被火烧死的——鹰。所以，下一个杀人的场所应是在一个以狮子为象征的地方——国会大厦。请分析这其中应用到了哪种推理。

二、分析下列类比推理的结构，并用评价类比推理强度的诸要素对其进行评价。

1. 在《名侦探柯南：甲子园的奇迹》中，平次与柯南不得不与怪叔叔展开一场较量。游戏规则是怪叔叔放了三部手机在球场内，如果平次和柯南在规定的时间内没有找到手机，怪叔叔就会引爆一个炸弹。怪叔叔发来的第一个暗示是"96、7、13"，平次和柯南推理出后两个数字代表了座位的位置；第二个暗示是"47、3、4"，平次和柯南认为后两个数字代表的也应是座位的位置。

2. 在《名侦探柯南：诅咒假面的冷笑》中，占卜师长良小姐将嫌疑转移到了助理稻叶小姐身上，稻叶小姐不满对方的指责，两人发生了争执。在两人的拉扯中，长良小姐的项链珠子散落一地，柯南见此情景，瞬间顿悟了"诅咒假面的使者"所使用的障眼法：凶手像串项链一样用橡皮筋将萧布尔的假面具串在了一起，并把刀串了面具的最前面，用它穿过卧室门上狭小的格状木板，最终杀害了苏方红子并造成"面具诅咒"的假象。

第五节　密尔方法

侦探们还经常使用归纳推理来获得特定现象间的因果联系[①]，其中就涉及密尔方法或密尔五法。该方法是由英国哲学家密尔在总结和完善培根工作的基础上，于1843年出版的《穆勒名学》中提出来的，包括求同法、求异法、求同求异并用法、共变法和剩余法。下面我们先以《名侦探柯南：便利商店的陷阱》为例来说明密尔五法中的前三种。

小兰和园子去找在便利店工作的小绚时发现她正在被店长训话，因为每次轮到小绚值班的时候，店里的东西都会不见，而且老板在便利店里装了摄像头并且也在外面监视过，并没发现小偷的踪迹，所以店长认为小绚就是那个小偷。小兰为救朋友于水火之中，情急之下展开了推理。

首先，小绚发现了三个奇怪的人：第一个是关门前看游戏杂志的大学生模样的人，买了方便面和饮料；第二个是有些唯唯诺诺的公司职员模样的人，买了牙刷套装、剃须刀、干电池和毛巾；第三个是拿到快要到期的盒饭还讨价还价的顽固又节省的老奶奶，在便利店什么都没有买。各方面迥异的三个人有什么共同点呢？原来，这三人都经常

来借用便利店的厕所,于是小兰开始怀疑便利店的厕所有问题,这里便用到了求同法。

求同法指的是,如果被研究现象的两个(或多个)事例只有一个先行情况是相同的,那么这个先行情况就是给定现象的原因。其推理结构为:

(1) A、B、C、D 与 w、x、y、z 一起发生。

A、E、F、G 与 w、t、u、v 一起发生。

所以,A 是 w 的原因。

回忆《名侦探柯南剧场版:漆黑的追踪者》,六名死者相继被杀害,他们的尸体旁均有麻将牌,说明有很大可能是同一人作案。为了阻止凶手继续犯罪,找出六人的死因至关重要。凭借着最后一名死者留下的"七夕京"这条讯息,柯南委托平次进行调查,终于找到了死者身上相同的先行情况——他们都曾经在两年前入住一家酒店,该酒店失火导致奈奈子小姐被烧死,而他们则与奈奈子住在酒店的同一层楼。

求同法是侦探们经常会使用的破案方法。无论是前文提到的《名侦探柯南剧场版:第十四个目标》还是《名侦探柯南:异次元的狙击手》,在掌握有限线索的情况下,侦探往往会总结出被害者身上的共同点,以此为切入口来划定疑犯的可能范围。在《名侦探柯南剧场版:第十四个目标中》,柯南从被袭击的三个人(目暮警官、妃英理和阿笠博士)身上找到了相同的先行情况——他们都与小五郎相识。而在《名侦探柯南:异次元的狙击手》中,被狙击的藤波和森山身上的共同点则是他们都曾得罪过前海豹突击队的狙击手亨特。

此外,在当今这样一个信息化时代,侦查工作逐渐由传统的"由案到人"向"由数据到案""由数据到人"模式转变,从视频监控信息、社交媒体信息、无线通信信息等海量数据中抓住关键线索,也免不了要用到求同法。

不过,作为探求因果联系的初步方法,求同法所提供的结论更多地被看作对被研究对象的一种初级阶段的认识。继续回到《名侦探柯南:便利商店的陷阱》,虽然小兰依靠求同法得到"厕所有问题"的结论,但是她依然不知道问题具体出在哪里。在她一筹莫展的时候,猛然想起新一曾经对她说:"一开始通常要找出差异点,通过仔细观察,把这些差异找出来。"于是小兰询问其他店员有什么事情是只有小绚一个人做而其他店员没做的。原来其他店员每次都把关门前送来的商品箱子凌乱地堆放在厕所前面的过道里就打烊回家了,而小绚却总是整理好了以后才关店离开。据此,小兰认为小偷是在关门后从厕所中出来然后偷走东西,因为只有小绚值班的时候厕所的门才不会被商品堵住,这里便用到了求异法。

求异法指的是,如果在一个事例中被研究现象发生了而在另外一个事例中该现象并没有发生,两个事例中除了这一点不同以外其他均相同,该差异点就是被研究现象的原因,其推理结构为:

(2) A、B、C、D 与 w、x、y、z 一起发生。

B、C、D 与 x、y、z 一起发生。

所以,A 是 w 的原因。

求异法不关注产生结果的情境中的相同之处,而是关注产生结果的情境和未产生结果的情境之间存在何种差异。求异法要求有两个可以对比的场合,我们把包含 A 的称为正面场合,不包含 A 的称为反面场合,求异法的关键是设计出这两种场合。小绚与其他店员唯一不同的是,她每次都将箱子整理好后才离店,因此厕所的门不会被商品堵住,我们将这一场合称为正面场合。在反面场合中,商品箱子堆放在厕所前面的过道里,厕所的门会被堵住,小偷无法通过厕所进入便利店。在正反场合中除了上述情况之外,其余都相同,那么这个将正反场合加以区分的情况就是被研究现象的原因。

在《神探夏洛克:巴斯克维尔的猎犬》中,饱受记忆中的猎犬折磨的亨利找到了夏洛克,希望他可以解开自己的记忆之谜和恐惧之源。夏洛克和华生随亨利一起来到山谷中。令夏洛克意想不到的是,他竟然也看到了猎犬,而华生却没有。其中的原因是什么呢?经过反复推敲,夏洛克认为一定有某种东西使得自己和亨利产生了幻觉,但是华生却没有接触到这种东西。于是,他想起一个细节,那就是华生喝咖啡没有加糖,而亨利和自己都是加糖的。运用求异法,夏洛克认为致幻剂就在糖里面。为了验证自己的推理,他在给华生冲的咖啡里加了糖。华生喝了加糖的咖啡后不久,果真认为自己看到了猎犬。到此为止,看起来福尔摩斯运用求异法得到了正确的结论。然而,当他化验糖中的成分时,却发现其中不存在致幻剂。也就是说,"糖是看到猎犬的原因"这一断定并不正确。这个例子提醒我们,虽然求异法比求同法的可靠性要强一些,但也不是完全可靠的。求异法要求正反场合中只有一个情况不同,这在自然状态下很难实现,我们很可能会忽略正反场合中其他有差别的情况,而该情况才是真正的原因所在。

我们以《名侦探柯南:便利商店的陷阱》这一剧集为例,分别介绍了密尔五法中的求同法和求异法。事实上,我们也可以说小兰的推理中联合使用了求同法和求异法。这即是密尔五法的第三种:求同求异并用法。该方法指的是,根据在被研究现象出现的一组场合中都有一个共同的先行情况,而在被研究现象不出现的另一组场合中都没有这个情况,断定这个情况与被研究现象之间有因果联系。[①] 求同法和求异法的并用加强了小兰推理的结论——厕所有问题。那么厕所的问题在哪儿呢?小兰推断一定是有人住在厕所的天棚上。她机智地大喊"起火了",果然,天棚打开了,之前提到的三个奇怪的人中公司职员模样的人跑了出来。就这样,小兰运用密尔方法成功地解决了这个案件,拯救了她的好朋友小绚。

共变法是通过考察原因和结果之间在量的方面是否具有共同变化的关系来确定不同现象之间的因果联系的。具体而言,如果一个现象发生一定程度的变化,另一个现象也随之发生相应的规律性变化,那么这两个现象之间就有因果联系。其推理结构为:

(3) A、B、C 与 a 一起发生。

　　A_1、B、C 与 a_1 一起发生。

---

① 张晓光:《法律专业逻辑学教程》,上海:复旦大学出版社,2007年,第167页。

A_2、B、C 与 a_2 一起发生。

A_3、B、C 与 a_3 一起发生。

…………

所以，A 是 a 的原因。

比如，在某次案件调查中，办案人员发现受害人死前曾因进食后出现腹痛、腹泻、恶心、呕吐等症状多次去医院就诊，且病情逐渐加重，侦查人员猜测有人在被害人进食时多次下毒，导致其病情不断恶化。[1] 由共变法可知，投放毒药数量的逐次增多与受害人病情加重之间有因果联系，投放毒药是受害者死亡的原因。

在《字母表谜案：P 的妄想》中，每周都有请亲戚朋友喝下午茶习惯的珠美女士将考究的茶具和高级茶叶换成了罐装茶。对于这一点，珠美女士的侄子、侄女、律师以及朋友却并不感到意外。警方调查发现，是珠美女士的保姆加寿子分别向众人说明，珠美女士认为加寿子要下毒害她，不让她泡茶而改换成罐装茶。根据共变法，保姆告诉侄子、侄女、律师等人，珠美担心自己会被她毒害，使得侄子、侄女、律师等人相信珠美有被害妄想症，因此保姆的讲述是所有人相信珠美有被害妄想症的原因。但问题是，侦探调查发现珠美女士并无被害妄想症，换罐装茶喝另有原因，于是反而将怀疑目光锁定在靠说谎来排除自身嫌疑的加寿子身上，最后确定她是真凶。[2]

值得注意的是，有些现象之间的共同变化是偶然发生的，比如人们发现，英国乡村筑巢的鹳的数量与新生儿的数量存在共同变化的关系——鹳越多，新生儿越多，我们却不会据此认为前者是后者的原因。换言之，相关共变的关系虽然有利于我们发现破案线索，但并不一定能揭示事物间的因果联系。

第五种密尔方法是剩余法，它指的是如果已知某复合情况是另一复合现象的原因，同时又知前一情况中的某一部分是后一现象中某一部分的原因，那么前一情况中的剩余部分就是后一现象中剩余部分的原因。其推理结构为：

（4）A、B、C、D 是 a、b、c、d 的原因。

B 是 b 的原因。

C 是 c 的原因。

D 是 d 的原因。

所以，A 是 a 的原因。

当人们根据已有信息仍不能完全解释被研究的现象时，常常会需要剩余法。比如在《法医秦明：卢甄惨死》中，死者卢甄身上有四种不同形态的伤痕：眉骨处的创口、双臂与双侧的椭圆形伤痕、腹部与下肢的 U 型伤口以及腰背部的拖擦伤。警方通过调查发现，可能的嫌疑人有四个：卢甄的"仇家"李立、卢甄的拳击陪练庞超、卢甄的朋友顾风以及卢甄的继母。警方一一审讯这四位嫌疑人后发现：卢甄眉骨处的创口是李立造成的，椭圆形伤痕是庞超陪死者练拳击时产生的，腰背的拖擦伤是顾风误以为自己杀害了卢甄后移动尸体而产生的。运用剩余法，卢甄的继母具有重大嫌疑。结合李大

① 朱武、刘治旺、施荣根等：《司法应用逻辑》，郑州：河南人民出版社，1987 年，第 219 页。
② 〔日〕大山诚一郎：《字母表谜案》，曹逸冰译，郑州：河南文艺出版社，2021 年，第 1-44 页。

宝注意到卢甄继母的高跟鞋与腹部的 U 型伤口相像这一细节,警方经过进一步审讯,最终确定了卢甄的死因是卢甄继母踢踹其腹部所导致的肝脏破裂。

我们分别介绍了如何运用求同法、求异法、求同求异并用法、共变法和剩余法去探求事物之间的因果联系。我们知道,世界中的事物是普遍联系的,我们总是在相互关联的事物网络中来理解特定的事件,而事物之间的因果联系是诸多联系中最重要的一种。知道一个现象是什么引起的,不仅扩展了我们知识的边界,满足了我们的好奇心,而且能进一步指导我们的行动和决策。然而,我们也应认识到,探求事物间的实质性因果联系并不是一件容易的事,因果关系是复杂多样的,除了一因一果这种简单情况外,因果关系还具有偶合性、多因性、断裂性等特点。而无论是哪种密尔方法,它们均是首先假定了某种因果关系,继而将目光放在原因或结果出现、不出现以及共同变化的不同场合,并没有考虑原因与结果之间的内在联系;而且作为归纳推理,即使它们的前提都为真,结论也可能是假的。鉴于此,为了提高准确性,侦查人员经常会综合使用包括密尔方法在内的多种归纳推理,并将所得结论作为仍需接受事实检验的侦查假说进行查证。

思 考 题

一、在《神探夏洛克:三签名》中,"幽灵"曾变换身份和样貌不同的五个女性约会,这五位女性虽然职业不同,但却为同一个人工作,所以夏洛克认为"幽灵"与这五位女性约会的真正目的应该与她们共同为之工作的人有关。夏洛克用到了密尔方法的哪一种?

二、在《名侦探柯南剧场版:沉默的十五分钟》中,柯南注意到隧道中的神秘人影,并根据之前听说的恐吓信内容以及新闻中有关"都知事将乘坐隧道上方的列车"的信息推理出恐怖分子可能试图炸毁隧道,因而避免了一起重大事故。随后柯南着手调查此件案件的元凶,他得知都知事还在国土交通省担任大臣的时候曾经在北泽村负责修建大坝,当时几乎所有村民都同意迁移,只有一个人从头至尾反对,因此柯南怀疑该事件和这个村子有关。在这个案件里,柯南用到了密尔方法中的哪一种?

三、在《名侦探柯南:通往天国的倒计时》中,议员大木岩松被害,目暮警官开始调查案件,初步认定常盘美绪有很大的作案嫌疑。而在另一边,少年侦探团也为调查案件行动了起来,他们分别拜访了风间先生和如月先生,但在赶到原佳明家中时,发现原佳明已经遇害。由于两起案件的现场都留有类似日本画师作画时使用的乳钵所裂开的碎片,因此少年侦探团认定这两起案件是同一人所为,这其中用到了密尔方法中的哪一种?然而,随着剧情的推进,我们得知这两起案件并不是同一人所为,你能将其中的关键性推理找出来吗?这种推理属于哪种类型?

四、在《名侦探柯南：初恋情人的共同调查》中，女警认为："四起案件中，第一起车子的后挡风玻璃上贴有贴纸；第二起车子的后挡风玻璃处堆满了高尔夫球袋；第三起车子装有尾翼；第四起则是后挡风玻璃处堆满了玩偶。这四起案件都是通过遮盖后挡风玻璃(贴贴纸或者堆满东西)把视线挡住，所以你才没有盯上明泽先生的车。"女警的推理用到了哪种密尔方法？ 同时，柯南发现案发的车子与之前案件的极为相似，但是之前车子的"死吧"二字是写在车顶的，这辆车子的"死吧"却写在了挡风玻璃上，于是柯南认为这辆车可能不是原来的作案者所为。 柯南的推理又用到了哪种密尔方法？

五、某地刑事技术科研人员在研究男性汗液中的钠和氯与年龄的关系时，发现男性汗液中的钠、氯的含量随年龄的增长而增高。 他们由统计得知，10~20岁的男性，汗液中钠的含量为2.06克/升(中位数，下同)，氯的含量为2.52克/升；21~30岁的男性，钠的含量为2.21克/升，氯的含量为3.14克/升；31~40岁的男性，钠的含量为2.29克/升，氯的含量为3.21克/升；41岁以上的男性，钠的含量为2.60克/升，氯的含量为3.25克/升。 可见年龄的增长是男性汗液中钠、氯含量增高的原因。 此处用到的是哪种密尔方法？

六、在发现海王星之前，天文学家观察到天王星的运行轨道有四个地方发生倾斜。 已知天王星轨道发生倾斜的原因是受到附近行星的吸引，又知三个地方的倾斜是由于受到三颗已知行星的吸引，而这三颗已知行星的吸引都不能解释第四个地方倾斜的现象，于是便推测天王星在第四个地方发生倾斜的原因是受到另一颗未知行星的吸引。 根据天体力学理论，天文学家计算出了未知行星的运行轨道。 果然，1846年，德国天文学家伽勒用望远镜发现了这颗未知行星——海王星。 此处用到的是哪种密尔方法？

本章小结

1. 在归纳推理中，前提对结论的支撑是或然的。评价归纳推理的维度是推理力度的强弱和推理的可信性。

2. 强的归纳推理是指：当该推理前提为真时，结论为假的可能性不是很大，虽然这种可能性是存在的。弱的归纳推理是指：当该推理前提为真时，结论为假的可能性较大。当然，归纳推理的强弱只是一个相对的概念。

3. 如果一个归纳推理是相对强的，并且其所有的前提都是真的，那么它就被看作一个可信的归纳推理。

4. 人们经常根据观察到的某一类事物的部分对象具有某种性质，推出这一类事物的全部对象或另一部分对象也具有该性质，这就是简单枚举推理的基本过程。我们将简单枚举推理分为全称枚举推理、特称枚举推理和单称枚举推理三种。

5. 科学归纳推理是由已经观察到的部分对象具有某种性质为前提，进一步分析这部分对象与这种性质之间的因果联系,由此得出这类事物都具有该性质的结论。

6. 统计推理是指一种通过样本具有某个特征,来推得总体也具有这个特征的推理。

7. 类比推理是由两个(或多个)事物在某些方面存在类似性,并且其中一个事物还具有某个已知的其他性质,从而推得另外一个事物也具有这种性质的推理。

8. 密尔方法包括求同法、求异法、求同求异并用法、共变法和剩余法。

9. 求同法指的是,如果被研究现象的两个(或多个)事例只有一个先行情况是相同的,那么这个先行情况就是给定现象的原因。

10. 求异法指的是,如果在一个事例中被研究现象发生了而在另外一个事例中该现象并没有发生,两个事例中除了这一点不同以外其他均相同,该差异点就是被研究现象的原因。

11. 求同求异并用法指的是,根据在被研究现象出现的一组场合中都有一个共同的先行情况,而在被研究现象不出现的另一组场合中都没有这个情况,断定这个情况与被研究现象之间有因果联系。

12. 共变法指的是,如果一个现象发生一定程度的变化,另一个现象也随之发生相应的规律性变化,那么这两个现象之间就有因果联系。

13. 剩余法指的是,如果已知某复合情况是另一复合现象的原因,同时又知前一情况中的某一部分是后一现象中某一部分的原因,那么前一情况中的剩余部分就是后一现象中剩余部分的原因。

第四章

溯 因 推 理

在第二章和第三章,我们分别介绍了演绎推理和归纳推理。演绎推理要求前提决定性地支持结论。而对于归纳推理而言,即使它的前提都为真,结论也可能为假。因此可以说,演绎推理(在前提为真的情况下)是一种确定性推理,而归纳推理(即使前提都为真)是一种不确定性推理。

演绎推理因其确定性一直为逻辑学家和数学家所青睐。但是在日常生活中,我们每个人却会不自觉地运用许多不确定性推理。本章我们将介绍另一种不确定性推理——溯因推理。溯因推理是基于已有事实或结果的一种"机智"猜想:我们只是在一定程度上带有倾向性地猜测结论或原因为真。也就是说,在演绎推理、归纳推理和溯因推理三者之间,溯因推理的前提对于结论的支撑是最弱的。[1]

我们会基于何种结果性事实展开推理呢?这些事实通常就是侦探们口中的"疑点",正所谓"事出反常必有妖"。比如,在《名侦探柯南:滑雪场的推理对决》中,新一和平次不约而同地提出了三个疑点:第一,箕轮先生的那组滑雪杖前端的圆形固定器上下相反;第二,箕轮先生独坐缆车,左边座位的塑胶垫上有被破坏的痕迹;第三,装满雪的包包被冻得很结实。

从这三个疑点出发,两位高中生侦探不约而同地推理出:第一,滑雪杖是用来钩住事先准备好的装满雪的包包的,凶手为了避免怀疑,将两个滑雪杖上的固定器都安装反了;第二,凶手是抵着箕轮先生的头部开枪的,子弹穿过头部在缆车的塑胶垫上留下了痕迹;第三,在离地面三米的地点,为钩到包包,凶手将包包的带子也冰冻了,所以包包里的雪被冻得格外结实。我们将这三个推理分别写出来:

(1)箕轮先生的那组滑雪杖前端的圆形固定器是上下相反的。

如果滑雪杖是用来钩起事先准备好的装满雪的包包,那么为了避免怀疑,凶手会将两个滑雪杖上的固定器都安装反。

所以,凶手用滑雪杖来钩起事先准备好的装满雪的包包。

(2)箕轮先生独坐缆车,左边座位的塑胶垫上有被破坏的痕迹。

如果凶手是抵着箕轮先生的头部开枪的话,子弹穿过头部会在缆车的塑胶垫上留下痕迹。

所以,凶手是抵着箕轮先生的头部开枪的。

---

[1] Douglas Walton, *Abductive Reasoning*, Tuscaloosa: The University of Alabama Press, 2004, p. 3.

（3）装满雪的包包被冻得很结实。

在离地面三米的地点，为钩到包包，凶手将包包的带子也冰冻了，所以包包里的雪被冻得格外结实。

所以，凶手利用包带将离地面三米的装满雪的包包钩到了缆车上。

从问题出发来反推或猜测原因是这三个推理的共同点。[①]　侦查活动往往体现的是以果溯因的过程，就如福尔摩斯所讲的那样："有少数的人，如果你把结果告诉了他们，他们就能通过他们内在的意识，推断出所以产生出这种结果的各个步骤是什么。这就是在我说到'回溯推理'或者'分析的方法'时，我所指的那种能力。"[②]

第一节　溯因推理的简单形式

溯因推理（又称回溯推理）指的是这样的推理过程：由现有的事实或证据出发，得到对该事实或证据的解释，进而推得这种解释是真的。难怪福尔摩斯会说："一个逻辑学家不需亲眼见到或者听说过大西洋或尼亚加拉瀑布，他能从一滴水上推测出它有可能存在，所以整个生活就是一条巨大的链条，只要见到其中的一环，整个链条的情况就可推想出来了。"[③]那"一滴水"正是溯因推理的前提——现有的事实或证据，而推得为真的解释则是"大西洋或尼亚加拉瀑布存在"。你或许要问，为什么我们要从"一滴水"出发展开推理呢？答案是：这滴水带来了若干疑问，而逻辑学家们希望通过溯因推理来解开其中的谜团。

瀑布

溯因是对困惑性观察进行因果解释的推理过程。以《名侦探柯南：外交官杀人事

---

①　对于"起始于问题的推理"这一相关讨论，可参见 Jaakko Hintikka，Merrill B. Hintikka，"Sherlock Holmes Confronts Modern Logic"，in Umberto Eco，Thomas A. Sebeok（eds.），*The Sign of Three：Dupin，Holmes，Peirce*，Bloomington：Indiana University Press，1983。

②　〔英〕阿·柯南道尔：《福尔摩斯探案全集》（上册），丁钟华等译，北京：群众出版社，1981 年，第 119 页。

③　〔英〕阿·柯南道尔：《福尔摩斯探案全集》（上册），丁钟华等译，北京：群众出版社，1981 年，第 16 页。

件》为例，外交官书房里播放的歌剧和他案台的一摞书一开始就引起了柯南的注意。为什么外交官的案台上会有一摞书？为什么喜欢古典音乐的他书房里却正播放着歌剧？带着这一系列疑问，柯南开始了溯因推理：

    （1）案台上的一摞书和播放着的歌剧是为了掩人耳目。

      如果凶手采用的是心理密室手法（在众人进门后杀死外交官），书和歌剧
    只是为了掩人耳目。

      所以，凶手采用的是心理密室手法。

书和歌剧

    在这个推理中，柯南由出人意料的事实——"案台上的一摞书和播放着的歌剧"——出发，得到了对该事实的解释，进而推得了凶手所采用的杀人手法。如果该推理是正确的，那么采取这种杀人手法的一定是同众人一起进入书房且接近过外交官的人。

    在《名侦探柯南：充满谜团的鸡尾酒》中，深町先生为了洗清自己的嫌疑，声称自己没有眼镜无法看清东西，因此没有作案嫌疑。而柯南则将目光集中在深町先生的两部手机上，认为手机恰好可以为他提供眼镜的功能：

    （2）深町先生拥有两部手机。

      如果深町先生是企图杀害由利小姐的凶手，那么他会拥有两部手机（一
    部用来正常使用，一部用来确定由利小姐的杯子是哪一个）。

      所以，深町先生是企图杀害由利小姐的凶手。

    在《嫌疑人X的献身》中，汤川学一直对靖子那摇摇欲坠却又堪称完美的不在场证明心存疑虑。从这个疑点出发，汤川学作出了下面的溯因推理：

    （3）靖子确实有完美的不在场证明。

      如果她在3月10日没有杀人，那么就可以拥有完美的不在场证明。

      所以，靖子在3月10日没有杀人。

电影票

　　该推理以"靖子确实有完美的不在场证明"为出发点,得出产生这种结果的可能原因是"靖子在 3 月 10 日没有杀人"。在这部作品里,汤川学使用的溯因推理还有很多。比如:石神夸赞汤川学"真让人羡慕啊,你看起来总是那么年轻",汤川学由此推理出石神爱上了某人(因此才会如此在意自己的外貌);靖子之所以可以在面对警察侦讯的时候不慌张地说实话,是由于她不是在 3 月 10 日杀的人;脚踏车上留有富坚的指纹,则是由于石神曾经指使乞丐前往富坚住过的旅店。

　　在《名侦探柯南:点赞的代价》中,柯南对于神乐先生在半个月内遭遇两次意外而受伤的巧合心存怀疑。从这个疑点出发,柯南作出了下面的溯因推理:

　　(4) 神乐先生在半个月内连续两次受伤。

　　如果他想要再次获得抚慰金而故意制造意外事件,那么他会连续两次受伤。

　　所以,神乐先生是制造恐慌的罪魁祸首。

从上面的几个例子中不难看出,溯因推理具有如下的推理形式:[1]

　　(5) 观察到出人意料的事实 Q。

　　如果 P 为真,那么 P 将导致 Q。

　　所以,有理由认为 P 是真的。

　　如果我们将其中的因果关系理解为蕴涵关系的话,那么溯因推理的推理形式可以被表示为:[2]

---

[1]　Charles S. Peirce,*Collected Papers of Charles Sanders Peirce*. *Vol*. 5,*Pragmatism*,*Pragmaticismc*,Charles Hartshorne,Paul Weiss(eds.),Cambridge,MA:Harvard University Press,1965V,p. 117.

[2]　对于是否应当将解释与证据间的因果关系理解为蕴涵关系这一问题,可参见 John R. Josephson,"Smart Inductive Generalizations are Abductions",in Peter A. Flach,Antonis C. Kakas(eds.),*Abduction and Induction*:*Essays on their Relation and Integration*,Dordrecht:Kluwer Academic Publishers,2000,p. 39.

（6）Q。

　　如果 P，那么 Q。

　　所以 P。

　　从已知的事实 Q 出发，得到一个对 Q 的可能解释 P，进而认为 P 是真的。由（6）可知，溯因推理与假言推理的肯定后件式在形式上具有同构性。区别仅在于溯因推理由结果推出理由，而肯定后件式是从理由推出结果。在前面的章节中，我们验证过肯定前件式假言推理及否定后件式假言推理的有效性。如果读者试着构建肯定后件式假言推理的真值表，就会发现这一推理形式不是有效的。也就是说，即使溯因推理的前提都为真，结论也可能是假的，这似乎降低了我们对名侦探们的膜拜程度——原来他们一直在大量地使用这种"不靠谱"的推理来获得对于案件的解释！

　　究竟是什么原因导致了溯因推理的可错性呢？仔细想来，原因其实在于：溯因推理的前提仅仅断定了"如果 P，那么 Q"（解释 P 只提供了事实 Q 发生的充分条件），而没有断定"如果 $\neg P$，那么 $\neg Q$"（解释 P 并没有为事实 Q 提供必要条件）。但是，溯因推理的结论却表明，只有解释 P 才会导致 Q。

　　我们可以这样假想：在推理（1）中，外交官的书都是按照专业门类排列的，而在那一天他刚好想读一读哲学方面的书籍，那么就有可能从书架某处抱起一摞书放在书桌上，甚至我们还可以假想他觉得歌剧搭配哲学书是不错的选择，所以一反常态地播放起了歌剧；在推理（2）中，即使深町先生不是凶手，他也可能有两部手机，一部用于工作业务，一部用于私人事务；在推理（3）中，案件共犯的串谋或精心设计的犯罪都可能提供完美的不在场证据，就像我们之前举过的例子《绝对不在场证明：钟表侦探与跟踪狂的不在场证明》一样；在推理（4）中，神乐先生在半个月内意外受伤两次，还可能是由于有人想要加害于他。总而言之，在以上各种情形中，即使之前形成的解释 P 不发生，事实 Q 也可能发生。正是在这个意义上，我们说溯因推理和归纳推理一样，其所得到的结论具有一定的或然性。因此，只要使用了这种推理，哪怕是再出名的神探也可能作出错误的判断，这并不稀奇。

　　虽然无法确保溯因推理的结论恒为真，但我们还是希望可以通过一些手段加强这种推理的效力。毕竟在进行溯因推理时，我们不会不经深思熟虑就给出非常随意的解释。

　　我们应保证提供的解释 P 与事实 Q 之间具有一定程度的相关性。以前面的例子来说明，对于引起柯南疑问的那一摞书和播放着的歌剧，如果柯南给出的解释是"莫里亚蒂是福尔摩斯的对手"，那么毫无疑问这种解释是徒劳无功的，因为二者并不相关；深町先生声称自己视力不佳，所以柯南形成的"手机充当眼镜"的解释是相关的；汤川学使用的溯因推理则建立在作案时间与不在场证明的密切关联之上。

　　然而，即使给出的解释 P 满足相关性的要求，它也同样可能站不住脚，比如小五郎就经常给出这样的溯因推理。在《名侦探柯南剧场版：漆黑的追踪者》中，基于麻将牌（一筒和七筒）这一证据，小五郎依次作出了如下推断：

　　（7）凶手在尸体旁留下了麻将牌（一筒和七筒）。

　　如果凶手曾经和死者打麻将时听牌的是一筒和七筒，那么尸体旁将留下相应的麻将牌。

所以，凶手曾经和死者一起打麻将。

（8）几位死者的死亡地点不同。

如果凶手希望死亡地点的连线构成一个芦怪的形状，那么他需要在不同地点犯案。

所以，凶手希望死亡地点的连线构成一个芦怪的形状。

麻将牌

在这两个溯因推理中，虽然小五郎给出的解释"凶手曾经和死者一起打麻将"以及"凶手希望死亡地点的连线构成一个芦怪的形状"都与案件相关，但他所得到的结论却实在是令人捧腹。这也就意味着，在进行溯因推理时，更重要的环节不是通过简单形式提出一个可能的解释，而是在众多可能的解释中筛选出最有说服力的那一个。

思　考　题

一、考查《名侦探柯南剧场版：异次元的狙击手》中出现的三个推理，并分析为什么这三个推理均得到了假的结论。

1. 亨特为前海豹突击队狙击兵，拥有高超的狙击能力。如果要击杀高空中的藤波，则凶手需要超远距离的狙击能力。所以，亨特是凶手。

2. 第一个被害者和第二个被害者都与亨特有恩怨。如果凶手杀害了被害者，则凶手与被害者有恩怨。所以，亨特是凶手。

3. 现场留下的弹壳和骰子都与亨特有关。如果凶手杀了人，现场会留下与凶手相关的证据。所以，亨特是凶手。

二、在《名侦探柯南：盗窃集团别墅事件》中，别墅内的数字闹钟均在 11 点的时候响起，并且闹钟的分秒标记间都有裂痕，形成了看起来是暗号的"110"。小五郎推理道："要说110就想到警察，如果是警察的话呢……（这时看到了对方手里狗形状的时钟）对了，就是狗嘛。暗示警方也就是暗示警犬。至于狗嘛，就是要你们从这个家里面所有的动物之中，把有狗的时钟都挑出来。"然而，在挑出来的长毛狗时钟、牧羊犬时钟、西伯利亚狗时钟、杜宾狗时钟中却都没有发现线索，这是为什么呢？

三、观看《名侦探柯南：八枚速写记忆之旅》，试着回答下面的问题。

1．小兰作了这样一个推理：黑衣人在被柯南击退的时候脑袋被踢伤，记者梨田在万由子小姐遭挟持的那段时间里曾经借口主编来电话而消失过，而且记者梨田自从回来之后就戴了一顶帽子，肯定是用来遮住伤口的。这时小兰要求梨田摘下帽子，梨田照做了，脑袋上却并没有出现伤口。你能说出小兰推理存在的问题吗？

2．平良贤二被捕，万由子小姐却从医院失踪了。柯南会心一笑，独自来到了火车站的储物箱。果不其然，恢复记忆的万由子正在从储物箱中取出被盗的珠宝。你能推理出柯南是如何得知万由子的下落的吗？你所作的推理属于哪种类型呢？

四、在《名侦探柯南：甲子园的奇迹》中，怪叔叔发来的第一个暗示是"96，7，13"，第二个暗示是"47，3，4"，第三个暗示只有最后一个数字"13"，平次和柯南是如何推理出第三部手机的位置的呢？其中用到的推理属于哪种类型？

五、在《名侦探柯南：二十年后的杀机，交响乐号连续杀人事件》中，柯南所发现的栏杆上的痕迹和小兰无意间找到的网球对于侦破案件起到了什么作用？根据栏杆上的痕迹和小兰找到的网球，柯南作出了哪些推理？你能将它们写出来吗？

六、在《名侦探柯南：恶魔的循环》中，作家千贺老师、她的丈夫优一先生和弟子幸子小姐均死于同一天夜里，"沉睡的小五郎"根据千贺电脑上的文字以及巧克力棒、优一桌上的安眠药、幸子身边的玻璃杯以及户田先生的两通电话进行了怎样的推理？

七、在《绝对不在场证明：钟表店侦探与凶器的不在场证明》里，被害人被枪杀，法医检验发现死者身上有两处枪伤，一处是大腿的盲管伤，一处是口腔内的贯通伤。前者有生活反应，后者导致死者死亡。下午三点，邮递员在邮筒中发现了疑似凶器的手枪，但是最有可能作案的嫌疑人在中午到下午三点间有完美的不在场证明。钟表侦探是如何运用溯因推理进行案件分析的？

第二节　溯因推理的一般形式

我们说溯因推理反映的是据果溯因的过程，如果其反映的是一因一果的情况，那么溯因推理的简单形式就能胜任。本节我们将介绍溯因推理两种更一般的形式,它们分别是充分条件式和必要条件式。

一、充分条件式

溯因推理的充分条件式体现的是多因一果的情况,即存在多个原因或解释,它们都可能导致已知的结果。在侦查工作的初期,侦查人员常常应用这种方法来分析案情,为下一步侦查工作指明方向。比如,我们可以借助充分条件式溯因推理来分析凶手的作案工具。在《法医秦明:地沟油中惊现人手》中,两位死者颅骨骨折,均为颅骨受到钝器重伤而死,颅骨边缘的痕迹规律且清晰,那么我们可以进行如下推断:

(1)死者颅骨边缘的痕迹规律且清晰。

如果凶手用圆锤子作案,那么颅骨边缘的痕迹规律且清晰。

如果凶手用铁球作案,那么颅骨边缘的痕迹规律且清晰。

如果凶手用哑铃作案,那么颅骨边缘的痕迹规律且清晰。

如果凶手用其他圆形金属钝体物作案,那么颅骨边缘的痕迹规律且清晰。

所以,凶手的作案工具或是圆锤子,或是铁球,或是哑铃,或是其他圆形金属钝体物。

可见,在侦查初期,由于掌握线索有限,侦查人员常会通过充分条件式溯因推理得到一个包含若干可能性的选言命题,据此可以为判断案件性质、作案手法、作案动机等划定一个大致的范围,有利于侦查工作有计划、有目的地开展。上述案件的破案结果证实,凶手确实是用圆锤子作案的。

类似地,在《神探夏洛克:巴斯克维尔的猎犬》中,夏洛克在看到猎犬后说:"我看到了猎犬,肯定是错觉,我知道自己看到的是假象,所以有了七种解释,最有可能的是药物影响。"这七种可能的解释同样是一个选言命题,它们在夏洛克的头脑中一闪而过,出于他的经验和判断,最后只留下了那个最佳的解释——由药物影响而导致的幻觉。由此可知,溯因推理的一般形式与简单形式的最大区别在于前者加入了在竞争解释或可能原因之间进行权衡的过程。如果能穷尽所有的可能性,并通过可靠的证据排除其他情况,那么溯因推理的结论就是必然的。然而,就现实的情况来讲,溯因推理的必然性是达不到的,人类认识的有限性决定了我们不可能将所有的原因都列出来逐个加以排除,不能否认真相可能会藏在那些未被考虑的情况当中。简单地说,侦探们只是根据办案经验和专业知识选出可能性较大的几种原因进行排查,所得出的结论具有猜测的性质,需要接受进一步的检验。

在《福尔摩斯探案全集:伯尔斯通的悲剧》中,福尔摩斯收到一封这样的密码信:"534 C2 13 127 36 31 4 17 21 41 DOUGLAS 109 293 5 37 BIRLSTONE 26 BIRLSTONE 9 47 171。"寄这封信的波尔洛克出于恐惧而没有将密码索引书告知福尔摩斯,使得福尔摩斯和华生只得靠充分条件式溯因推理来分析密码信上的内容。

福尔摩斯和华生已经掌握的事实是"534 C2 13 127 36 31 4 17 21 41 DOUGLAS

新年鉴

109 293 5 37 BIRLSTONE 26 BIRLSTONE 9 47 171"这串文字,而能够给这段文字提供解释的密码书却并不唯一。福尔摩斯和华生所能做的,便是寻求能够给这段文字提供最佳解释的密码书。

　　首先,福尔摩斯认为"534"是密码出处的页数,如此说来,这是一本很厚的书。接着,由于已经在密码信中指定了页码,那么就没有必要同时指明章节,所以福尔摩斯推断"C2"代表的不是第二章,而是第二栏。又由于波尔洛克没有事先将这本书寄给福尔摩斯,因此福尔摩斯推断它是一本常见的分两栏排印的厚书。

　　于是,华生应用溯因推理得到了第一个可能的解释——《圣经》。然而,福尔摩斯认为这个推理并不够好,因为一方面莫里亚蒂党徒手边不大可能会有这本书,另一方面《圣经》的版本过多,不易统一。随后,华生得到了第二个解释——萧伯纳的著作。福尔摩斯依然认为该解释不恰当,因为萧伯纳的著作词汇量是有限的,这与密码书词汇丰富的特征要求不符。最后,华生得到了第三个和第四个解释——《新年鉴》和《旧年鉴》。因为年鉴不仅词汇量丰富,而且较厚,又是分两栏设计的。那么,究竟是《新年鉴》还是《旧年鉴》呢?如果是《新年鉴》的话,那么破解后的密码信内容为"马拉塔 政府 猪鬃……",这显然是不合理的。如果是《旧年鉴》的话,那么密码信的内容为"确信有危险即将降临到一个富绅道格拉斯身上,此人现住在伯尔斯通村伯尔斯通庄园,火急"。

　　我们将以上的推理过程整理为四个阶段:

（a）存在被解释项：密码信。

（b）存在多种解释该被解释项的方式：《圣经》、萧伯纳的著作、《新年鉴》和《旧年鉴》等等。

（c）在这些方式中，有一些并不可行：莫里亚蒂党徒手边不大可能有《圣经》；《圣经》版本过多，不易统一；萧伯纳的著作中词汇量有限，难以用来传递普通消息；对照《新年鉴》，密码中的词显然不合适。

（d）在那些可行的解释中得到了最佳的解释：密码书为《旧年鉴》。

这四个阶段的推理过程提醒我们：在溯因推理中通常不只有一个 P 能够为现有的事实 Q 提供解释。因此，我们需要比较和权衡多种相互竞争的解释，直至选出最佳的为止，这一过程可以被表示为：[①]

（2）Q。

P 为 Q 提供解释。

其他解释都没有 P 解释得通。

所以，P 是真的。

如果我们将事实与解释之间的因果联系理解为蕴涵关系的话，那么溯因推理的充分条件式即为：

（3）Q

$(P_1 \lor P_2 \lor \cdots \lor P_{n-1} \lor P_n) \supset Q$

$\neg P_1$

$\neg P_2$

$\vdots$

$\neg P_{n-1}$

$\therefore P_n$

二、必要条件式

溯因推理的必要条件式体现的是合因一果的情况，即某一原因不能单独导致已知结果，只有将多种原因联合起来才能导致该结果。[②] 侦查实践中，通常采用必要条件式溯因推理来确定罪犯应具备的条件，以便明确侦查目标。

我们再次回到《法医秦明：地沟油中惊现人手》中，两名死者在家中被杀，凶手作案后将尸体的部分位置油炸并抛至下水道。秦明经查证发现，凶手抛尸在死者家附近的下水道，说明凶手很可能没有交通工具，因此，"只有没有交通工具的人，才会（在作案现场附近）杀人抛尸"；死者家的门上没有撬动的痕迹，因此凶手很可能有死者家的钥匙，故"只有拥有死者家钥匙的人，才能杀人抛尸"；两位死者均为颅骨受到钝器重伤而死，颅骨均骨折，颅骨边缘的痕迹规律且清晰，作案工具很有可能是圆形金属钝体物，

①　John R. Josephson & Susan G. Josephson, *Abductive Inference: Computation, Philosophy, Technology*, New York: Cambridge University Press, 1994, p. 14.

②　朱武、刘治旺、施荣根等:《司法应用逻辑》,郑州:河南人民出版社,1987 年,第 228-229 页。

因此"只有具备圆形金属钝体物的人,才能杀人抛尸"。在这一推理过程中,"杀人抛尸"为果,"没有交通工具""有房门钥匙""有圆形金属钝体物"等必要条件合起来为"因"。以此为据,嫌疑人李某逐渐浮出水面,他曾到死者家中维修下水道。我们将上述推理过程总结为:

(4) 死者被杀后抛尸。

只有没有交通工具的人,才能杀人抛尸。

只有拥有死者家钥匙的人,才能杀人抛尸。

只有具备圆形金属钝体物的人,才能杀人抛尸。

对于任意人 x 来说,如果 x 是本案的作案人,那么 x 是没有交通工具、且拥有死者家钥匙和圆形金属钝体物的人。

李某没有交通工具,拥有死者家钥匙和圆形金属钝体物。

所以,李某是本案的作案人。

警方在依法搜查李某家时获得了大量罪证:他经济拮据,并无能力购买汽车等交通工具;家中有电子配件机,具备装配钥匙的条件;他经常携带一个圆形大锤子出行,有作案工具。在对李某实施抓捕后,他供认不讳,承认了自己的犯罪行径。如果我们用 $P_i x (1 \leqslant i \leqslant n)$ 表示"x 具有性质 P_i",用 Qx 表示"x 具有性质 Q",v 是集合中的任意元素,则我们可以将必要条件式溯因推理形式总结为:

(5) $\forall x(Qx \supset (P_1 x \wedge P_2 x \wedge P_3 x \wedge \cdots \wedge P_n x))$

$P_1 v \wedge P_2 v \wedge P_3 v \wedge \cdots \wedge P_n x$

$\therefore Qv$

在《大唐狄公案:御珠奇案》中,狄仁杰将杨有才列为重点嫌疑对象,所采用的也是必要条件式溯因推理。在调查过程中,狄仁杰发现所有与案件相关的人都与古董生意有关,因此,只有与古董生意有关的人,才是凶手;又因为夏光和孟婆子的死亡时间极近,且分别因被砖头砸和被绳勒这两种须用蛮力的凶残手段而死,所以只有精力充沛的人,才是凶手;因为夏光和孟婆子死亡时间相近而死亡地点相距甚远,所以只有善于骑马之人,才是凶手;因为夏光和琥珀均死于距白石桥村不远的董府废宅旁,所以只有常往来于乡间之人,才是凶手。因此,我们综合"与古董生意有关""精力充沛""善于骑马""常往来于乡间之人"作为凶手的必要条件,从而缩小嫌疑人的目标范围,将不符合条件的嫌疑人寇元亮(并非往来乡间之人)、卞嘉(并非往来乡间之人)、匡闵(不善骑马)一一排除。而结合上述条件,狄仁杰联想到了杨有才:他是古董商,时常骑马四处搜寻古董,既与古董有关又擅长骑马;夏光死亡的当天早上,杨有才也骑马去了乡下。根据自己的猜测,狄仁杰设下一计,派人去杨有才的古董店购买木头手臂,请他漆成白色并戴上一枚红色宝石铜戒,令其与白娘娘像的手臂极像,以此使杨有才误以为狄仁杰已经掌握了某些确凿证据,并引诱其当晚偷偷潜入寇府偷听。最后,狄仁杰在紧急关头将举着刀的杨有才暴露于众人面前,让杨有才不得不供认了自己的罪行。

与充分条件式溯因推理类似的是,必要条件式溯因推理所得的结论同样具有或然性。一方面,必要条件式溯因推理断定的仅仅是缺乏这些原因就不会导致相应的结果,但没有断定有了这些原因就必然会出现相应的结果;另一方面,在有限的时间内侦查人员不可能掌握所有线索,从而将犯罪分子应满足的全部条件都理清。如果忽略了这一点,将所得结论当成是必然的,则可能会因主观臆断而造成冤假错案。[1]

在《13·67:囚徒道义》中,骆小明警司通过溯因推理将犯罪嫌疑人锁定黑帮头目左汉强。首先,各种证据均显示该案与黑帮斗争有关,因此只有有黑帮背景的人才是凶手;其次,死者作为明星想要跳槽至别的娱乐公司损害了原有公司的利益,因此只有原娱乐公司即星夜公司的人才是凶手;再次,凶手企图将罪责嫁祸给另一黑帮头目任德乐,因此只有任德乐的对头才是凶手;最后,死者的尸体被发现为裸尸,因此只有将信息遗漏在死者衣物上的人才是凶手。骆警司的推理虽然有其合理性,但是忽略了重要的细节。一方面,死者的尸体由于受到浸泡无法明确其身份,后续证明这具裸尸并不是唐颖;另一方面,唐颖想要跳槽到别家娱乐公司的线索是谣言,这说明左汉强并无作案动机。由此可见,在运用必要条件式进行溯因推理时,一方面应确保推理的出发点 Q 真实可靠,切不可以道听途说的传闻代替案件事实,另一方面应尽可能在前提中增加罪犯的特征,使得特征总和 $\langle P_1, P_2, P_3, \cdots, P_n \rangle$ 具有特定性或明确的指向性。

思 考 题

一、下列推理中采用的是充分条件式溯因推理还是必要条件式溯因推理?你能写出它们的推理形式吗?

1. 在"银色马"一案中,锦标赛中的一匹银色名驹离奇失踪,驯马师头部遭受重击惨死。警方逮捕了一名嫌疑人,因为"嫌疑人把赌注押在银色马会败北上,嫌疑人的领带被受害人捏在手中,并且嫌疑人的手杖上镶着铅头可以作为武器",所以他们认为此人一定就是凶手。但是最后根据福尔摩斯的调查分析,真相是驯马师自己偷马,在试图用嫌疑人的领带绑住马腿时被马踢到,导致驯马师死亡的凶器正是马驹的铁蹄。

2. 在《大唐狄公案:红阁子奇案》中,仵作鉴定花魁秋月为心病猝发而死。秋月有既往病史,死亡当晚也曾在宴席上饮酒,尸体的大腿和手臂处有抓痕。根据上述情况可知:如果秋月病情加剧可能引发猝死,如果秋月过度饮酒可能导致猝死,如果秋月被某人抓伤并受到惊吓也可能猝死。最后通过深入的调查,狄仁杰最终发现秋月的真正死因是被麻风病人抓伤时受到惊吓而引发的猝死。

3. 在《大唐狄公案:真假宝剑》中,杂技演出中为了特效而制的假宝剑被人换成了真宝剑,导致男童死亡,这是有人有意为之来除掉男孩。在了解了基本情况之后,狄仁杰分析了所涉嫌疑人可能的作案动机:如果包信想要报复不贞的妻子及其奸夫,则会偷换宝剑来杀死男童;如果劳二郎害怕包氏夫妇的敲诈,则会

---

① 苏越:《司法实践与逻辑应用》,北京:北京师范大学出版社,1990 年,第 39 页。

偷换宝剑杀死男童；如果包氏之妻看到曾经的奸夫移情于自己的女儿，心生嫉妒，则会偷换宝剑杀死她与劳二郎的孩子，即该男童；如果包氏之女婵娟害怕自己在新婚前夜与他人的私情被男童泄露，则会通过偷换宝剑来杀死男童。随后，在了解了更多线索后，案件真相水落石出：包婵娟偷换了宝剑。

4. 在《13·67：泰美斯的天秤》中，关警官运用溯因推理将嫌疑人锁定为警员 TT，其推理大致如下：死者李云的枪伤是从胸口贯入，因此只有能够正对死者的人才是凶手；死者邱才兴自己将房门打开，因此只有能够劝服死者开门的人才是凶手；因为死者林芳慧血液凝结与其余死者不同，因此只有能够在两个不同时间点杀人的才是凶手。最终关警官通过推理把想要将谋杀嫁祸在暴徒身上的警员 TT 逼入绝境。

二、在《名侦探柯南：毒与幻的设计》中，经还原，若松社长死前写在瓷砖上的字母有"S"，依据这条线索，社长的夫人若松芹香、社长的儿子若松育郎、社长的拍档椎名正繁、社长的员工藤波纯生、社长的主力佐竹好美以及女佣米原樱子都成为杀害社长的嫌疑人，这是为什么呢？

三、在《名侦探柯南剧场版：侦探们的镇魂曲》中，柯南和平次到西尾的事发现场查看时发现西尾的后脑被击中，倒地处后脑接触地面的地方血迹很少。但是西尾坐的椅背上却有很多血，而且椅子腿被打断、房间中存在多处枪痕，据此他们进行了何种推测？这种推测是溯因推理吗？为什么？

第三节　溯因推理的效度

通过对溯因推理简单形式的介绍，我们了解了所获得解释的形成过程；通过对溯因推理一般形式的介绍，我们了解了在各种解释之间进行比较选择的过程。可以说，解释的形成与抉择对于溯因推理同等重要。在进行溯因推理的时候，我们首先需要对被解释项形成若干种解释，然后依次对各个解释进行验证并摒弃那些不适合的解释，最终选取最佳的解释，溯因推理因此也被称为最佳解释推理。

归纳推理有力度之分，当前提为真而结论为假的可能性非常小时，我们就称这个归纳推理为强的归纳推理。与归纳推理类似，溯因推理有效度之分，下面我们来看一看哪些因素会对溯因推理的效度产生影响。

第一，溯因推理从出人意料的事实 Q 开始，作为最重要的前提之一，事实 Q 越可靠，溯因推理效度就越强。如果所谓的事实根本就是子虚乌有的，那么以此为依据所建立的溯因推理自然也就岌岌可危了。这也是为什么侦探们通常都会亲临现场，因为他们必须亲自辨伪存真。就像福尔摩斯所说的那样："思维推理的艺术，应当用来仔细查明事实细节，而不是去寻找新的证据。这件惨案极不平凡，如此费解，并且与那么多人有切身利害关系，使我们颇费推测、猜想和假设。困难在于，需要把那些确凿的事实——无可争辩的事实与那些理论家、记者虚构粉饰之词区别开来。"[1]

在《大唐狄公案:红阁子奇案》中,死于 30 年前的陶匡被认定为自杀,因为人们发现他死在了红阁子中,手中握着匕首,房门是锁上的。根据这一事实,时任县令调查了陶匡自杀的原因。花魁翠玉出堂作证,证明陶匡因向自己求爱被拒绝而自杀身亡。但事实上,"陶匡自杀"这一所谓的案件事实本就为假,那是凶手特意伪造的自杀假象。

第二,解释集$\{P_1,P_2,\cdots,P_n\}$越全面,溯因推理效度越强。按道理说,侦查人员应考虑到一切可能的情况,然后进行逐一排除。不过,在现实中全面的完美解释集通常可遇不可求,我们所能做的仅仅是比较那些已被掌握的、相互竞争的解释,把那些显然不合适的从中排除,为逐步接近真相创造有利的条件。这也就意味着越有经验的名侦探,他所形成的解释集就越靠谱,反之就越离谱。

在《名侦探柯南剧场版:漆黑的追踪者》中,小五郎认为对麻将牌的合理解释要么是凶手曾和被害人一起玩麻将,要么就是麻将牌构成了芦怪的形状。然而他给出的解释集中所有可供选择的解释都是无稽之谈,因而他总是无法追溯到真相。

在《大唐狄公案:御珠奇案》中,与几起案件直接相关的人有寇元亮、匡闵以及卞嘉。狄仁杰根据既有证据推测出三人的作案动机及作案经过,但仍有许多无法解释的疑点。例如,此三人均不擅长骑马,但可以确定杀害几位死者的凶手是同一人,几位死者死亡地点相距甚远,死亡时间又极为相近,非擅长骑马之人无法在短时间里作案;且此三人身体并不强壮,而死者或被砸死或被勒死,均是暴力犯罪,应当是强壮之人所为,上述身体不那么强壮的三人选择毒药等方式杀人更为省力。于是,狄仁杰扩大了解释集的范围——凶手可能另有其人,上述三人中的某一人曾受真凶的指使而参与其中,最终将凶手杨有才缉拿归案。

第三,这若干个解释与被解释项的关联性越大,那么溯因推理效度越强。将小五郎的解释"麻将牌的连线构成一个芦怪"与柯南的解释"麻将牌的连线构成星星的形状"相比,后者与事实的关联性更好,因为奈奈子小姐和水谷先生都特别喜欢星星,而芦怪却找不到对应的解释。

在《名侦探柯南:外交官杀人事件》中,新一和平次分别给出了对"密室杀人案"的不同解释。根据平次的解释,外交官父亲的嫌疑最大,因为平次在他曾经待过的和室中发现了鱼线。但是这种解释却无法说明为何其余房间里也有同样的鱼线。根据新一的解释,外交官夫人的嫌疑最大,因为新一在她的钥匙扣里发现了藏毒针的凹槽,而且这也与其他疑点(那摞书和歌剧)相关联。所以,新一的推理要更胜一筹。

在《字母表谜案:F 的告发》中,案件发生在需要"F"系统记录指纹才能开启的特殊收藏室中。被特殊的系统记录在案的三位嫌疑人中,两位因为身体原因不具备作案的可能性,一位根据记录显示在案发后才进入现场。明世子小姐猜测案发后进入现场的松尾可能是和右肩有伤的仲代馆长调换了指纹,因此,是松尾以仲代的名字进入现场杀人,而案发后进入现场的是仲代。峰原侦探的解释则是,仲代和松尾是由同一人假

---

① 〔英〕阿·柯南道尔:《福尔摩斯探案全集》(中册),丁钟华等译,北京:群众出版社,1981 年,第 4 页。

扮,利用仲代指纹进入现场杀人的另有其人。因为侦探发现,松尾专门挑仲代馆长去美术馆的时候请假,二人从没同时出现。且案发第二天松尾一下子就认出了从未见过的穿着便服的搜查组领导,刚好仲代馆长在前一天就已经见过他。比起明世子想当然的推论,峰原的解释更能说明与案件相关联的事实。由此可知,这里的关联性大致有两层含义:其一是形成的解释不应与其他已知线索相矛盾;其二是形成的解释能够更全面地解释案件事实。

第四,所形成的若干解释或基于解释而产生的推断应是可检验的,从而通过否定其他解释而使最佳解释因不断被证实而成为最有说服力的那一个。也就是说,只有将推测结果与事实和证据结合起来,经历侦查—取证—排除—印证—侦破的过程,才能保证获得最强效度的溯因推理。

在《法医秦明:双生兄弟》中,商人伍力学在第一次与警察见面时被排除了嫌疑,但在第二次见面时,却产生了很多疑点,这令警方十分惊异。因此,他们断定,伍力学已经被杀,现在顶替伍力学的是陈彪。结合此前的线索,他们作出了一系列推断:如果陈彪在杀了伍力学后取而代之,他的牙齿上会有因长期吸毒产生的牙垢;他会对高度近视眼镜感到不适;他可能不愿照镜子,也不愿看到伍力学的照片;他会想办法尽快开工来掩盖罪行。

以上推断一一得到确证:现在的这位伍力学牙齿上有牙垢,不同于此前健康光洁的牙齿;现在的伍力学经常摘掉眼镜揉眼睛,显得十分不适应;现在的伍力学家中所有的镜子都被贴上了白纸,且伍力学所有的个人照片都被取下;此外,伍力学曾高价购买地产用于建造别墅区,而现在的伍力学则计划尽快开工建造普通住房,不惜做赔本买卖。所有的证据都指向"陈彪杀死了伍力学"这一解释,最终陈彪供认了自己的罪行与杀人动机。

思 考 题

一、在下面的推理中先后形成了几种解释？ 又是如何得到最佳解释的？

1. 托马斯拥有罕见的深绿色、钻石状、深褐色花线的虹膜,表现为外耳道多毛症。 布莱克伍德也有拥有罕见的深绿色、钻石状、深褐色花线的虹膜,表现为外耳道多毛症。 如果托马斯和布莱克伍德是兄弟或者父子关系,那么他们会拥有同样的虹膜颜色和伴性遗传特征。 托马斯看起来年龄是布莱克伍德的两倍,两人是兄弟的可能性非常小,所以托马斯和布莱克伍德是父子关系。

2. 弄成粉末的麻醉剂绝不是没有气味的。 这气味虽不难闻,可是能察觉出来。 要是把它掺在普通的菜里面,吃的人毫无疑问会发现,可能就不会再吃下去了。 而咖喱正是可以掩盖这种气味的东西。 陌生人辛普森那天晚上会把咖喱带到驯马人家中去吗？ 基本不存在这种可能性。 另一种怪异的设想是:那天晚上他带着弄成粉末的麻醉剂前来,正好碰到可以掩盖这种气味的菜肴,这种巧合也是令人难以置信的。 因此,辛普森这个嫌疑就排除了。 于是,我的注意重点就落到斯特雷科夫妇身上。 只有这两个人能选择咖喱羊肉作为这天的晚餐。

3. 在《福尔摩斯探案全集：格兰其庄园》中，福尔摩斯发现三个杯子中只有一个杯子里有渣滓，华生指出，倒酒时最后一杯很可能是有渣滓的。但福尔摩斯认为并非如此，因为酒杯是盛满酒的，所以不能想象前两杯很清，第三杯很浊。那么就只有两种解释：一种是在倒满了第二个杯子以后，用力地摇动了酒杯，导致第三杯有渣滓；另一种是只用了两个杯子，两个杯子的渣滓都倒在第三个杯子里，所以产生了假象，好像有三个人在那儿喝酒。

4. 在《东方快车谋杀案》中，商人雷切特在自己的车厢被人谋杀，身中十二刀。侦探波洛在一点差二十三分听到了雷切特房间有人用法语交谈，但是雷切特不会说法语，据此波洛推断在此之前雷切特已经被谋杀。随后他又询问了十二位来自不同国家、具有不同身份背景的旅客，发现他们通过相互作证，每个人都有不在场证明，且分别看到了一个小个子、皮肤黑的男人。在初步调查后他推断可能是雷切尔的某个仇人在中途某站上了车，杀完人后又在开车前下车逃离。但随着调查的深入，波洛发现每个人都与雷切特参与的一起绑架撕票案的受害家庭有关，看似没有嫌疑的人实际上都是有嫌疑的。他们在证词和行为上故意误导了波洛，实际上死者的死亡时间是将近两点，死者身上的十二刀来自不同的人，这也解释了为何这些刀伤的角度和力度都不相同。

二、在《名侦探柯南：福尔摩斯默示录》中，为锁定嫌犯哈迪斯在网球公开赛上的作案目标，柯南先后进行了怎样的溯因推理？一共形成了几种解释？哪种解释是最佳的？为什么？

三、在《福尔摩斯探案全集：跳舞的人》中，丘比特先生拿着一张画着小人的纸条找到福尔摩斯，请他解释难懂符号背后的意义。福尔摩斯认为一张太过简短，请丘比特先生继续搜集新的证据，那么福尔摩斯是如何在得到新证据的基础上赋予"跳舞的小人"以最佳解释的呢？

四、在《名侦探柯南：服部平次与吸血鬼公馆》中，对于条平先生是如何穿门而出，将守与小姐的尸体运到森林里的这一疑问，柯南根据自己在查看守与小姐尸体时裤子上沾到的盐（为加速冰融化），厨房地上有一条没沾到粉末的痕迹（可能是冰轮滚过），以及将海苔罐放入圆形的塑料儿童游泳池在冷冻室可以制造出冰轮（制造冰轮的条件和方法）推理出，凶手是将尸体绑在木桩上，再将"冰车轮"组合在木桩两端，从而把尸体转移到森林的。这一溯因推理的效度如何？请进行简要分析。

第四节　溯因推理与归纳推理

作为扩展性推理，溯因推理和归纳推理都可以带给人们新的知识，同时也可能得到错误的结论。① 因为即使前提都为真,随着新证据的不断加入,结论也可能被证明为假。哪怕是推理三分法的提出者皮尔士,也没有打算将这两种推理完全分离。② 就如本特姆(Benthem)所讲的那样,将二者泾渭分明地区分开来似乎是不可能完成的任务。③

当然,这并不意味着溯因推理和归纳推理毫无二致。在溯因推理中,我们为已经观察到的事实或证据提供合理的解释,而这种解释是不易或根本无法被直接观察到的。因此,溯因推理可以说是一种由此及彼的推理过程,所体现的是一种灵感的迸发。

回想在第一章中我们给出的归纳推理的例子:福尔摩斯从"观察到的四轮马车的车轮比自用马车的车轮要狭窄一些",进而推得更一般的结论"伦敦市所有的出租四轮马车都要比自用马车狭窄一些"。在其中,福尔摩斯所得到的结论与进行的观察都与四轮马车和自用马车有关,这是一种对类似事物所具有的相关性质的断定。因此,归纳推理可以说是一种由小及大的推理过程,所体现的是一种心理上的惯性。

尽管存在着上述差异,在很多情况下,同样的结论既可能通过归纳推理而得,也可能经由溯因推理而得。比如说,在《名侦探柯南剧场版:引爆摩天楼》中,柯南推理出最后一个被引爆的摩天楼是米花都市大楼。我们就可以用两种方式来还原这个推理过程:

(1)黑川宅是森谷帝二30多岁时设计的,它不是完全的左右对称风格,并且已经被森谷帝二破坏了。

水岛宅是森谷帝二30多岁时设计的,它不是完全的左右对称风格,并且已经被森谷帝二破坏了。

石桥是森谷帝二30多岁时设计的,它不是完全的左右对称风格,并且已经被森谷帝二破坏了。

因此,所有森谷帝二30多岁时设计的非左右对称风格的建筑都会被他破坏。

米花都市大楼是森谷帝二30多岁时设计的非左右对称风格的建筑。

所以,米花都市大楼将被森谷帝二破坏。

这个推理首先由三个前提"黑川宅是森谷帝二30多岁时设计的,它不是完全的左右对称风格,并且已经被森谷帝二破坏了""水岛宅是森谷帝二30多岁时设计的,它不是完全的左右对称风格,并且已经被森谷帝二破坏了""石桥是森谷帝二30多岁时设计的,它不是完全的左右对称风格,并且已经被森谷帝二破坏了",经过简单枚举推理得到子结论"所有森谷帝二30多岁时设计的非左右对称风格的建筑都会被他破坏",再由全称例示推理和肯定前件式推理得到结论"米花都市大楼将被森谷帝二破坏"。

再看另一种推理方式,虽然它与推理(1)得到的结论是一样的,但是所经过的推理

---

① 有的学者主张将溯因推理看作归纳推理的一种,有的学者则主张将归纳推理看作溯因推理的一种;本书采用的是皮尔士的三分法。其实,何种划分并不重要。关键的是要把握溯因推理和归纳推理各自的特点和结构。

② K. T. Fann, *Peirce's Theory of Abduction*, The Hague: Martinus Nijhoff, 1970, p. 22.

③ Johan V. Benthem, "Reasoning in Reverse", in Peter A. Flach, Antonis C. Kakas(eds.), *Abduction and Induction: Essays on their Relation and Integration*, Dordrecht: Kluwer Academic Publishers, 2000, p. x.

步骤却不尽相同：

（2）黑川宅是森谷帝二30多岁时设计的，它不是完全的左右对称风格，并且已经被森谷帝二破坏了。

水岛宅是森谷帝二30多岁时设计的，它不是完全的左右对称风格，并且已经被森谷帝二破坏了。

石桥是森谷帝二30多岁时设计的，它不是完全的左右对称风格，并且已经被森谷帝二破坏了。

如果所有森谷帝二30多岁时设计的非左右对称风格的建筑都会被他破坏，那么黑川宅、水岛宅和石桥会被破坏。

因而，所有森谷帝二30多岁时设计的非左右对称风格的建筑都会被他破坏。

米花都市大楼是森谷帝二30多岁时设计的非左右对称风格的建筑。

所以，米花都市大楼将被森谷帝二破坏。

推理（1）与推理（2）的差异体现在推得子结论"所有森谷帝二30多岁时设计的非左右对称风格的建筑都会被他破坏"的方式上：前者是通过简单枚举推理而得，后者则是通过溯因推理得到的。因为"所有森谷帝二30多岁时设计的非左右对称风格的建筑都会被破坏"可以为"黑川宅、水岛宅和石桥相继被破坏"提供最佳的解释。正是出于这个原因，有的学者（包括皮尔士本人）曾指出归纳推理是可以被看作溯因推理的。[①]

不过，在名侦探的推理过程中更为常见的是归纳推理和溯因推理的联合使用。皮尔士本人也指出了这种混合使用的可能性。[②]比如，在《名侦探柯南剧场版：异次元的狙击手》中，由于前四次狙击的地点在某个角度看正好位于五角星的四个点上，柯南运用单称枚举推理得到结论：最后一次的狙击地点在五角星的顶点亦即铃木塔的位置上。如果柯南的预测没有出错的话，再结合亨特曾失去五角星徽章的经历，柯南运用溯因推理获得了吉野最合理的作案动机——用狙击地点连线所构成的五角星向亨特致敬。

在《名侦探柯南：福尔摩斯的默示录》中，柯南、阿笠博士、小兰、小五郎被邀请到伦敦游玩。在贝克街，柯南从小男孩阿波罗口中得知神秘男子曾对他说"有人即将在你眼前死去"，并留下一张默示录，上面写道：

（3）轰鸣的钟声令我惊醒，

我是住在城堡里的长鼻子魔法师，

以冰冷得如尸体般的白煮蛋为食，

最后一口气吞掉腌黄瓜菜就大功告成，

对了，应该提前订个蛋糕来庆祝，

---

① Gilbert H. Harman，"The Inference to the Best Explanation"，The *Philosophical Review*，1965，74（1），pp. 88-95；Gilbert H. Harman，"Enumerative Induction as Inference to the Best Explanation"，*The Journal of Philosophy*，1968，65（18），pp. 529-533.

② Charles S. Peirce，*Collected Papers of Charles Sanders Peirce*. Vol. 2，*Elements of Logic*，Charles Hartshorne and Paul Weiss （eds.），Cambridge，MA：Harvard University Press，1965，p. 385.

再次响起的钟声引起了我的憎恨，

将一切了结吧，用两把剑穿透白色的背脊。

默示录

　　当柯南他们将这张纸条送到伦敦警察厅的时候，发现很多小孩也收到了同样的字条，这似乎预示着将发生大规模杀人事件。要阻止惨剧的发生就必须推断出事件发生的地点。柯南首先经过溯因推理将事件发生地点定位在"像是城堡一样的建筑物，附近有两间珠宝行，混杂着食品店、蛋糕甜品店以及贩卖武器刀剑的店"，但是他和阿笠博士并没有找到这样的所在。

　　在与小兰通电话的过程中，突然响起了大本钟的钟声，于是柯南联想到默示录的第一句"轰鸣的钟声令我惊醒"，推理出它指代的是大本钟，进而通过全称枚举推理概括性地推断出每个默示录中的句子都指代一个地点。小兰在新一的启发下，运用求同法推得"以冰冷得如尸体般的白煮蛋为食"指代的是形状如鸡蛋的市政厅，"最后一口气吞掉腌黄瓜菜就大功告成"指代的是小黄瓜大楼。

　　接着，小兰在市政厅附近发现了布偶，布偶的胸口写着"王冠宝石"，她联想到新一曾引用福尔摩斯的话"除了头脑，其他都是附属品"，便把布偶的头拔了下来，发现在布偶的脖子上有一个大写字母"T"。她还在小黄瓜大楼附近发现了满是刻痕的笔，笔杆上写着"跳舞的人"。运用类比推理，她以为拔开笔帽就会看到另外一个大写字母，但是什么也没有发现。这时，新一又作出了一个类比推理，并且告诉小兰正确的做法是将两端的笔帽连在一起。因为福尔摩斯在《跳舞的人》中曾说"将中间的推理过程全部都省略掉，就只要向对方说明出发点还有结论，这种方法虽然看起来简单粗糙，却足以达到惊人的效果"。[1] 果不其然，惊人的效果是将笔帽套起来便出现了大写字母"N"。新一早就留意到塔桥上的一个排水口附近刻着"恐怖谷"几个字，而福尔摩斯曾经在《恐怖谷》中说："如果有什么重物消失在水边的话，一定是有东西沉入水中，这是毋庸

①　[英]阿·柯南道尔：《福尔摩斯探案全集》(中册)，丁钟华等译，北京：群众出版社，1981年，第287页。

置疑的。"不出所料,小兰找到了沉于水中的排水口盖,上面刻着大写字母"A"。

笔盖

排水口盖

依此类推,默示录中指代的建筑分别是车站("U")、圣布莱德教堂("S")、"双剑"专卖店("R"),这些大写字母构成单词"SATURN(土星)"。由该词的词源,新一推断作案时间为星期六。而小五郎将上述地点按默示录中出现的顺序(大本钟、车站、市政厅、小黄瓜大楼、圣布莱德教堂、大本钟、"双剑"专卖店)连线,得到一个类似网球拍的形状,据此推断嫌犯哈迪斯很可能在第二天米奈芭(阿波罗的姐姐)的网球公开赛上引爆炸弹。为什么选择在米奈芭比赛的时候作案呢? 小兰等人通过溯因推理推断出可能的作案动机是复仇,因为哈迪斯曾经在一年前用网球赛的胜负赌博来为母亲的手术筹集费用,但在一场比赛中,哈迪斯重金下注的米奈芭却输掉了比赛,哈迪斯血本无归并因此耽误了母亲的手术。

可见,合理地看待归纳推理和溯因推理的方式正如范恩(Fann)指出的那样:它们分别在扩展推理中扮演不同角色并且实现不同的目的,既彼此有别,又相互联系。[①]

思 考 题

　　一、在《名侦探柯南:被召集的名侦探》中,众人决定开女仆的车去检查桥梁,人选由抛硬币决定,千间降代选择了离自己最远的硬币。 柯南据此细节推断出了什么? 他使用的是哪种推理?

① K. T. Fann, *Peirce's Theory of Abduction*, The Hague: Martinus Nijhoff,1970,p. 23.

　　二、在《名侦探柯南：每月一件礼物威胁事件》中，柯南推理道："叔叔应该是外科医生吧。 你的手指有一条斜斜的痕迹，担任外科医生在手术的时候通常会用两手的食指固定细细的线，一边打结，所以才会留下这样的斜斜的痕迹。"柯南使用的是哪种推理？

　　三、在《名侦探柯南：本厅刑事恋爱物语 3》中，灰原哀推理出下一个纵火地点是品川区。 因为保持第一次纵火的池袋和第二次纵火的浅草桥不变，将第三次纵火的田端和第四次纵火的下北泽连起来，再把第五次的四之谷和品川连起来，正好构成了一个"火"字。 进而认为纵火犯想在东京地面上刻下一个大大的"火"字。 请仔细描述灰原哀用到的推理方法。

　　四、在《神探夏洛克：三签名》中，卫兵刺杀案件与婚礼上的谋杀案都是在公共场合作案，且卫兵和肖尔托上校都会穿军装系腰带，夏洛克由此推测卫兵刺杀案只是为了婚礼上的谋杀而做的一次彩排，并弄清了凶手的杀人手法是在他们系紧腰带时刺入细针或刀片，等解开腰带时，他们就会因大量出血而死。 夏洛克用到了哪些推理方法？ 你能分别写出其前提和结论吗？

　　五、在《福尔摩斯探案全集：临终的侦探》中，华生赶到病重的福尔摩斯家中，福尔摩斯不让华生靠近自己，而且不仅要求他去请司密斯先生来看病，还嘱咐他躲起来不让司密斯先生发现。 最终，华生在暗处听见司密斯供认自己杀害侄子以及企图杀害福尔摩斯的事实。 然而在这之前，福尔摩斯对一切已经心知肚明，他是运用哪些推理一步步接近事实真相的？

本章小结

　　1. 溯因推理的简单形式指的是：由现有的事实或证据出发，得到对该事实或证据的解释，进而推得这种解释是真的。

　　2. 溯因推理的一般形式与简单形式的区别在于其加入了在竞争解释或可能原因之间进行权衡的过程，指由现有的事实出发，得到对该事实的最佳解释，进而推得这种解释为真的推理。

　　3. 我们将溯因推理的一般形式分为充分条件式和必要条件式两种。充分条件式体现的是多因一果的情况，即存在多个原因或解释，它们都可能导致已知的结果；必要条件式体现的是合因一果的情况，即某一原因不能单独导致已知结果，只有将多种原因联合起来才能导致该结果。

　　4. 虽然溯因推理并不能够保证从真的前提得到真的结论，我们依然可以增强溯因推理的效度。影响溯因推理效度的因素可总结为：作为前提的出人意料的事实越可靠，溯因推理效度越强；为被解释项提供的解释集越全面，溯因推理效度越强；解释集与被解释的事实关联性越大，溯因推理效度越强；解释被证实的概率越大，溯因推理效度越强；等等。

　　5. 作为扩展性推理，溯因推理和归纳推理都可以带给人们新的知识，同时也可能得到错误的结论。因为即使前提都为真，随着新证据的不断加入，结论也可能被证明为假。

6. 溯因推理和归纳推理的区别在于，前者是一种由此及彼的推理过程，所体现的是灵感的迸发；后者是一种由小及大的推理过程，所体现的是一种心理上的惯性。二者分别在扩展推理中扮演不同角色并且实现不同的目的，既彼此有别，又相互联系。

第五章

假　说

　　无论是在科学探索中,还是在案件侦破中,都要根据已知的信息进行一系列尝试性的解释或猜想,此即假说的形成过程。面对待解释的科学现象,科研工作者们首先结合归纳推理和溯因推理推断出导致该现象的可能原因,再以演绎推理作出预测,最后综合三种推理来验证自己的学说是否可靠,进而构建科学的理论体系。[①]

　　类似地,名侦探形成并确定猜想的过程也需要三种推理的共同作用。他们首先从案件的疑点出发,形成对它的最佳解释;接着,他们从这个可能的解释中演绎出将会产生的后果;最后,他们还需检验自己的推断。当结论经过反复的证实后,名侦探们才将那个猜想当作自己的"重大发现"予以公布。这其实与皮尔士阐述的科学探究过程是一致的。[②]

　　可见,在假说的构建和检验阶段,溯因推理、演绎推理和归纳推理既相互补充又彼此作用。它们构成了思维发展的动态图景,帮助我们发现每个案件背后唯一的真相。当然,这种动态的推理图景绝不是简单的链条结构,而是一种缆绳结构。虽然其中可能存在薄弱的环节,但只要前提的数量充足且彼此紧密相连,整个推理就会发挥出强大的效力。[③]

　　本章的主要目标就是向读者展现假说的形成和发展过程,并详述科学及侦查发现的五个阶段,以及演绎推理、归纳推理和溯因推理是如何共同发挥作用的。我们将在两个层面上谈论这种推理的"联用":第一个层面是侦探们如何通过多种推理来分析某一问题;第二个层面是侦探们如何通过多种推理来确证自己提出的假说。

　　以《名侦探柯南:外交官杀人事件》为例,平次刚一出场,就给出了一个让柯南紧张异常的推理。他一针见血地指出新一其实并非远在天边,而是近在小兰的眼前,其推理过程如下:

　　　　(1)如果一个远在天边的人打来电话,那么他会询问对方的近况。

　　　　新一并没有询问小兰的近况。

　　　　所以,新一并非远在天边。

　　从推理形式上来讲,这是我们再熟悉不过的否定后件式假言推理。不过,该演绎

①　K. T. Fann, *Peirce's Theory of Abduction*, The Hague: Martinus Nijhoff, 1970, p. 26.

②　Peter A. Flach, Antonis C. Kakas, "Abductive and Inductive Reasoning: Background and Issues", in Peter A. Flach, Antonis C. Kakas(eds.), *Abduction and Induction: Essays on Their Relation and Integration*, Dordrecht: Kluwer Academic Publishers, 2000, pp. 6-8.

③　张留华:《皮尔士哲学的逻辑面向》,上海:上海人民出版社,2012年,第318页。

推理的前提"如果一个远在天边的人打来电话,那么他会询问对方的近况"却是由以下全称枚举推理得到的:

(2) 远在天边的 A 打来电话,他首先询问对方的近况。

远在天边的 B 打来电话,他首先询问对方的近况。

远在天边的 C 打来电话,他首先询问对方的近况。

…………

所以,所有远在天边的人打来电话,都会询问对方的近况。

结合推理(2)所得到的结论,再通过全称例示推理和否定后件式推理,我们便可以得出和服部平次相同的结论——新一并非远在天边。

当小五郎一行人跟随外交官夫人来到外交官书房的时候,发现外交官不幸身亡。凶手的作案手法是什么呢? 平次和新一暗中展开较量。当平次发现外交官裤兜里的钥匙内粘有胶带时,他从这个疑点进行溯因推理,提出"凶手是用钓线来制造密室效果的"这一侦查假说:

(3) 钥匙内有令人生疑的胶带。

如果凶手是利用钓线来制造密室效果的话,那么钥匙内的胶带是用来固定钓线的。

所以,凶手是利用钓线来制造密室效果的。

平次所得到的侦查假说是否恰当? 新一从平次所得的结论演绎出"钥匙会落到目暮警官的双层口袋中"这一结果。但是,实际的情况是这样的吗? 他们为此特意做了试验,试验结果表明钥匙并不在目暮警官的双层口袋中。就这样,新一用以下这个演绎推理(否定后件式假言推理)推翻了平次的侦查假说:

(4) 如果平次声称的密室手法成立,那么钥匙会落到目暮警官的双层口袋中。

钥匙不在目暮警官的双层口袋中。

所以,平次声称的密室手法不成立。

随后,新一提出了新的侦查假说,该假说合理吗? 又是如何得到确证的呢? 我们将在接下来的部分依次揭晓答案。

第一节　科学假说与侦查假说

上一章我们介绍的溯因推理是由美国哲学家皮尔士在 1870 年提出的。起初他强调的是假言式溯因推理,认为其仅仅是寻求最佳解释的过程。然而,皮尔士的思想在后期发生了变化,这时他转而强调探究式的溯因推理,指出溯因是"从惊奇到探究的推理"。如果我们将溯因推理看作一个由已知事实推知原因而产生假说的逻辑方法,那么其中所体现出的探究性特征与科学发现中不断提出猜想的信息动态变化过程就是一致的。可以说,科学假说的形成离不开对溯因推理的应用。在科学发现的过程中,经过反复的猜想与检验,科学家们不断接近真理。

　　恩格斯曾说，自然科学的发展形式就是假说。科学假说是指根据已有的事实材料和相关理论，对所研究问题进行假定性说明和尝试性解答，通过得出一个具有普遍性意义的规律性命题，建立、发展或完善科学理论。[①] 比如：为解释为何大西洋两边海岸具有极高的相似性和吻合度，魏格纳（Wegener）提出了大陆漂移假说；而为解释火山带和地震带的形成问题，麦肯齐和派克（Mckenzin & Parker）提出了板块构造假说。

　　侦查假说是指在案件发生后，根据掌握的案件材料和犯罪信息，对案情（包括案件性质、作案过程、作案人、作案时间和地点、作案工具、作案手法、作案动机等）所进行的一系列假定性猜测。在前面的讨论中，我们提及名侦探们给出的多个侦查假说：福尔摩斯在《福尔摩斯探案全集：博斯科姆比溪谷秘案》中提出"凶手是一个高个子男子，他是左撇子，右腿瘸，穿一双后跟很高的狩猎靴子和一件灰色大衣，他抽印度雪茄，使用雪茄烟嘴，在他的口袋里带有一把削鹅毛笔的很钝的小刀"，这是针对嫌疑人特征的侦查假说；狄仁杰在《大唐狄公案：黄金案》中提出"凶手曾送给王县令一小包有毒的茶叶，仅供冲泡一次之用"，这是针对作案手法的侦查假说；柯南在《名侦探柯南：毒与恨的设计》中提出"女秘书佐竹小姐给太太看公司标志并嘱咐她在合约上签名，太太看了太多含有'若'字的标志设计而产生形象崩塌，以至于签字时不知道如何写'若'而只好查阅字典，导致手上沾到早已涂在字典上的毒而死亡"，这是针对作案过程的侦查假说；秦明在《法医秦明：地沟油中惊现人手》提出"凶手使用的是圆形金属钝体物"，这是针对作案工具的侦查假说；宋慈在《洗冤集录》中由"面色呈黄白色，遍体无伤痕"推得死者死于精心策划的谋杀（石灰罨死法），这是关于案件性质的侦查假说；钟表店侦探在《绝对不在场证明：钟表店侦探与跟踪狂的不在场证明》中提出"她在三点五十分左右回到家里。就在这时，她的前夫，也是本案的共犯菊谷先生来了。为了方便菊谷先生动手，她趴在了餐厅的地板上。菊谷先生对准后背中央偏左，也就是心脏所在的位置，一鼓作气扎下去。杏子女士有医学背景，所以她肯定知道心脏对应后背的哪个位置，能给出准确的指示。这件事应该是四点发生的"，这是针对作案时间、地点和过程的侦查假说。

　　正如科学假说是科学研究的必经阶段，侦查工作也必须借助侦查假说来实现。不过，侦查人员提出侦查假说的目的是为特定的事件寻找特定的原因，科学家提出科学假说的目的则是探索普遍的规律。[②] 无论是侦查假说还是科学假说，它们的基本探究方法如出一辙。从某种程度上来说，每个伟大的科学家都是福尔摩斯。[③] 也难怪福尔摩斯会这样批评华生："你看待一切问题总是从写故事的角度出发，而不是从科学破案的角度，这样就毁坏了这些典型案例的示范性。"[④]

---

① 《逻辑学》编写组：《逻辑学》（第二版），北京：高等教育出版社，2017 年，第 217 页；雍琦：《法律逻辑学》，北京：法律出版社，2004 年，第 312 页。

② Massimo A. Bonfantini, Giampaolo Proni, "To Guess or Not to Guess", in Umberto Eco, Thomas A. Sebeok(eds.), *The Sign of Three: Dupin, Holmes, Peirce*, Bloomington: Indiana University Press, 1983, p. 126.

③ K. T. Fann, *Peirce's Theory of Abduction*. The Hague: Martinus Nijhoff, 1970, pp. 57-58.

④ 〔英〕阿·柯南道尔：《福尔摩斯探案全集》（中册），丁钟华等译，北京：群众出版社，1981 年，第 487 页。

思 考 题

一、下面的推理过程中包含假说吗？ 它是科学假说还是侦查假说？

1. 蝙蝠能在黑夜快速飞行而不会撞在障碍物上，而眼睛是视觉器官，所以生物学家曾提出：蝙蝠能在黑夜避开障碍物是由于它有特别强的视力。 如果上述说法为真，那么把蝙蝠的眼睛蒙上，则它会撞上障碍物。 为验证此推论，科学家在一个暗室中系上许多条纵横交错的钢丝，并在每条钢丝上系一个铃铛。 将一些蝙蝠蒙上眼睛，放在这个暗室中飞行。 但结果是蝙蝠仍然能快速飞行而没有撞在钢丝上。

2. 人类、猿和海豚是大脑社会化程度比较高的动物，都可以认出镜子中的自己，从而被证实具有自我意识。 大多数动物很少注意它们在镜子中的影像，大象与人类一样具有大脑和移情能力，那么它们也能认出自己在镜子中的影像吗？ 研究人员在每头象的一只眼睛正上方画一个白色的"X"，当靠近镜子后，有一头象在 90 秒里 12 次用她的鼻子触摸这个记号。 这一行为确证了她相信她在镜子中看到的确实就是她自己。 因此大象可以认出自己的影像，具有自我意识。

3. 在《法医秦明：杀弟取心》案件中，秦明发现死者的体内有大量麻醉剂，并据此认为这不是仇杀，因为实行仇杀的凶手通常不会善待尸体。 而凶手之所以给死者注入大量麻醉剂，可能的原因是在照顾死者的感受，故而凶手可能是死者非常亲近的人。

4. 在《大唐狄公案：跛腿乞丐》中，狄仁杰仔细观察了尸体，发现尸体的双脚光滑洁白，保养得很好，因此否定了仵作将此人认定为叫花子的说法。 此外，他在尸体上发现了井底没有的细沙和白色小沙砾，因此死者并非失足落入井内，而是被人谋杀，系凶手将其杀害后丢入井内。

二、下列推理过程中包含侦查假说吗？ 你能区分出它们的不同性质吗？

1. 真凶有备用钥匙。 一般来说，最有可能持有备用钥匙的是她的男友，可她的男友就是奥山先生，可以排除。 不是男友，那就是公寓的房东了。 房东出于某种目的，偷偷溜进了中岛家。 他本以为那个时候家里没有人的，谁知道中岛女士竟然回来了。 情急之下，他就把刚进屋的中岛女士掐死了。

2. 其实加寿子亲口提过。 她说，珠美女士指责她说："你肯定恨死我了，还想要我遗产，所以想暗中下毒害死我！"当然，这句话是加寿子编造的谎言，并非事实。 但它却是本案的真相。 光听明世老师的描述，我就能想象出珠美女士对加寿子十分刻薄。 想必在常年侍奉珠美女士的过程中，加寿子肯定一天比一天憎恨女主人，一心盼她死，好得到她的遗产。 所以撒谎的时候，加寿子也无意中吐露了实情。

第二节　假说的构建

观察在科学探究和侦查工作中发挥着不可替代的作用。科学家或侦查人员通常会以构建假说的方式来说明观察或实验中发现的出人意料的事实或情形。大陆漂移假说要解决的问题是非洲西海岸和南美洲东海岸的海岸线为何彼此吻合。新一在《名侦探柯南:外交官杀人事件》中发现的疑点是外交官书桌上的一摞书和播放着的歌剧。能否在万千世界中发现并提出问题,并对其进行试探性的说明,既取决于人们的观察能力和知识储备,也取决于人们的逻辑思维水平。

这也是福尔摩斯屡次强调观察的重要性的原因。侦查人员在赶到案发地点后,既要仔细勘验现场状况和作案痕迹,也要观察受害人和嫌疑人的特征并听取知情人对于案件的相关陈述。比如,在《名侦探柯南剧场版:迷宫的十字路口》中,柯南通过观察发现"西条大河先生坐下前习惯性地向后挪了半步""西条大河先生知道'箭枕'这个词",再根据知识储备中的常识或经验"所有经常练习射箭的人都会在就座时右脚向后挪半步再坐下,俗称'托半步'""精通射箭的人知道'箭枕'这个词",运用逻辑方法推导出"西条大河先生精通射箭"。我们将其中的推理过程整理为:

(1) 所有经常练习射箭的人都会在就座时右脚向后挪半步再坐下,俗称"托半步"。

西条大河先生坐下前习惯性地这么做了。

如果一个人精通射箭,他就会知道"箭枕"这个词。

西条大河先生知道"箭枕"这个词。

所以,西条大河先生精通射箭。

仔细观察推理(1)的第一个前提和第三个前提,"所有经常练习射箭的人都会在就座时右脚向后挪半步再坐下""如果一个人精通射箭,他就会知道'箭枕'这个词"都是由枚举归纳得到的背景知识。进一步地,第一个前提和第二个前提、第三个前提和第四个前提分别经过溯因推理得到了最终的结论"西条大河先生是精通射箭的",从而戳穿了西条大河的谎言。

在一些情况下,单独地依赖观察结果并不足以得到有价值的信息,只有将其与事物发展的普遍规律相结合,运用整体性视角才能发现破绽。在《名侦探柯南:贵宾犬与霰弹枪》中,柯南是如何判定江波小姐为杀害豹藤先生的凶手的呢? 让我们看以下推理:

高木警官将霰弹枪拿给稻村先生看时,你(红波小姐)说了这么一句:枪上的木头都裂开了,看来凶手砸的时候用了很大力气。可是我们根本没有人说过他是被枪砸死的。一般来说听到头部被枪击中,都会想到是被子弹击中的吧,根本不会想到是被枪砸死的。而且你还提到枪托上的裂痕,是因为你知道豹藤是被枪托砸死的。

柯南首先注意到了江波小姐说过的话"枪上的木头都裂开了,看来凶手砸的时候用了很大力气",但问题在于"没有人透露过死者是被枪砸死的"。接着应用枚举归纳得出"一般来说听到头部被枪击中,都会想到是被子弹击中的",这与实际情况中"江波小姐说豹藤先生是被枪砸死的"相矛盾,由此推断出最后的结论:江波小姐为杀害藤豹先生的凶手。

由前面的两个例子可知,在构建侦查假说的初始阶段,对已经掌握的事实材料进行综合分析,是绝对离不开归纳推理的,因为侦查人员首先要通过归纳推理来发现和提出问题。在《名侦探柯南:八枚速写记忆之旅》中,柯南由失忆女子画的前两张素描画(丹顶鹤和黑猫),运用全称枚举推理得到侦查假说"八张素描画代表的都是女子曾经去过的地方";在《名侦探柯南剧场版:第十四个目标》中,柯南根据目暮警官(名字里有数字"十三")、妃英理(名字里有数字"十二")、阿笠博士(名字里有数字"十一")相继受伤且他们都是小五郎的熟人,运用特称枚举推理得到侦查假说"即将遇害的人是名字里有'十'的小五郎的熟人";在《法医秦明:清道夫》中,秦明根据不同城市的流浪汉先后被害,且在案发现场的墙上都留有用血写下的"清道夫"三个字,结合字迹专家、痕检人员、尸检人员的分析结果,运用科学归纳推理得到侦查假说"案件的性质为同一犯罪分子实施的连环凶杀案";在《嫌疑人 X 的献身》中,汤川学根据石神在"出数学题"和"设计案件"两方面的相似性,运用类比推理得出侦查假说"作案方法是针对警官的盲点而特别设计的";在《名侦探柯南:便利商店的陷阱》中,小兰根据"小绚一值班,超市就丢东西",以及"只有小绚会清理堵在厕所门口的纸箱",运用求同求异并用法得出侦查假说"盗窃者的作案过程是借助超市的厕所完成的"。

厕所里的小偷

可以说,在现场遗留物和作案痕迹的基础上,侦查人员提出了各种侦查假说,其中既包括关于案件性质和犯罪嫌疑人的核心假说,也包括与作案手法、作案过程、作案工具、作案动机等有关的重要假说。这些假说彼此联系,汇聚成一张巨大的网,而支撑这张网的除了归纳推理之外,还有溯因推理和演绎推理。下面我们以《名侦探柯南:服部平次与吸血鬼公馆》为例，按照案情推进的时间顺序，谈一谈三种推理类型在假说构建过程中的联用。

柯南和平次等一行人跟随大泷警官来到即将召开遗产继承会议的公馆。公馆的主人是身为家族长子的迫弥老爷。在途中他们得知半年前公馆的清水女仆倒吊在森林中的木桩上失血而死，全身上下只在颈部有两个小洞，就像被吸血鬼吸光了血一样。虽然老爷有作案嫌疑，但是他却拥有不在场证明——案发时他一直在房间的棺材里睡觉。这里的不在场证明就包含着一个演绎推理：

（2）主厨在棺材上放了三粒米，如果老爷从棺材盖上溜出来过（前往森林杀害清水女仆），那么棺材盖上的三粒米就会偏离原来的位置。

可是棺材盖上米的位置没有丝毫的改变。

所以，老爷并没有从棺材盖上溜出来过（前往森林杀害清水女仆）。

当然，存在其他可能的情况——棺材中有机关或老爷有同谋。如果真是这样的话，老爷的嫌疑依然无法排除。

在公馆的餐厅里，老爷的兄弟姐妹们为争夺遗产而相互冷嘲热讽。当和叶和小兰去喊老爷吃饭时，却发现棺材内的老爷浑身是血并且被一根木桩插中心脏，待大家（小五郎、羽条先生、陆重管家和大泷警官除外）都赶到时，老爷却从棺材里消失了。

以往拍摄全家福的时候，老爷曾经慌张地跑出来"求合照"，因而大家预测这次老爷也可能在拍全家福的时候现身。当小兰按下快门的时候，惊讶地发现老爷出现在条平先生和守与小姐之间的镜子中。难道老爷真的变成了吸血鬼吗？这是由半年前如吸血鬼一样死去的清水女仆类比而得的。对此，实那小姐不以为然，因为她认为：

（3）这个世界上根本就没有吸血鬼。

所以，老爷也不是吸血鬼。

这是一个全称例示推理。

在平次和柯南检查棺材是否有机关时，森林里起了火，大家都找不到守与小姐。从岸治先生冲洗出的照片里确实看到老爷像吸血鬼一样出现在条平先生和守与小姐之间的镜子中。柯南和平次想向和叶和小兰核实拍照时的情况，却发现厨房的地面上都是小麦粉末，在粉末中间有一条50厘米左右没有沾到粉末的痕迹。由于主厨告诉他们装大蒜的袋子可能在仓库里面，柯南和平次推断这是和叶和小兰拖拽袋子留下的痕迹。这个简单的溯因推理可以被表示为：

（4）在粉末中间有一条50厘米左右没有沾到粉末的痕迹。

如果和叶和小兰拖拽过装大蒜的袋子，那么会在粉末中间留下痕迹。

所以，和叶和小兰拖拽过装大蒜的袋子。

但实际上，和叶和小兰在柯南和平次进行这番推理的同时才在仓库中发现长芽的大蒜，所以上述溯因推理的结论并不成立，地上的粉末状痕迹并不是拖拽装大蒜的袋子留下的。此时，平次得知拿去警局化验的血液是 AB 型，而老爷的血型却是 A 型。管家告诉平次，公馆里只有半年前死去的清水女仆的血型是 AB 型。

当众人都聚在餐厅中时，小光女仆看到老爷像吸血鬼一样倒挂在窗外。条平先生

打开窗子想要一探究竟,老爷的头则迅速上移。柯南认为正常人一定做不到这一点,因为:

（5）正常人是不会倒挂在屋檐上并且瞬间消失的。

大家眼前的"老爷"倒挂在屋檐上并且瞬间消失。

所以,大家眼前的"老爷"不是正常人。

这是一个 EAE 式第二格的直言三段论推理。由此可以判断,大家看到的是凶手故意制造出的吸血鬼假象,老爷应该已经死了。

大家在阁楼的吸烟室发现了麻信的尸体,他的颈动脉都被割断,手中还握着刀。柯南和平次推断要么是死者自杀,要么是凶手故意伪装成自杀现场。这里包括一个充分条件式溯因推理:

（6）死者颈动脉被割断,手中握着刀。

如果是自杀,那么死者颈动脉会被割断,手中握着刀。

如果是凶手故意伪装成自杀现场,那么死者颈动脉会被割断,手中握着刀。

所以,要么是死者自杀,要么是凶手故意伪装成自杀现场。

由于当年老爷的未婚妻阳子女士就是驾驶麻信的车子而发生意外的,因此大家认为这很可能和远古传说的结局类似,其推进过程如下:

（7）大名先生和迫弥先生的妻子都看似死于意外,并且她们都是自己的兄弟继承遗产的最大障碍。

大名先生的妻子是被其兄弟害死的,大名依次处死了相关的人。

所以,迫弥先生的妻子也是被其兄妹害死的,迫弥先生也会处死所有相关的人。

在他们顺着这个类比推理的思路来到南蛮之屋时,小光爆料说,老爷曾在早上叫她来这个房间(但她却没找到)。难道老爷打算告诉她母亲去世的真相吗?

如果小光的母亲确实是被人所害的,而清水女仆又死于非命,那么由求同法可以推得她确实与小光母亲的死有关。管家回忆小光的母亲当时是在听了清水女仆的传话后慌忙离开的,老爷在电话中的原话是"小光平安无事",依此进行否定后件式假言推理:

（8）如果阳子女士知道自己的女儿平安无事,那么就不会脸色惨白地赶去医院。

阳子女士脸色惨白地赶去医院。

所以,她不知道自己的女儿平安无事。

也就是说,很可能是传话的清水女仆撒了谎。

在此之后,柯南和平次依次解开了棺材、照片和倒挂的老爷的头等疑点,这里面用到的都是溯因推理的简单形式。比如:

（9）在拉开窗帘前,雷电照出的老爷的头是从下面冒出来的;在拉开窗帘后,老爷的头却是从上方消失的。

　　如果右上方的窗户是凸透镜的话,那么老爷的头明明是朝下落的,看起来却是从上方消失的。

　　所以,右上方的窗户是凸透镜。

　　经过核实,右上方的窗户确实是凸透镜,但其他的几扇窗户都是由一般的玻璃制成的。如果是这样的话,离窗户最近的条平先生应该注意到这一细节,然而他从未提及。加之条平对血型的质疑(只有凶手才能确定棺材里的血型)、抵达公馆的时间(只有他和守与小姐是在提前一天的晚上抵达公馆的)以及最初发现棺材中的尸体时条平也不在现场,柯南和平次认为条平很有可能是凶手。这里运用了必要条件式溯因推理:

　　(10) 只有注意到右上方的窗户是凸透镜却没有提及的人,才是凶手。

　　只有质疑棺材里血型的人,才是凶手。

　　只有提前抵达公馆的人,才是凶手。

　　只有发现老爷尸体时不在现场的人,才是凶手。

　　对于任意的人 x 来说,如果 x 是凶手,那么 x 注意到右上方的窗户是凸透镜却没有提及,清楚棺材里的血型,提前抵达了公馆,发现老爷尸体时不在现场。

　　条平注意到右上方的窗户是凸透镜却没有提及,清楚棺材里的血型,提前抵达了公馆,发现老爷尸体时不在现场。

　　所以,条平是凶手。

　　虽然平次和柯南都推测出了凶手,但柯南坦言"我们没有任何证据",直至黑暗中条平举起刀欲刺向小光,且柯南在条平口袋里拿到了老爷写给小光的全部杀人计划,条平才不得不认罪,承认他是杀害麻信和守与的真凶。

　　可以说,在侦查假说的建构阶段包含了复杂的逻辑推理过程。而且,就侦查假说本身而言,其内容也不是单一、孤立的。之所以要建立侦查假说,是为了指导侦查人员有目的、有计划地查明案件真相,因此侦查假说应当是包括案件性质,作案人特征,作案时间、地点、手段、工具等信息在内的由推测性解释组合而成的整体。

　　比如,在《法医秦明:爱情成骗局引发凶杀》这一案件中,戚静静与其神秘男友孙凯被杀,警方分别在墓地和孙凯家中发现了二人的尸体。经现场勘查发现:戚静静被捆绑在墓碑上,被捆绑的绳结十分独特;她此前曾在婚恋网站上广泛交友。而警方在孙凯家发现:尸体颈部有花纹独特的勒痕,屋内空调被打开;此案与杀死戚静静的作案手段相似;屋内物品基本未被移动,但 DVD 有移动痕迹且音响的插电线被扯断;死者身高 183 厘米,但案发现场没有打斗痕迹,证明死者完全没有防备。根据以上线索,秦明提出了四个假说:第一,"本案是情杀",这是关于案件性质的假说,也是侦查假说的核心内容;第二,"凶手勒死孙凯所使用的可能是音响线",这是关于作案工具的假说;第三,"戚静静的死亡时间在 17～19 小时之前,孙凯的死亡时间早于戚静静,大概在 36 小时之前",这是关于作案时间的假说;第四,"凶手是同一人,身高低于 183 厘米,可能是戚静静在婚恋网上的交往对象,从事与户外运动相关的工作",这是关于凶手特征的假说。

上述侦查假说互相补充、相互印证：孙凯对凶手毫无防备是因为他不认为凶手会对他造成威胁，因此凶手的身材理应比死者矮小；即使在这种情况下，凶手仍冒险杀死孙凯（用音响线将其勒死），说明极有可能是为情而杀；鉴于本案是情杀，受害者相继死去，可以猜测凶手是同一人，很可能是戚静静在婚恋网上的交往对象；又因为在绑架戚静静时所系绳结是登山用的固定结，所以凶手可能从事与户外运动有关的工作。结合大数据技术，警方很快就锁定了嫌疑人。可见，上述假设相对完整地再现了案件的全貌，为侦查工作的顺利开展提供了必要的保障。

除了侦查假说的内在协调性以外，我们还常以侦查假说对已掌握材料的解释力为依据，在不同的假说之间进行权衡和比较。侦查人员提出的侦查假说不应是唯一的，我们往往需要在构建假说的初级阶段挖掘多种可能性，再进一步判断不同假说的解释力如何。如果当前的侦查假说只能部分地解释已知的犯罪事实，甚至与其他证据材料相矛盾，那么就应当尝试从不同角度出发，构建新的侦查假说。

在《诡计博物馆：直到死亡之日》中，警官寺田聪目睹了一起车祸，被撞的小轿车司机受伤严重，司机向寺田交代了自己25年前的9月份参与了一起交换杀人的案件。司机称他与共犯交换了杀人对象，首先是这位司机帮共犯杀了一个住在东京的男人，一周后，共犯帮司机杀了另一个人。最后该司机仅留下一句"不仅如此……"就因伤势过重而身亡。警方通过调查死者的驾照查出了死者名叫友部，通过询问死者妻子得知，在25年前的9月19日，死者的伯父被人杀害，而当时友部和妻子正在美国旅游。友部的伯父是企业家且终生未娶，友部随后继承了伯父全部的遗产。通过查阅旧档案，警方找到了当年9月发生的案件，分别是：9月12日的肇事逃逸致医生死亡案；9月15日的白领上吊遇害案；9月19日的资本家遇害案；9月22日的商店老板溺杀案；9月26日的主妇遇害案。

寺田经过调查，提出了初步的侦查假说：交换杀人案件分别是9月12日的肇事逃逸致医生死亡案与9月19日的资本家遇害案。这一初步假定可以合理地解释如下事实：第一，9月19日案件中死亡的资本家正是友部的伯父，警方判断凶手是一个左撇子，而友部是右撇子且人在国外，因此很有可能是交换杀人的共犯帮他完成杀人的。第二，司机在遗言中表示，他先帮共犯杀了一个人，共犯在一周后帮他杀了另一个人（资本家伯父），因此交换杀人案中的另一起应是发生在9月12日的肇事逃逸致医生死亡案。第三，肇事逃逸致医生死亡案中的最大嫌疑人君原在案发时有充分的不在场证明，符合交换杀人的条件。第四，君原在友部伯父遇害的9月19日没有不在场证明。

然而，寺田的上司却对他的初步假说提出了一个关键性的质疑：25年前的友部是一个右撇子，然而在当前车祸中丧生的友部却是一个左撇子。据此，上司提出了新的侦查假说：如今死于车祸的司机是冒充友部的人（不妨称之为X），他是9月19日杀害友部伯父的凶手，他临终前没说完的那句"不仅如此"很可能是"不仅如此，我还假扮成了友部"；与X交换杀人的共犯是友部的妻子，她完成的是9月26日的主妇遇害案。

相较而言,这一假说能更全面地说明与案件有关的事实:第一,根据 X 的供述,最初进行犯罪的 X 杀害了一个男人,就是友部的伯父,共犯在一周后帮 X 杀害了主妇齐藤。第二,杀害伯父的凶手被推定为左撇子,X 恰好是左撇子。第三,在主妇遇害案中,最大的嫌疑人是主妇的丈夫义男,案发时 37 岁,与 25 年后寺田遇到的 X 年龄相当。第四,主妇遇害案中的死者齐藤是被人推下地铁站台的,符合女性作案的特征。第五,案发后友部夫妻突然搬到偏僻的地方,很可能是掩人耳目。第六,友部妻子在指认 X 的尸体时,谎称死者就是她丈夫友部。

思 考 题

一、仔细阅读《神探夏洛克:盲眼银行家》中的如下对话,你能说出夏洛克分别运用了哪些推理得到"范孔是被谋杀的"这一关于案件性质的侦查假说的吗?

迪墨探长:这显然是自杀事件。

夏洛克:范孔是一个左撇子。 身体得扭曲成啥样才能自杀?

迪墨探长:他是左撇子吗?

夏洛克:你居然没注意,这屋里到处都是证据。 咖啡桌在左手一侧;咖啡杯柄朝向左侧;电源插座日常惯用左侧那几个;笔纸都放在电话左侧,因为他用右手接电话,左手写留言;案板上有把餐刀,黄油涂在刀口右侧,因为他惯用左手拿刀。 一个左撇子实在不可能会用右手开枪自杀,结论就是有人闯入并谋杀了他。

二、在《名侦探柯南:法庭的对决 4》中,妃英理是如何以警方没有在搜索范围内找到凶器为前提来证明被告岩松先生并不是凶手的? 这是一种什么推理? 小林澄子老师发现被害人书房的画挂反了,从这一反常现象中柯南作出了哪种推理? 以失而复得的花瓶为线索,柯南又作出了哪种推理? 在此基础上,柯南得到的侦查假说有哪些? 它们之间有什么联系?

三、在《名侦探柯南:侦探事务所挟持事件》中,著名小说家未红女士在旅馆房间的浴室内死亡,她在生前最后几十分钟曾经在社交网络上发布了这样的内容:"第一个来缠着我要签名的人是大象,我才刚洗完澡,头发还没吹干呢,真是只烦人的大象啊";"第二个来的人是狐狸,又来跟我说不合情理的要求,吵死了,都已经签好名了,快点给我回去啦";"最后来找我的人是老鼠,发动快速攻击,签完名就马上把人赶出去吧。 天啊,竟然还赖着不走。 惨了,开始觉得想睡觉了,我该怎么办啊"。 其中最后的这条发布于未红被发现死亡的前几分钟,所以凶手很可能是大象、狐狸和老鼠中的一个。 二瓶、汤地和光井三位女士在未红死亡之前曾去找她签名,所以,凶手就在她们之中。 为了推断出凶手是谁,文中依次出现了如下推理,请分别分析它们,并指出其属于哪种推理类型。

1. 未红刚洗完澡，头发还没吹干，手腕靠在书上签名会在签名页上留下褶皱。所以，如果某人是最先来要签名的人，那么她的书上会有褶皱。又因为二瓶女士的书上有褶皱，所以二瓶女士是第一个来的人，代号为大象。

2. 二瓶女士来时发现门口的拖鞋是干的，如果未红女士在大澡堂洗澡的话，鞋子应该是潮湿的，所以未红女士是在自己房间的卫生间里洗澡的。

3. 光井女士在离开房间时曾不小心穿错拖鞋，发现该拖鞋是潮湿温暖的。如果光井女士是第二个来房间的人的话，那么拖鞋不是二瓶女士的就是未红女士的，并且它应当是干的。所以说，光井女士不是第二个来要签名的人。汤地女士才是第二个来要签名的人，代号为狐狸。光井女士是第三个来要签名的人，代号为老鼠。

4. 如果某人是凶手的话，她一定是最后离开房间的人。二瓶女士第一个离开房间，所以二瓶女士不是凶手。

5. 有目击者（与未红女士的房间在走廊的同一侧）看到光井女士匆忙地离开未红的房间，只有光井女士敞着门离开，该目击者才会确定光井女士是从未红房间离开的。然而，发现未红女士已经死亡的时候，她的门是锁住的，所以光井女士并不是凶手。

6. 因为凶手可能是二瓶女士、汤地女士和光井女士中的一个，而二瓶女士和光井女士都不是凶手，所以凶手是汤地女士。

7. 未红女士死前抓住的脚垫上有一条没有沾上血迹，如果她的手里当时抓着东西，那么就会导致脚垫上存在没有沾上血迹之处。

8. 汤地女士持有的签名书的书口非常平整，而二瓶女士和光井女士持有的签名书的书口却并不平整，所以很有可能是汤地女士用砂纸把书口磨平的。如果未红死前抓着的东西就是这本书，那么书口难免沾有死者的血迹，所以汤地女士其实是用砂纸将书口的血迹磨掉的。

第三节　假说的检验

在构建了初步的侦查假说之后，为了进一步探究假说是否成立，还要从该假说出发进行一系列的推断（亦可看作将预见性事实作为侦查假说的逻辑后承），并判断它是否能得到验证。下面我们先来谈谈侦查假说的推演问题，再重点讨论侦查假说的检验问题。

一旦侦查假说被构建出来，那么自然就可以由之推演出一系列结论。在前面提到的《法医秦明：地沟油中惊现人手》中，死者颅骨受到钝器重伤，那么就一定存在着相应的作案工具；在《名侦探柯南：服部平次与吸血鬼公馆》中，如果凶手是条平先生的话，那么他一定有运送尸体到森林的作案工具；在《名侦探柯南：外交官杀人事件》中，如果凶手采用的是密室杀人手法，那么他一定有不留痕迹地进入房间的办法。

不难发现,"被害人死于钝器物重伤""凶手是条平先生""凶手采用的是密室杀人手法"均是侦探构建的侦查假说。所谓假说,就是需要接受事实检验的不确定性结论。因此由这些侦查假说作出的一系列推断仍须经过事实的检验。毕竟即使名侦探们从可靠的前提出发,依赖归纳推理和溯因推理所构建的侦查假说也可能并不成立。检验假说是非常关键的一步,甚至有很多哲学家认为只有这个过程才是真正的逻辑发现过程。①

换句话说,若要将罪犯缉拿归案就必须拿出切实的证据来。在《法医秦明:地沟油中惊现人手》中,警方在嫌疑人李某家找到了圆形铁锤;在《名侦探柯南:服部平次与吸血鬼公馆》中,柯南重现了用冰车轮运送尸体的过程;在《名侦探柯南:外交官杀人事件》中,平次在外交官父亲的房间里发现了鱼线。如果仅仅像小五郎那样凭空猜想,那么就会让侦查工作走入歧途,永远无法追踪事实真相。但是如若能将猜测和观察结合在一起,情况就会大不相同。②

在实际的操作阶段,侦查人员常常将侦查假说的推断与检验结合起来,从而更好地让假说接受事实(观察和实验)的检验。这里的检验含有正面检验和反面检验两层含义:正面的检验也就是指证实或确证的过程;反面的检验也就是指证伪或反驳的过程。

我们先以全称枚举推理为例来阐释检验的两层含义。通过把"我们已经观察到的无数只天鹅都是白色的"作为前提,我们可以得到概括性的全称假说——"所有的天鹅都是白色的"。这一假说需要更多的实例来检验。在构建该假说以后,每发现一只白色的天鹅都可以作为对该假说的正面确证。然而,当人们在澳大利亚发现了黑色天鹅的时候,原先的假说"所有的天鹅都是白色的"就被证伪了。如果发现了与假说相悖的反例,那么该假说就必须予以更改:要么修正它,要么舍弃它。在"白天鹅"的例子中,我们可以将原有的假说"所有的天鹅都是白色的"修正为"所有北半球的天鹅都是白色的"。

在单称枚举推理中,我们同样可以看到假说的证实和证伪。在《名侦探柯南剧场版:第十四个目标》中,目暮警官和妃英理相继被攻击,柯南预测"下一个攻击目标是与小五郎有关且名字中含有数字十的人"。这一侦查假说在辻弘树先生被攻击后暂时得到了证实,因为还没有出现舍弃或修正它的理由。③

在《名侦探柯南剧场版:异次元的狙击手》中则出现了侦查假说先被证实,再被证伪的情况。警方一开始根据房地产经纪和亨特妹妹前男友这两位被害者的死亡讯息作出推理:

(1) 狙击滕波(房产经纪人)的地点留下了一颗骰子,点数为 4。
狙击森山(亨特妹妹前男友)的地点留下了一颗骰子,点数为 3。

① K. T. Fann, *Peirce's Theory of Abduction*, The Hague: Martinus Nijhoff, 1970, p. 1.
② 〔美〕托马斯·A. 西比奥克,珍妮·伍米克—西比奥克:《福尔摩斯的符号学——皮尔士和福尔摩斯的对比研究》,钱易、吕昶译,北京:中国社会科学出版社,1991 年,第 11 页。
③ 〔英〕卡尔·波普尔:《科学发现的逻辑》,查汝强、邱仁宗、万木春译,北京:中国美术学院出版社,2008 年,第 9 页。

所以,下一个狙击地点也会留下一颗骰子,点数为 2。

警方据此形成侦查假说:"凶手留下的骰子是以倒数的方式来暗示被害的人数"。紧接着,嫌疑人亨特被狙击并且在狙击的地点发现一颗点数为"2"的骰子。假说得到了证实,警方又推断:

(2) 狙击滕波(房产经纪人)的地点留下了一颗骰子,点数为 4。

狙击森山(亨特妹妹前男友)的地点留下了一颗骰子,点数为 3。

狙击亨特的地点留下了一颗骰子,点数为 2。

所以,还将有人被狙击,且狙击地点将留下一颗骰子,点数为 1。

然而,在第四个狙击地点发现的骰子点数不是 1 而是 5,这就意味着侦查假说"凶手留下的骰子是以倒数的方式来暗示被害的人数"被证伪了。柯南在元太等小伙伴的启发下,得到新的侦查假说——"凶手留下的骰子数表示五角星连线的次序",如果这个假说是真的,那么最后一个狙击地点是铃木塔的瞭望台。柯南在瞭望台找到了吉野,新的侦查假说得到了证实。

在《名侦探柯南:诅咒假面的冷笑》中,小五郎一行人被邀请到苏芳女士家里。苏芳女士家里有 200 个萧布尔的假面面具,它们有"诅咒的假面"之称。为了不让这些面具作怪,晚上零点以后假面之屋将会被锁住。然而就在当晚,苏芳女士在自己的卧室中被刺杀身亡,同时在她的尸体周围散落了一地的诅咒假面。问题是,卧室的门被上了两道锁,凶手是如何进入其中的呢?

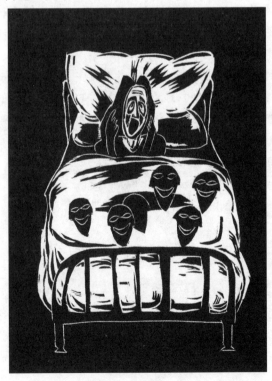

假面的冷笑

柯南运用类比推理推得"诅咒假面的使者用松紧带串起来的假面杀害了苏芳女士",得到这个假说之后,柯南请高木警官将刀子和假面具穿过松紧带,透过格状木板伸进苏芳女士的卧室,观察是否可能通过控制松紧带和面具将刀插入死者的胸口。实际上,柯南是在以侦查实验的方式对假说进行证实。

密尔方法得到的结论同样需要检验。在《神探夏洛克:巴斯克维尔的猎犬》中,夏洛克运用了求异法,认为亨利、自己和华生之间只有一个不同点,那就是"华生喝咖啡不加糖",由此推断"致幻剂在糖里面"。不出所料,华生喝了加糖的咖啡后在实验室中果然产生了幻觉,认为自己看到猎犬。夏洛克更加坚定了自己的假说——"致幻剂在糖里面"。但是在检验假说时结果却出人意料,通过对糖的化学结构进行分析,发现其中并没有可疑成分,这就导致神探夏洛克的假说被证伪了。

在溯因推理中同样存在着假说被证实或证伪的情况。在《名侦探柯南:毛利小五郎的盛大演讲会》中,演讲前夕发生了密室杀人案件,小五郎根据现场情况运用溯因推理的简单形式推断杀人凶手为冷泉茂吉先生,并推测他是利用自己的拐杖制造了密室现场。小五郎通过模拟作案现场,证明利用拐杖确实可以完美地制造密室,此时侦查假说被证实。但根据助理芽衣小姐的口供,我们可以得知,冷泉茂吉先生是被助理芽衣小姐扶进休息室的,他当时看起来非常疲惫。考虑到冷泉茂吉先生的年纪问题,他不可能完成把身材魁梧的死者放在椅子上再拖动过去这一系列动作。因此,小五郎的假说被证伪了。在《法医秦明:地沟油中惊现人手》中,无论是通过充分条件式溯因推理所得结论"凶手的作案工具或是圆锤子,或是铁球,或是哑铃,或是其他圆形金属钝体物",还是通过必要条件式溯因推理所得结论"凶手李某没有交通工具,拥有死者家钥匙和圆形金属钝体物"均得到了证实。

上一节我们提到,侦查假说不是孤立的,针对某一案件的侦查假说构成了一个包含案件性质,作案人特征,作案时间、地点、手段、工具等信息在内的集合,那么由此集合出发进行的侦查推断自然也是组合式的。对于这些推断而言,被证实的数量越多,对侦查假说的支撑力度就越强。通常而言,验证侦查假说的手段有调查取证、技术鉴定、侦察实验、提取口供、逻辑推导等。[①]

在《名侦探柯南:外交官杀人事件》中,平次一度认为自己占了上风,因为他的侦查假说被不断地证实。他首先由外交官钥匙内的胶带展开溯因推理:

(3)钥匙内有令人生疑的胶带。

如果凶手是利用钓线来制造密室效果的话,那么钥匙内的胶带是用来固定钓线的。

所以,凶手是利用钓线来制造密室效果的。

该推理的结论是平次就作案手法所构建的侦查假说。作为一名高中生侦探,平次并没有停留在推理阶段。他清楚地知道自己需要对假说进行检验。于是,他检查了外交官父亲锁在房间——和室的垃圾桶,不出所料地在那里找到了钓线。这样一来,平

① 赵利、黄金华:《法律逻辑学》,北京:人民出版社,2010年,第309页。

次的假说就得到了证实。不止如此,平次还让目暮警官配合自己用钓线进行案件重演,他的假说也获得了侦查实验的确证。于是,平次认为自己胜券在握,万无一失。平次的证实过程为:

(4)如果凶手采用钓线来制造密室效果,那么在他待过的房间会找到钓线。

在外交官父亲待过的和室里找到了钓线。

所以,外交官父亲是采用钓线来制造密室效果的。

该证实过程的逻辑形式是:

(5)如果假说 P 为真,某种条件下观察结果 Q 就会出现。

构造这样的观察实验条件,观察结果 Q 出现了。

所以,假说 P 为真。

这是一个肯定后件式的假言推理,由真值表可知它并不一定有效。它提醒着我们,证实虽然可以为侦查假说提供正面的支持,但并不能够证明假说为真。就像波普尔曾经指出的那样,"差不多任何理论我们都很容易为它找到确证或证实"[1]。证实容易,证伪不易。所以,波普尔认为,"对一种理论任何真正的检验,都是企图否证它或驳倒它"[2]。

就像新一所做的那样,他用一个否定后件式的假言推理推翻了平次的假说:

(6)如果服部平次声称的密室手法成立,那么钥匙会落到目暮警官的双层口袋中。

钥匙不在目暮警官的双层口袋中。

所以,服部声称的密室手法不成立。

该证伪过程的逻辑形式为:

(7)如果假说 P 为真,某种条件下观察结果 Q 就会出现。

构造这样的观察实验条件,观察结果 Q 没有出现。

所以,假说 P 为假。

这是一个否定后件式的假言推理,它是有效的——在前提为真的情况下,结论必然为真,即"平次声称的密室手法不成立"。平次的侦查假说被推翻了,更好的假说是什么? 真相到底是怎样的? 新一从播放着的歌剧和那摞书出发,展开溯因推理:

(8)案台上的一摞书和播放着的歌剧是为了掩人耳目。

如果凶手采用的是心理密室手法(在众人进门后杀死外交官),书和歌剧只是为了掩人耳目。

所以,凶手采用的是心理密室手法。

新一认为既然凶手采用的是心理密室手法,那么凶手就是外交官夫人。如果这个侦查假说成立的话,那么可以推断她会在钥匙扣中设计放毒针的地方。果然,在外交官夫人的钥匙扣里有放毒针的沟槽,新一的侦查假说得到了证实。后来,我们从外交

---

① 〔英〕卡尔·波普尔,《猜想与反驳:科学知识的增长》,傅季重、纪树立、周昌忠等译,上海:上海译文出版社,2015 年,第 51 页。

② 〔英〕卡尔·波普尔,《猜想与反驳:科学知识的增长》,傅季重、纪树立、周昌忠等译,上海:上海译文出版社,2015 年,第 52 页。

官夫人的自述中,了解到她的作案过程(在众人进入外交官书房时用毒针将其刺死)以及动机(为前夫报仇,为女儿解围)。

在《福尔摩斯探案全集:恐怖谷》中,福尔摩斯和华生破解密码信的过程既有证实,也有证伪。我们前面已经提到,为寻找正确的密码书,福尔摩斯和华生形成了多个假说(密码书是《圣经》、萧伯纳的著作、《新年鉴》或《旧年鉴》等)。其中华生形成的第三个假说是"密码书是《新年鉴》"。如果该假说是正确的,那么这封密码信传递的信息是"马拉塔 政府 猪鬃……",破解到这里,福尔摩斯意识到他们失败了,因为密码信不可能和"猪鬃"有关。第三个假设被舍弃后,华生和福尔摩斯又形成了第四个假说——密码书是《旧年鉴》。如果这个假说是真的,那么密码信的内容是:"确信有危险即将降临到一个富绅道格拉斯身上,此人现住在伯尔斯通村伯尔斯通庄园,火急。"从这些文字来看,福尔摩斯和华生很可能找对了密码书。进一步地,他们在麦克唐纳警官那里证实了这一猜测,因为伯尔斯通庄园的道格拉斯先生确实被人杀害了。

前面所列的这些例子给我们以下启示。一方面,证实的过程或许可以使人们无限地接近真相,但无法带来确定的真知识,因为我们几乎可以为任何理论找到确证。所以说,正面的检验只是为已形成的假说提供暂时的证据,它随时可能被之后出现的反面的检验所否决。就如在《名侦探柯南:诅咒假面的冷笑》中,虽然柯南的假说被侦查实验所证实,但嫌疑人蓝川先生依然矢口否认自己是凶手,因为这种案件重演的伎俩并不能提供决定性的证据。侦查假说只是侦破案件所采用的必要手段,不能作为办案依据。另一方面,按照波普尔的观点,如果科学假说或其逻辑后承没有被证伪,那就算它获得了正面的支持,可被看作含有更多的真理成分;一旦被证伪,新的问题就此产生。

然而,当侦查假说或其推断被证伪时,仍需警惕究竟是侦查假说本身的问题,还是背景知识的问题,抑或是证伪手段的问题。有时一个侦查假说看似被否定了,其实则不然。前面我们提到的《名侦探柯南:毛利小五郎的盛大演讲会》,小五郎关于"冷泉先生是凶手"的侦查假说之所以被否定,所依赖的是人们生活中的常识——看上去非常疲惫的需要搀扶的老人是不可能有力气将身材魁梧的死者放在椅子上并移走的。要知道,这种"常识"不是绝对可靠的,也不足以证明小五郎的侦查假说为假。

鉴于以上分析,如果我们能够对同一案件同时给予正反两方面的检验,在相对完备的侦查假说之间,一方面用证据否定其他假说,另一方面又得到了正面支持剩余假说的依据,这样的检验过程就更可信,也更有说服力。①

在《尼罗河上的惨案》中,百万富翁的女继承人林内特与好朋友杰奎琳的男朋友西蒙结婚了,二人乘坐豪华游轮去希腊享受蜜月,杰奎琳一路跟随。一天晚上,杰奎琳和西蒙发生争执,情绪激动之中杰奎琳朝西蒙开了一枪。第二天早上,女仆露易丝发现自己的女主人林内特在房中被人枪杀。侦探波洛就案件展开侦查,起初他认为凶手杀人是一时冲动,而非早有预谋。凶手看到了西蒙和杰奎琳在争执中将手枪掉在了休息

---

① 朱武、刘治旺、施荣根等:《司法应用逻辑》,郑州:河南人民出版社,1987年,第256页。

室的沙发下面,趁没人的时候捡起手枪作案然后嫁祸给杰奎琳。但随着调查的深入,这一假设不断被证伪,从河里打捞起的手枪印有杰奎琳的名字,如果凶手真要嫁祸给杰奎琳大可不必将手枪扔到河里,留在凶案现场更能嫁祸给杰奎琳。并且和手枪一起被发现的一块手帕上有红墨水的痕迹,死者林内特的一瓶空了的指甲油瓶子也有红墨水的味道。如果这是凶手准备的道具,那么就不可能是临时决定杀人。因此,唯一的可能就是预谋作案了,这一假说也得到了许多正面证据的支持。波洛发现在案发时他的酒里被人下了安眠药,让他无法参与当晚的事件,说明凶手早有预谋。凶枪被发现时被包在绒布里,布上有被子弹打穿的小孔,但林内特的伤口有焦灼痕迹,说明透过绒布发射的这一枪不可能是朝林内特开的这一枪,也不可能是有目击证人看到的杰奎琳向西蒙开的那一枪,因此,凶枪在无人知晓的情况下有预谋地发射过第三枪。女仆露易丝因为勒索凶手被杀害,使凶手预谋杀人的假设进一步得到证实。

基于此,波洛将嫌疑人的范围缩小到知晓女仆勒索暗示的西蒙和贝斯纳医生两人身上,由此形成了两个新的假说:"露易丝暗示自己看到了西蒙杀人,因此西蒙杀害了林内特和露易丝"以及"露易丝暗示自己看到了贝斯纳杀人,因此贝斯纳医生杀害了林内特和女仆露易丝"。但是露易丝完全可以在私下向贝斯纳医生进行勒索,而不用在波洛面前隐晦地暗示自己看到了凶手,因此第二个假说被证伪了,而西蒙和杰奎琳共谋杀人的假说则不断地被证实。西蒙因为腿中枪由贝斯纳医生日夜守护,露易丝只能选择在西蒙和贝斯纳都在场的情况下暗示自己看到了凶手。但西蒙被杰奎琳开枪打中腿部,不可能在此后行凶。杰奎琳和西蒙是同谋,她开的那一枪并没有打中西蒙,西蒙用倒有红墨水的手帕做出受伤的假象,作案后又用绒布包住手枪打伤了自己的腿部,然后将包着绒布的手枪扔进尼罗河再等待医生的到来。

思 考 题

一、下面这些对假说的检验过程是正面的还是反面的? 为什么?

1. 如果洋介是被一艘始发于舞鹤的船携带到若狭湾的,那么这条航线上应该有一艘船,其船身上涂有和洋介身上一样的四基丁锡涂料。 结果博士真的发现了这样一艘观光船,说明洋介的确是被这艘观光船携带到若狭湾的。

2. 如果洋介的另一半身体是被海流从舞鹤运到若狭湾的话,那么应该存在一支从舞鹤到若狭的洋流。 经过服部平次的调查得知这样的洋流是不存在的,这也就说明洋介的身体不可能被洋流运过去。

3. 如果泽木没有味觉障碍,那么他可以尝出水里加了盐。 然而泽木并没有尝出水里加了盐,因此泽木有味觉障碍。

4. 小五郎认为,既然日下先生尸体的周围有些酒瓶碎片,那么凶手和日下先生应该搏斗过。 柯南却指出,掉下来的酒都只来自架子一侧最上层的地方,另一侧架子上的酒却一点事儿都没有。 如果在这么狭窄的地方搏斗,应该会打碎更多的酒才是。

二、《名侦探柯南:服部平次与吸血鬼公馆》一共有四集,柯南和平次在前三集中已经形成了"凶手是条平先生"的假说,他们是如何在最后一集中逐一对假说进行检验的? 你能分别写出这些检验过程的逻辑形式吗?

三、《名侦探柯南:滑雪场的推理对决》由一个版本的雪女传说引起,又因为另一个版本的雪女传说而得以解决。 新一和平次在二位父亲的提示下推理出了凶手的真正面目,他们分别将结果告诉了警方,但凶手并未认罪。 最后,是哪样证据使得凶手不得不认罪的呢? 这种对假说的检验方式是正面的还是反面的?

四、在《名侦探柯南:名侦探遇害记》中,柯南通过推理得出案发现场发现的枪和绳子都是凶手制造的烟雾弹,意在为凶手制造不在场证据。 因此,犯人就是山庄里的人。 死者头上的子弹呈螺纹状,尾部有小孔,前端被磨尖了,这说明子弹被处理过。 此外,柯南还发现了床垫上的弹孔。 所以,凶手是先把子弹射入床垫,然后取出处理后再用弓箭杀死死者的。 如何确证这一假说呢? 警官在304房间里发现了与子弹吻合的螺旋纹十字弓箭,住在这个房间的田园先生却反驳道:"即使在我房间里发现了十字弓,也不能说明这就是我的,可能是凶手嫁祸给我的阴谋。"他说得有道理吗? 最后是如何将田园先生定罪的呢? 你能谈谈对那个证据的看法吗?

第四节　科学发现与案件侦破

无论是科学假说还是侦查假说,都是在经验证据的基础上形成的,其真理性也需接受经验证据的检验。概括地讲,科学发现与案件侦破均需要经历下面几个阶段:找出疑点—构造试探性的解释—搜集额外的事实证据—形成凝练的假说并演绎出进一步的结果—对结果进行检验并找到真相。[1]

下面,我们分别以板块构造说以及《名侦探柯南:毒与恨的设计》为例,谈一谈科学发现与案件侦破的五个阶段的展开方式。

第一阶段:找出疑点。这也是确定问题的阶段,科学研究总是始于问题的。虽然大陆漂移说能够解释大西洋两岸的海岸线为何如此相似,但它不能说明大陆漂移的原动力以及海底扩张的原因,这就提出了进一步的问题。

侦查工作都是以某个具体问题为切入点而展开的。这类问题通常具有出人意料、与众不同的特点。在《名侦探柯南:外交官杀人事件》中,出人意料的事实是书房里播放着的歌剧和书桌上的一摞书籍;在《名侦探柯南:诅咒假面的冷笑》中,疑点是一张诅

① 〔美〕欧文·柯匹、卡尔·科恩:《逻辑学导论》(第13版),张建军、潘天群、顿新国等译,北京:中国人民大学出版社,2014年,第598-603页。

咒假面上沾有大量的血迹;在《名侦探柯南:点赞的代价》中,疑点是神乐在半个月内连续两次遭遇意外事件而受伤;在《名侦探柯南:毒与恨的设计》中,出人意料的事实是育郎在十分饥饿的情况下随意吃下了八等分蛋糕中的一块,随即中毒身亡。

育郎蛋糕

第二阶段:构造试探性的解释。这是对已经确定的问题进行试探性说明的阶段。板块构造学家运用溯因推理给出的试探性解释为:覆盖全球的岩石圈并不是完整的一块,而是被洋中脊、转换断层以及海沟等一些构造带分割为六大板块;板块的内部稳定,但交界处却异常活跃,形成了板块间的消亡边界和生长边界,并在板块边缘形成具有不同机理的岩浆活动和地震等现象;地球的基本面貌是由板块碰撞形成的。

为什么平日里喜欢古典音乐的外交官会突然听起歌剧来呢?为什么在 200 张诅咒假面中只有一张血迹斑斑呢?为什么神乐会在短短半个月内连续两次遭遇意外事件而受伤呢?为什么育郎不经意挑选的一块年轮蛋糕却让自己送了命呢?名侦探需要为这一系列事实提供解释。虽然这种试探性的解释很可能并不是最终的答案,也很可能是片面的、错误的,但试探性解释仍是必需的。

不难发现,第一阶段和第二阶段刚好构成了溯因推理简单形式所需的两个前提。针对育郎在吃下蛋糕后身亡这一事实,柯南进行了如下推理:

(1)育郎在吃下自己随意挑选的一块年轮蛋糕后死亡。

　　如果每块年轮蛋糕上均有毒,那么育郎会在吃下自己随意挑选的一块年轮蛋糕后死亡。

　　所以,每块年轮蛋糕均有毒。

然而,经化验发现其他七块年轮蛋糕上都没有毒,于是,柯南和平次排除了第一种解释。另外一种可能是"只有育郎吃的那块蛋糕有毒",但由于蛋糕被切成了八等份,凶手是如何确保让育郎吃到有毒蛋糕的呢?平次和柯南将这种解释暂时搁置,开始搜集额外的证据。

警方发现了育郎房间门把手上的有毒粉末,平次和柯南从粉末出发形成了第二个

解释:

(2)育郎在吃下自己随意挑选的一块年轮蛋糕后死亡。

如果育郎的手沾到门把手上的有毒粉末并食入该粉末,那么育郎会在吃下自己随意挑选的一块年轮蛋糕后死亡。

所以,育郎在离开自己房间关门的时候手沾上并食入了有毒粉末。

随后,柯南和平次在育郎房门附近的地面上发现了毒药,但是中间有10厘米的距离却没有毒药,这是为什么呢?柯南和平次又提出了一个试探性的解释:

(3)育郎房门附近地面的10厘米距离没有毒药。

如果毒药散落在凶手的拖鞋上面了,那么这10厘米距离不会有毒药。

所以,毒药散落在凶手的拖鞋上面了。

果然,柯南和平次在夫人的拖鞋上发现了毒药,解释得到确证。如果事情果真如此的话,那么很可能夫人就是凶手。而就在这时,柯南和平次却得知育郎在吃蛋糕前曾经洗手,那么:

(4)如果育郎在吃蛋糕前曾经洗手,那么他就不会因门把手上的毒药而死亡。

育郎在吃蛋糕前曾经洗手。

所以,他不会因门把手上的毒药而死亡。

至此,第二个解释"育郎沾上并食入了有毒粉末"被推翻,看起来有毒粉末不过是凶手使用的障眼法罢了。

平次和柯南再次回到第一个解释,将之修正为:

(5)育郎在吃下自己随意挑选的一块年轮蛋糕后死亡。

如果只有育郎挑选的那块年轮蛋糕上有毒,那么育郎会在吃下它后死亡。

所以,只有育郎挑选的那块年轮蛋糕上有毒。

如何能够保证让育郎挑到唯一那块有毒的蛋糕呢?大和警官曾告诉柯南:"社长的被杀案同视觉错觉(阴影钻石错觉)有关。"柯南应用类比推理得出结论"育郎的被杀案很可能也同视觉错觉有关"。于是,柯南和平次得到第三个试探性的解释:

(6)十分饥饿的育郎挑到了唯一一块有毒的蛋糕。

如果凶手采用某种视觉错觉方法,那么十分饥饿的育郎会挑到唯一一块有毒的蛋糕。

所以,凶手采用的是某种视觉错觉方法。

第三阶段:搜集额外的事实证据。这一阶段与上一阶段不是完全分离的,它们紧密关联、相互启发。新发现的事实可能导致对初步试探性解释的修正,这种修正又可能会关联到先前未被注意到的事实。在板块构造说中,随着海洋探测的发展,科学家们发现和证实了海底岩层薄而年轻,只有两亿至三亿年,而陆地有数十亿年的岩石,且研究者逐渐发现了地中海——喜马拉雅消亡边界、大西洋海岭生长边界和转换断层以及海底磁异常等现象。这些都为板块构造学说提供了支持。

为了说明第三个解释"凶手采用的是某种视觉错觉方法"是最佳的,柯南和平次进一步搜集事实材料。他们发现夫人的电脑上有很多含有"若"字的公司标志设计图,还得知社长生前赠送给椎名先生青铜钢笔,并赠送给员工们(包括藤波先生和佐竹小姐)青铜手表。由于和叶在老家别墅看到的情景与视觉错觉有关,而且根据推理(6)育郎的死也有视觉错觉有关,夫人的死亡很可能也和视觉错觉有关——由于看了太多的"若"字而产生视觉形象崩塌。如果这个推理成立,那么凶手只能是给夫人看公司标志并嘱咐她在合约上签名的女秘书佐竹小姐。

第四阶段:形成凝练的假说并演绎出进一步的结果。地质学家得到的凝练假说是"地幔深处的热对流推动岩石圈的运动",并由此推得"这些板块将不断漂移,而且板块的扩张速度和汇聚速度都可以定量计算"。凝练的假说已经十分接近事实真相了,它不再停留于片断化的思考阶段,而是具有强有力的解释力、预测力和融贯性。它不仅能够在整体上解释已知的事实,而且能演绎出进一步待检验的结果。板块构造学说不仅解释了板块相互碰撞形成火山、地震等现象,而且进一步演绎出大洋有生有灭,可以从无到有、从小到大或从有到无、从大到小的性质,进而预测出未来海陆的基本轮廓还将发生变化。

柯南和平次形成的凝练假说是:杀害育郎和夫人的凶手是同一人,她首先企图将育郎的死归咎于夫人身上,再制造出夫人畏罪自杀的假象。如果柯南和平次的假说没有问题的话,那么凶手就是帮忙切蛋糕且给夫人看公司标志设计并嘱咐她签名的女秘书佐竹小姐。由于育郎很饿,所以佐竹利用切斯特罗视觉错觉效果将毒放在看起来比较大块的年轮蛋糕上,以至于育郎中毒身亡。由于夫人看了太多含有"若"字而产生视觉形象崩塌,以至于签字时不知道如何写"若"而查阅字典,导致手上沾到早已涂在字典上的毒而身亡。

当藤波先生、椎名先生和佐竹小姐一起喝乌龙茶的时候,佐竹小姐用右手同时拿着瓶盖和瓶子的奇怪做法引起了柯南的注意。为什么她要用一只手拿瓶盖和瓶子呢?原因很可能是:当她往字典上洒毒粉的时候,氰化物沾到了左手手腕上,当氰化物遇到水时则会发生氧化反应,导致手表变得光亮,她意识到了这一点,所以不想被别人发现。如果该假说成立,那么演绎出的进一步结果则是"佐竹小姐的手表会闪闪发光"。

第五阶段:对结果进行检验并找到真相。之所以要对假说进行检验,是因为侦探们想要进一步确证或反驳这一假说。如果检验的结果与假说一致,这种假说就得到了确证;如果检验的结果与假说不一致,该假说便遭到了反驳。[①] 科学家们既可以通过观察来检验假说,也可以通过实验来检验假说。经观察发现:六大板块确实在以每年1厘米到10厘米的速度在移动;对海底年龄的预测已被深海钻探证实;洋底转换断层的错动方向已被震源机制和深潜器考察印证。这些都证实了板块构造学说。板块构造学说以简洁明快的形式(板块的生长、漂移、俯冲和碰撞)解释了大部分地质现象和作用。不过,传统的板块构造学说按照活动边界把整个岩石圈划分为若干刚性板块,

---

① 〔英〕詹尼弗·特拉斯特德:《科学推理的逻辑》,刘钢、任定成、李光译,北京:科学出版社,1990年,第17页。

但近年来岩石物理测试表明,大陆岩石圈很不均匀,在某些局部地区大陆岩石圈可能形成软弱层。因此,传统板块构造学说所主张的"板块内部稳定"这一观点极有可能存在问题,大陆岩石圈地质作用不能只看板块边界,而必须同时看板块内部。[①] 这类测试虽然对传统板块构造学说提出了难题,但也推动了板块构造学说的进一步发展。

在《名侦探柯南:毒与恨的设计》中,柯南和平次分别使用了观察和实验的方法对侦查假说进行检验。他们首先通过侦查实验的方式来证实假说。柯南让小五郎在两块按切斯特罗视觉错觉设计的蛋糕中选一块较大的,小五郎挑取了里面的那块,和育郎的选择一模一样。然后,他们又让小五郎不停地看含有"若"字的各种设计,小五郎在看后感到疲惫并且竟然不知如何写出"若"字,表现得和夫人的行为一致。在进行上述侦查实验后,佐竹小姐抱怨柯南和平次拿不出实质性的证据时,柯南立刻拉住她胳膊上闪闪发光的青铜手表,结果得到确证。最终,我们从佐竹小姐口中得知了真相。

科学发现与案件侦破的主要区别就体现在这个阶段。一个科学的假说需要被多次的观察和实验所证实(或反驳),再由归纳推理得到更普遍的推论。然而,侦查假说却只能被有限次的观察和实验所证实(或反驳)。这主要有以下几个原因。第一,科学发现的结论多数是一般性的,具有普遍意义;而案件侦破的过程依赖于对特定事件的特定解释,并不具有普遍意义。第二,尽管科学假说已经得到多次的严格检验,也难保它永远不被推翻,想用有限数量的实例去一劳永逸地证实一个普遍假说是不可能的;侦查假说则是针对尚未认识到但已经发生了的事件的特定猜测,它受限于时间和空间,[②]侦探们无法无限期地反复对其予以印证。第三,科学探究中提出的科学假说以少为宜,而案件侦破中的侦查假说则应尽可能多地挖掘可能性。

尽管如此,总体上而言,科学发现和案件侦破都体现为不断推进的复杂进程。通过观察与实验、假设与求证、证实与证伪,有的假说被淘汰,有的假说被修正、完善。随着确证度的不断提高,事实的真相逐渐浮出水面。

思 考 题

一、在《福尔摩斯探案全集:跳舞的人》中,福尔摩斯是如何解开"跳舞的人"的密码的? 这其中用到了哪些推理? 你能将它们找出来吗?

1. 出人意料的事实是纸上画着一串串跳舞的小人,姿态各异;福尔摩斯认为这可能是某人留下的暗号,目的是传达某些文字信息。 福尔摩斯推测,如果不同的小人代表不同的英文字母,那么画出来的一列小人就会形成各种不同的姿态。福尔摩斯尝试证实自己的观点。

2. 根据常识,英文字母 E 出现的频率最高,因此,找出所有小人中出现频率最高的姿态,那个姿态所代表的就是字母 E。

---

① 杨文采:《固体地球物理学与板块大地构造学的交汇》,载《地学前缘》,2014 年第 1 期,第 89-99 页。
② 朱武、刘治旺、施荣根等:《司法应用逻辑》,郑州:河南人民出版社,1987 年,第 262 页。

3. 福尔摩斯发现，"＊e＊e＊"一词出现频率很高，作为日常答复语，该词最有可能是 never。如果该词是 never，那么其他三种姿态的小人所对应的字母则分别是 N、V、R。同样的，福尔摩斯结合来访者妻子的名字等信息破解了 L、S、I 和 C、O、M 等字母所对应的小人姿态。

4. 最后，在大多数的小人姿态与英文字母一一对应后，福尔摩斯根据单词和语句的正确用法填充了未破解的部分。以"＊M＊ERE＊＊ESL＊NE"为例，只有当"＊M＊ERE＊＊ESL＊NE"能够组成"AM HERE ABE SLANE"时，所组成的单词和语句才是正确的。据此，该句的含义就为"我已到达。艾尔贝·司兰尼"。福尔摩斯立刻发电报给纽约警察局的一位朋友委托调查，果然调查到艾尔贝·司兰尼是芝加哥一个危险的犯罪分子，这也证实了福尔摩斯最初的猜想——不同姿态的小人与不同的英文字母一一对应。

二、在小说《尼罗河上的惨案》中，年轻漂亮的林内特被杀害，侦探波洛认为在场的情色小说家奥特伯恩太太、女仆露易丝、贝纳特医生、律师彭宁顿、范斯凯勒夫人、范斯凯勒夫人的护理员以及弗格森先生都有作案嫌疑。真正的罪犯出现在上述名单当中了吗？罪犯是如何渐渐地浮出水面的呢？请依次找出其中的推理过程。

三、在《福尔摩斯探案全集：黄面人》中，当福尔摩斯听到芒罗先生的陈述后，作出了如下的猜测："这个女人在美国结了婚，她前夫沾染了什么不良的恶习，或者说，染上了什么令人讨厌的疾病，别人不愿接触了或者能力降低了。她终于抛弃了他，回到英国，改名改姓，想开始一个新的生活。她把一张别人的死亡证给丈夫看过。现在结婚已经三年，她深信自己的处境非常安全，可是她的踪迹突然被她的前夫发现，或者可以设想，被某个与这位病人有瓜葛的荡妇发现了。他们便写信给这个妻子，威胁说要来揭露她。她便要了一百磅设法去摆脱他们。他们却仍然来了。当丈夫向妻子提到别墅有了新住户时，她知道这就是追踪她的人。她便等丈夫熟睡以后，跑出去设法说服他们让他们安静。这一次没有成功。第二天早晨她又去了，可是正像她丈夫告诉我们的那样，她出来时正好碰上了他。这时她才答应不再去了。但两天以后，摆脱这些可怕邻居的强烈愿望驱使她又进行了一次尝试。这一次她带上他们索要的照片。正在和前夫会晤时，女仆突然跑来报告说主人回家了。此时她知道他必定要直奔别墅而来，便催促室内的人从后门溜到附近的枞树丛里。所以，他看到的是一所空房子。但如果他今晚再去，房子还空着才怪呢。"你觉得这个猜测处于发现逻辑的第几个阶段？为什么？

四、在《点与线》中，一名叫佐山宪一的科长在海滩同某餐厅女招待阿时一起服毒身亡，当地刑警从死者装束整齐而又无外伤且阿时身旁还放着一瓶掺有氰酸钾的橘汁等情况判断此乃殉情。但经验丰富的老刑警鸟饲却心生疑窦，他从佐山宪一的衣袋中发现一张餐车用餐卡，从卡上的内容来看两人只有一人用了餐,这不符合情侣的做法。 于是,鸟饲悄悄去现场重新调查,通过记录自己从国铁香椎站走到西铁香椎站所花费的时间来评估嫌犯在一定时间内转移的可能性。在初步判断案件并非殉情后,主人公三原纪一依靠死者的人际关系锁定了嫌疑人安田。 三原纪一为了验证嫌疑人的不在场证明,亲自乘坐了各种运输工具。 最终,当排除掉其他的可能性之后,答案聚焦在安田夫人所持的那张火车时刻表上。 "缝隙间的四分钟"成为解释一切的答案。 你能写出这部侦探作品所体现的发现逻辑之五个阶段吗?

本章小结

1. 如果我们将溯因推理看作一个由已知事实推知原因而产生假说的逻辑方法,那么其中所体现出的探究性特征与科学发现中不断提出猜想的信息动态变化过程就是一致的。可以说,科学假说的形成离不开对溯因推理的应用。在科学发现的过程中,经过反复的猜想与检验,科学家们不断接近真理。

2. 科学假说是指根据已有的事实材料和相关理论,对所研究问题进行假定性说明和尝试性解答,通过得出一个具有普遍性意义的规律性命题,建立、发展或完善科学理论。

3. 侦查假说是指在案件发生后,根据掌握的案件材料和犯罪信息,对案情(包括案件性质、作案过程、作案人、作案时间和地点、作案工具、作案手法、作案动机等)所进行的一系列假定性猜测。

4. 演绎推理、归纳推理和溯因推理在侦查假说中各司其职,侦查人员首先从案件的疑点出发,形成对它的最佳解释,此即溯因推理的过程;接着,他们从这个可能的解释中演绎出将要产生的后果,此即演绎推理的过程;最后,他们通过归纳推理来检验自己的推断。当结论经过反复的检验后,名侦探们才将那个"猜想"当作自己的重大发现予以公布。

5. 就侦查假说本身而言,其内容不是单一、孤立的,是一个包括案件性质,作案人特征,作案时间、地点、手段、工具等信息在内的推测性解释组合而成的整体。

6. 除了侦查假说的内在协调性以外,我们还常以侦查假说对已掌握材料的解释力为依据,在不同的假说之间进行权衡和比较。侦查人员提出的侦查假说不应是唯一的,我们往往需要在假说的初级阶段挖掘多种可能性,再进一步判断不同假说的解释力如何。如果当前的侦查假说只能部分地解释已知的犯罪事实,甚至与其他证据材料相矛盾,那么就应当尝试从不同角度出发,构建新的侦查假说。

7. 一旦侦查假说被构建出来,那么自然就可以由之推断出一系列结论。侦查人员常将侦查假说的推断与检验结合起来,从而更好地让假说接受事实(观察和实验)的检验。这里的检验含有正面检验和反面检验两层含义:正面的检验也就是指证实或确证的过程,反面的检验也就是指证伪或反驳的过程。

8. 无论是科学假说还是侦查假说，它们都是在经验证据的基础上形成的，其真理性也需接受经验证据的检验。概括地讲，科学发现与案件侦破均需要历经下面几个阶段：找出疑点—构造试探性的解释—搜集额外的事实证据—形成凝练的假说并演绎出进一步的结果—对结果进行检验并找到真相。

下 篇

论证及其评估

第六章

论　证

前五章我们是围绕推理展开讨论的,接下来我们将以论证为主要线索进行阐述。论证所体现的是推理内容的综合应用。如果说推理更侧重于从前提推导出结论这一结果的话,那么论证则既强调结果,也强调过程。从过程的角度看,在分析论证时,我们要弄清楚当下讨论的论题是什么,论证的参与者有哪些,以及他们之间存在何种分歧。从结果的角度看,我们希望找出论证者的全部证据,并思考这些论据间的关系以及它们是否合理地支持了论题。

我们也可以将上一章介绍的侦查假说的形成过程看作侦查人员的论证过程,其中包含多个推理,这些推理构成一个个子论证。比如,在《斯泰尔斯庄园奇案》中,掌管庄园财政大权的女主人英格尔索普夫人被凶手用毒药士的宁杀害。侦探波洛在调查案件的过程中,对凶手如何让英格尔索普夫人服下毒药作出以下推断:

> 我一开始就说过,英格尔索普夫人房间的地上有一块污渍,它相当湿润而且有浓浓的咖啡味;此外我还在地毯缝隙间找到许多碎瓷片……那天晚上她回到房里,顺手将咖啡杯放到桌子上,结果因为桌子倾倒而翻落到地上……我的推断是,英格尔索普夫人捡起地上的碎咖啡杯放到床头桌上后,仍然想喝点饮料提神,所以热好可可奶后,当下一饮而尽。问题是,可可奶已经证实不含士的宁,而咖啡还来不及喝就翻倒了,所以士的宁一定是在七点到九点之间,经由另一种物质进入夫人体内的。是什么物质能够盖住士的宁浓重的怪味,并且让人浑然不觉呢? ……夫人的补药。[①]

波洛获得的侦查假说是"凶手将毒药下在了夫人的补药里",这一假说是运用排除法得到的。在对论证进行分析的时候,首先需要确定的是论题(即侦查假说)——凶手将毒药下在了夫人的补药里;然后找出"毒药不是下在咖啡中""毒药不是放在可可奶中""凶手要么将毒药下在咖啡中,要么将毒药下在可可奶中,要么将毒药下在夫人的补药中"等支撑论题的论据;接着进一步思考为什么毒药不在咖啡中,为什么认定咖啡被打翻了,为什么毒药不在可可奶中。之后进一步提出疑问:以上论证中提供的论据"英格尔索普夫人打翻了没来得及喝的咖啡""地上有一块污渍""地毯缝隙有瓷器碎片""地上的污渍相当湿润且有浓浓的咖啡味""可可奶已经被证实不含士的宁"是否是可靠的呢?它们足以支撑波洛的判断吗? 由此我们又能获得哪些有助于案件侦破的

---

① 〔英〕阿加莎·克里斯蒂:《斯泰尔斯庄园奇案》,丁大刚译,北京:人民文学出版社,2006年,第232页。

重要信息呢?

显然,若要细致地回答以上问题,我们需要更加宏观的、全面的指引。在接下来的章节中,我们将分别介绍论证的含义、论证的分析、论证的评估、论证的语言及谬误等内容。下面让我们从推理和论证的关系谈起吧。

第一节 推理与论证

任何论证都要借助推理进行,其中的论题相当于推理的结论,论据相当于推理的前提,论证方式相当于推理关系。推理与论证的区别在于,推理是由已知前提推出未知结论的思维过程,论证则是从论题出发,寻找和考察论据是否能够为论题提供正当性辩护的思维过程。

在前述波洛所作的论断中,他认为士的宁被凶手下在了补药里。从推理的角度看,已知的信息包括:凶手要么将毒药下在咖啡中,要么将毒药下在可可奶中,要么将毒药下在补药中;咖啡被打翻了;可可奶里不含士的宁。由这些信息作为前提,我们通过演绎推理中的选言推理得出结论:凶手将毒药放在了夫人的补药中。

从论证的角度看,我们不禁要问:波洛将以上信息作为论据推得毒药在补药中可以得到合理辩护吗? 其所使用的论据是充分的吗? 如果答案是肯定的,波洛由此会作出何种推断? 能够进一步锁定嫌疑人吗? 如果答案是否定的,是否还存在其他可能性呢,比如夫人其实是在喝了一口咖啡后才不小心将其打翻的? 由此是否应扩大嫌疑人的范围呢?

可见,论证通常较推理复杂得多,它是由一系列推理构成的。结构层次最简单的论证就是一个推理,而我们常见的论证则包含多个推理,因此推理的有效性、力度和效度决定着论证的合理性、说服力和可接受度。下面我们将以《字母表谜案:C 的遗言》为例,来说明推理和论证间的上述关系。

在这起案件中,美妆公司的社长百合子在游轮上被人谋杀,尸体被发现于游轮顶层四周布满玻璃的阳光厅中,手里握着一个打火机,桌布上有一个呈字母"C"形的烧焦痕迹。这一痕迹是怎么造成的呢?[①] 警方将调查重点放在了疑似死者留下的"C"形焦痕上,峰原先生则把关注点放在了被害者的烟上。

被害者是一个烟瘾极大的人,为什么在旁人明确表示不介意的情况下没有随意抽烟,并且在之后独处的几个小时里也没有抽烟呢? 在之前的调查中,警方通过溯因推理得出的结论是"死者来不及抽烟就被杀死了",峰原先生通过溯因推理则得出"死者想抽却不能抽"。有人看到百合子在甲板上四处张望好像在找人,以及在可以抽烟的区域询问他人是否介意,这不过是因为她的打火机没有火,想要向别人借火罢了。[②] 如此一来,峰原先生通过溯因推理推得百合子的打火机没有火,又通过演绎推理推测出了焦痕产生的原因。"C"形焦痕要么是死者百合子或凶手用打火机留下的,要么是

---

① 〔日〕大山诚一郎,《字母表谜案》,曹逸冰译,郑州:河南文艺出版社,2021 年,第 89-142 页。
② 〔日〕大山诚一郎,《字母表谜案》,曹逸冰译,郑州:河南文艺出版社,2021 年,第 89-142 页。

阳光厅中某样物品作为透镜聚焦而产生的。打火机没有火,所以焦痕不是死者或凶手留下的。阳光厅中的玻璃花瓶可以起到透镜的作用,因此,"C"形焦痕是阳光透过花瓶聚焦烤焦桌布形成的。

基于上述推断,峰原先生又通过演绎推理推测出了被害人的死亡时间。如果阳光通过玻璃花瓶在桌布上烧出"C"形焦痕,那么游轮一定在萤海进行了大幅度的转弯。如果游轮在萤海进行了大幅度转弯,那么凶案发生在五点之后。

除此以外,峰原先生还通过归纳推理猜测出毒贩的交易方式。百合子在向服务员点下午茶时,得知没有伯爵红茶,于是换成了阿萨姆红茶。而千曲悟朗在点茶时,也先是问起了菜单上没有的茶品,然后点了阿萨姆红茶。因此,峰原先生归纳得出,选择菜单上没有的茶品,再换成阿萨姆红茶,便是和毒贩的交易暗号。

综上所述,峰原先生对百合子死前没有吸烟形成的解释的说服力要强于警方提出的假设,其推测死亡时间所作的两个演绎推理都是有效的,猜测交易暗号所采用的归纳推理也是相对可信的。基于这些证据,峰原构造了一个完整的侦查假说论证:先是通过溯因推理得出"C"形焦痕不是死者或凶手留下的,而是阳光透过桌上的花瓶形成的凸透镜烧出来的;又根据痕迹的形状由演绎推理得知这一形状是游轮转弯的时候形成的,进而通过确定死亡时间将嫌疑人锁定在千里奎恩和千曲悟朗二人之中;再运用枚举推理归纳出交易暗号,并运用溯因推理推断出百合子正是因为阴差阳错地说出了暗号,才发现了凶手的秘密,从而引来杀身之祸。此外,鉴于凶手并不知道百合子的打火机没有火了,而千里奎恩却清楚这一点,因此排除了千里奎恩的嫌疑。从整体的视角来看,以上多个推理(或子论证)均为峰原所作论证提供了丰富的论据,它们相互支撑、互相印证,最终帮助警方锁定了唯一的嫌疑人——千曲悟朗。

思 考 题

一、在《名侦探柯南:目标是警视厅交通部》中,女警百崎橙子小姐在公园内离奇遇害。 橙子小姐尸体旁放置了一枚变形的 100 日元硬币,尸体除了食指和拇指没有擦伤外,中指、无名指以及小指的第一关节上均存在擦伤,同时手掌下方也有擦伤的痕迹,但现场却没有被拖拽过的痕迹,由此柯南认为橙子小姐是为了指示某条线索。 你能写出柯南的论证过程吗? 其中包含何种推理呢?

二、在《神探夏洛克:三签名》中,夏洛克是如何构建侦查假说论证作案手法并锁定嫌疑人的?

三、在《字母表谜案:Y 的诱拐》中,十二年前,一名二年级的男孩在出门上学的路上被绑架,绑匪将他囚禁在湖畔的船库中并在他身上安装了定时炸弹,以向他的父母索要赎金。 男孩的父亲如约交付了赎金,但绑匪察觉到警方已经介入调查,因此未拆除炸弹就逃走,导致男孩身亡。 男孩父亲在患病弥留之际将该事件始末整理出来,由他的好友柏木夫妇发表在网上,希望知情人提供线索破获这桩悬案。破获了几起奇案的房东峰原先生和他的三个租客一起展开了调查。峰原认为男孩的父亲成濑就是凶手，但最终他的三位租客查明了真相：峰原就是本案的凶手。峰原是如何通过推理将凶手锁定在成濑身上的？三位租客又是怎么推得峰原才是真正的凶手的呢？请分别写出他们的论证过程。

四、在《藏书室女尸之谜》中，上校夫妇在家中的藏书室发现一具女尸，死者是一位金发女郎，上校夫妇并不认识她。警方查询失踪人口发现，与死者的年龄身形相符合的有一位女童子军，但是其发色却不是金色。随后警方查到尊皇饭店的一名舞者鲁比失踪，鲁比的姐姐乔西辨认了尸体，证实死者是她妹妹。马普尔小姐到死者生前所在的尊皇饭店调查，发现死者有可能得到一笔价值不菲的遗产。与此同时，采石场里出现一具烧焦的女尸，疑似失踪的女童子军帕梅拉。正是因为发现了这起新谋杀案，马普尔小姐推翻了凶手的不在场证明，找出了两起案件的真凶。马普尔在锁定真凶的过程中运用了哪些推理？她是如何一步步接近真相的呢？

第二节　论证的含义

论证是思维领域里关于某个命题真实性或正当性的一种证明方式。[①] 证明的过程可能包含多个推理，因此我们可以将论证看作由若干推理序列构成的复杂结构。当论证者给出支持或反对某个主张的理由时，他便提供了一个论证。如果论证与一个肯定性立场相关，那么该论证就是一个旨在维护该立场的正向论证。如果论证与一个否定性立场相关，那么该论证就是一个旨在反驳该立场的反向论证。[②] 可见，论证的核心是给出持有或反对某种观点的理由。

构成论证的三大要件分别是论题、论据和论证方式。其中论题是论证者的观点或主张，论据和论证方式都是所提供理由的一部分。我们可以将论据分为事实论据和理论论据两类：用前者去论证论题叫作"摆事实"；用后者去论证论题叫作"讲道理"。论证方式不像论据那样明显，它实际上指的就是论据和论题之间的推理结构，分析论证方式就是分析论证过程中采用了何种推理结构，[③] 正如我们在上一节分析峰原先生在《字母表谜案：C 的遗言》中所作的推断那样。

下面我们从论证的视角重新分析福尔摩斯与华生初次见面时所作出的推断：

这一位先生，具有医务工作者的风度，但却是一副军人气概。那么，显见他是个军医。他是刚从热带回来，因为他脸色黝黑，但是，从他手腕的皮肤黑

① 谷振诣、刘壮虎：《批判性思维教程》，北京：北京大学出版社，2006 年，第 127 页；雍琦：《法律逻辑学》，北京：法律出版社，2004 年，第 331 页。

② 〔荷〕范爱默伦、〔荷〕赫尔森、〔荷〕克罗贝等：《论证理论手册》（上册），熊明辉等译，北京：中国社会科学出版社，2020 年，第 6-7 页。

③ 张晓光：《法律专业逻辑学教程》，上海：复旦大学出版社，2007 年，第 199 页。

白分明看来,这并不是他原来的肤色。他面容憔悴,这就清楚地说明他是久病初愈而又历尽了艰苦。他左臂受过伤,现在动作起来还有些僵硬不便。试问,一个英国的军医在热带地方历尽艰苦,并且臂部负过伤,这能在什么地方呢?自然只有在阿富汗了。①

上述论题"华生是从阿富汗来的"建立于"他是个军医""他刚从热带回来""他久病初愈而又历尽了艰苦"等论据之上。整体上来看,论题和论据之间的论证方式是通过溯因推理实现的,"华生是从阿富汗来的"是对"他是个军医""他刚从热带回来""他久病初愈而又历尽了艰苦"的最佳解释。福尔摩斯所构建的论证就是要为最终的论题提供一系列恰当的依据,从而使他人确信其观点是正确的。

在第一章的讨论中我们知道《谋杀启事》中的利蒂小姐其实是其妹妹夏洛特假扮的,马普尔小姐在分析夏洛特杀人动机时推论道:

> 多拉一天比一天健忘,一天比一天话多……那天我们一起在"蓝鸟"喝咖啡,我有一种非常奇怪的印象,多拉谈的是两个人,而不是一个人,但她当然谈的是同一个人。一会儿说她朋友不漂亮但很有性格,可几乎在同时,又把她描述成一个漂亮而无忧无虑的姑娘。她说利蒂(希亚)如何聪明,如何成功,可一会儿又说她生活得多么悲哀,还引用了"勇敢地承受起痛苦的折磨"这句诗,但这一点似乎与利蒂希亚的一生并不相符。我想那天早上夏洛特走进咖啡屋时肯定偷听到了许多话……她立刻意识到可怜、忠实的多拉对她的安全是一个实实在在的危险。②

马普尔所形成的侦查假说或论题是"多拉对夏洛特的安全是一个威胁",论据是"多拉谈论一个人像是在谈论两个人""多拉对利蒂的描述(关于漂亮与否)前后矛盾""多拉引用的诗句与利蒂希亚的一生并不相符""夏洛特偷听到了谈话"。这些论据又是由其他子论证推得的,比如,"多拉谈论一个人像是在谈论两个人"是基于"多拉对利蒂希亚的描述前后矛盾"和"多拉引用的诗句与利蒂希亚的一生并不相符"这两点理由。夏洛特正是偷听到对话后得出这一观点,因此认定多拉会暴露她伪装成姐姐利蒂的事情,从而将多拉杀害。可以说,在马普尔小姐所作的论证之中,"多拉谈论一个人像是在谈论两个人"既是其中子论证的论题,又在整个论证中作为论据。

类似地,上述福尔摩斯的论证中也包含若干个子论证,比如,"这一位先生,具有医务工作者的风度,但却是一副军人气概。那么,显见他是个军医"就是其中的一个子论证。该子论证的论题是"他是个军医",论据是"这一位先生,具有医务工作者的风度,但却是一副军人气概";而与此同时,"他是个军医"又构成支持最终论题"他是从阿富汗而来"的论据。

也就是说,论证中的论证方式通常是通过多种推理结构来实现的,其中既包括主要论证所采用的推理结构,也包括子论证所采用的推理结构。当论证所依据的理由有很多个的时候,论据和论题只不过是相对的。一个论证的论据可能来自另一个论证的

---

① 〔英〕阿·柯南道尔:《福尔摩斯探案全集》(上册),丁钟华等译,北京:群众出版社,1981年,第18-19页。

② 〔英〕阿加莎·克里斯蒂:《谋杀启事》,何克勇译,北京:人民文学出版社,2007年,第293页。

论题,一个论证的论题也可能作为另一个论证的论据。大多数论证都不是一步到位的,我们对论证正当性的要求越高,刨根问底、追本溯源的可能性就越大,论证的层级就越多。因此,我们应在具体的论证中灵活地把握论题、论据和论证方式。

思考题

一、下列各段话中是否包含论证? 如果答案是肯定的,请指出论题和论据分别是什么。

1. 这三个月来谢谢你, 能够认识阿笠我真的好高兴。 我不喜欢说再见, 所以就再会吧。 十年后的今天, 太阳下山前, 在那个充满回忆的地方见。 如果没见到就等到下一个十年, 即使变成老婆婆我也会等你, 所以到时如果你有空, 请来跟我见面。 给我最喜欢最喜欢的阿笠。

2. 刚才我来的时候, 府上有烟味, 我本来以为有客人在, 却没看到客人的鞋。 暖桌底下好像有人, 暖桌的电线也没插上。 要躲, 应该躲进屋里。 因此, 暖桌下的人不是躲起来了, 而是被藏起来了。 再加上之前的动静, 你又罕见地蓬头散发, 当然能够想象出发生了什么事。 还有一点, 这栋公寓里没有蟑螂, 我在这里住了这么多年, 可以保证。

3. 据我看来, 这烟斗的原价不过七先令六便士, 可是, 你看, 已经修补过两次, 一次在木柄上, 另一次是在琥珀嘴上。 你可以看到, 每次修补都用的是银箍, 比烟斗的原价要高得多。 这个人宁愿去修理烟斗, 也不愿花同样的钱去买一只新的, 说明他一定很珍爱这只烟斗了。

4. 有一位赶到这里的警员认识她, 被害人是警视厅交通部交通执行科的八木紫织警部, 而她身旁的手机上, 嵌着一枚 100 日元的硬币, 今早公园被发现的警官尸体旁也有一枚同样的 100 日元硬币, 两枚硬币都被人压弯了, 100 日元硬币上刻着樱花的图案, 樱花是日本警察的标志, 所以毫无疑问, 这是专门针对日本女警的一起连环杀人案。

二、请依次指出下列侦查假说形成过程中作出的论证和子论证。

1. 如果她真的怕中毒, 又何必认准罐装红茶呢? 喝塑料瓶装的红茶不是也行吗? 而且易拉罐一旦打开, 罐口就是一直敞开着的, 但塑料瓶是可以盖紧的。 在"防止投毒"这方面, 塑料瓶可要比易拉罐强多了。

2. 不管血迹是否来自凶手, 都会成为破案的线索: 如果是凶手的血迹, 就会暴露凶手的血型; 如果不是凶手的血迹, 那么就是作案现场的人的血迹, 而且这个人是与凶手有关的人, 这也会暴露那个人的血型。 所以, 如果凶手当时发现了血迹, 必定会把被害人的衣服处理掉。 但是凶手没有处理, 说明凶手当时并没有注意到血迹, 认为已经把证据处理妥当。

3. 那么, 开第三枪的人究竟是谁? 开门之后, 校工师傅与千鹤小姐一同去校长室打电话报警,之后便一直等在校工室。 在此期间,桥爪老师独自留在现场。 第三发子弹只可能是在这段时间发射的。 也就是说,开第三枪的人就是桥爪老师。

4. 凶手制造密室的一种动机是将他杀伪装成自杀或意外。 若警方认定凶手不可能进入案发现场,就会将案件判断为自杀或意外,而不是他杀。 如果凶手要将案件伪装成自杀,就会做好相应的伪装工作,比如把手枪塞进被害人手里。 但凶手带走了凶器,并没有把本案伪装成自杀的迹象,也没有留下指向"意外"的蛛丝马迹。 因此我们可以排除本案中凶手的这种动机。

5. X坠楼时,优子小姐和森一先生都看到X瞪大了眼睛。 两位目击者能看到X的脸,这就说明X坠楼时面朝大楼。 然而,如果X是从六楼的窗口跳楼自杀的,那么她应该会面朝窗外,对着后院才是。 一般人自杀时不会把脸对着室内,换一种说法,自杀者很难在把脸对着建筑物的情况下跳楼。 这就意味着X很有可能是意外身亡,而不是跳楼自杀。

第三节　论证的辨识

既然论证由论题和论据构成,而论题和论据又都由命题构成,我们就可以将论证看作一个命题组,其中表示论题的命题为表示论据的命题所支撑。但并不是所有的命题组都是论证——我们还要求命题之间具有支撑关系。考虑下面的例子:

银色白额马是索莫密种,和它驰名的祖先一样,始终保持着优秀的纪录。它已经五岁了,在赛马场上每次都为它那幸运的主人罗斯上校赢得头奖。在这次不幸事件以前,它是韦塞克斯杯锦标赛的冠军。

香坂典子提前买好牛奶并藏在室外,装作出去买牛奶的样子,再提着牛奶回来。现在是隆冬季节,这片地区的室外温度与冰箱内的温度相当,甚至比冰箱内的温度还要低。即便放在外面,也不用担心牛奶会变质。

在下是一伙流浪汉中的一个,我等共有六人,都扮成云游四方的道士,住在东城墙边的一处废弃小屋内。领头的是个叫黄三的莽汉,六七天前,大伙都在午睡,我碰巧睁眼,见那黄三从袍子的夹缝里取出一对金发簪,直愣愣地瞅着那玩意儿。

这些例子中并不包含论证,作者只是出于叙述的目的在阐述事实,而没有表明我们应当基于某些论据来相信某个论题为真。

通常情况下,我们可以依据段落中是否包含论题或论据的标识语来识别论证。常见的论据标识语包括但不限于:因为、由于、基于、鉴于、缘于。常见的论题标识语包括但不限于:所以、因此、故而、于是、因而。

在《大唐狄公案:玉珠串奇案》中,狄仁杰经历了一系列事件后进行了以下思考:

郎刘与谋杀他和葫芦大师一事无关。谋杀者将他们带到郎刘的货仓,只是因为他们知道郎刘把此地当作拷打人或进行肮脏交易的场所,何况这里很方便,夜里附近又没人。他们受雇于同一个"郝爷",因这正是那胡子头领临死时尽力要说的名字。宫中策划者欲杀死狄公的第一步计划虽说失败了,但显然那些人不准他干涉他们的计划,故而,他们还会组织第二次袭击。[①]

我们完全可以通过其中相继出现的标识语来确定这一论证的内在结构。如果我们辨识出了最后一行的"故而"二字,就可以找出该论证的论题"他们还会组织第二次袭击",论据则由两个子论证给出。其中,第一个子论证的论题是"郎刘与谋杀他和葫芦大师一事无关",通过"因为"这一标识语可知,"他们知道郎刘把此地当作拷打人或进行肮脏交易的场所"以及"这里很方便,夜里附近又没人"为支撑论题的两个论据;第二个子论证中支撑论题"他们受雇于同一个'郝爷'"的是"这正是那胡子头领临死时尽力要说的名字",该论据的标识语为"因"。

虽然论证的标识语可以帮助我们厘清论证的内部结构,但并不是所有包含标识语的段落都是论证。要判断某一给定的语段之中是否包含论证,归根究底还是要看其目的是不是为确立某个论题的真而应用一系列论据来支持它。比如在"林樊未曾见到它,乃因金锁在被害人衣内系挂着,后因袍服为虫蚁所蛀,方才露出,系金锁的线与男人的脖子紧挨着"中,虽然出现了两次"因",但它并不是论证,而只是一种说明而已。说明试图表明事实为什么是这样,而不是证明它的确是事实。[②]

在一个包含论证的段落中,可能出现既不是论题也不是论据的句子,它们或是为了引出话题,或是给出评议。比如,下面两个例子中的最后一句话没有对论证起到任何作用。

那字并不是个德国人写的。你如果注意一下,就可以看出字母 A 多少是仿照德文样子写的。但是真正的德国人写的却常常是拉丁字体。因此我们可以十拿九稳地说,这字母绝不是德国人写的,而是出于一个不高明的模仿者之手,并且他做得有点画蛇添足了。[③]

一个人的身高,十有八九可以从他的步伐的长度上知道。计算方法虽然很简单,但是现在我一步步地教给你也没有什么用处。我是在屋外的黏土地上和屋内的尘土上量出那个人步伐的距离的。接着我又发现了一个验算我的计算结果是否正确的办法。大凡人在墙壁上写字的时候,很自然会写在和视线相平行的地方。现在壁上的字迹离地刚好六英尺。简直就像儿戏一样的简单。[④]

侦探迷们都知道,福尔摩斯在阐述理由的时候经常会省略掉一些关键的信息,因为"只讲结果不讲原因反而会给人留下更深的印象"[⑤]。概言之,在论证的过程中,如

---

① 〔荷〕高罗佩:《大唐狄公案·肆》,金昭敏、梁甦、陆钰明等译,北京:北京联合出版公司,2018 年,第 55 页。
② 〔美〕格雷戈里·巴沙姆、亨利·纳尔多内、威廉·欧文等:《批判性思维》,舒静译,北京:外语教学与研究出版社,2019 年,第 45 页。
③ 〔英〕阿·柯南道尔:《福尔摩斯探案全集》(上册),丁钟华等译,北京:群众出版社,1981 年,第 34 页。
④ 〔英〕阿·柯南道尔:《福尔摩斯探案全集》(上册),丁钟华等译,北京:群众出版社,1981 年,第 33 页。
⑤ 〔英〕阿·柯南道尔:《福尔摩斯探案全集》(中册),丁钟华等译,北京:群众出版社,1981 年,第 51 页。

果论据为人所熟知,或是论证者为给对方留下深刻印象,或是为了逃避举证责任,都可能会发生论据被省略的情况。比如福尔摩斯与华生初次见面所作的论证中就省略了包括"阿富汗在热带""近期阿富汗发生了战争"等在内的多个理由。[①]

因此,在恰当地分析论证之前,我们需要将隐含的关键信息补全。第一,分析论证中是否存在漏洞。第二,如果存在漏洞,就需进一步寻找缺失的环节。第三,将缺失的环节填补到论证中进行验证,看补全信息后,论证是否更完善,是否需要进一步的辩护;看如果不将隐含的信息补全,论证是否成立。

在《诡计博物馆:面包的赎金》中,某面包公司生产的面包在运输和销售过程中被人恶意扎入钢针,这些人还以此威胁公司社长索要金钱。在分析社长收到的恐吓信时,绯色冴子认为:"虽然第一封恐吓信写着要一亿日元,但并没有提及具体的交货方式,直到第二封恐吓信才给出具体指令。如果两封恐吓信出自同一犯人之手,那就没有必要分成两封来寄,直接在第一封信上写清楚不就行了?由此看来,寄出第一封信和第二封信的犯人并不是同一个人——寄第二封信的人只不过想要利用这次事件罢了。但第二封信的体裁和第一封信竟然完全一致,可见寄信的人一定出自搜查本部内部。"[②]

首先我们来分析这段论证中是否存在漏洞,绯色冴子演绎地推出两封恐吓信出自不同人之手:如果两封信是一个人写的,那么这个人没必要分开寄两封信;事实上社长收到了两封信;因此,两封信不是同一个人写的。基于此,绯色冴子推测写第二封信的人是利用本次事件模仿犯罪,进而推断写第二封信的人就在搜查本部内部。为什么写第二封信的人一定出自搜查本部内部呢?这里就是论证中存在漏洞的地方,需要补全缺失的环节,即只有搜查本部内部的人才知道第一封信的体裁和内容,从而可能进行模仿。通过将这一缺失的信息补全,可以得到完整的论证过程:写第二封信的人能够模仿第一封信的体裁和内容;只有搜查本部内部的人知道第一封信的体裁和内容;因此,写第二封信的人就在搜查本部内部。

将省略的重要论据补充完整,不仅有助于更清晰地还原和分析论证,而且往往能有意想不到的收获。比如,在《宋慈洗冤》中,有人在路边遇害,尸检以后,县令认为死者是遭遇抢劫而后被杀,抢劫犯也不知去向。随后,他把验尸报告和判案材料等具呈上报。[③] 而宋慈在复审这个案子时发现了疑点,认为此人并非死于抢劫。其通过尸体"沿身衣物俱在"和"遍身镰刀斫伤十余处"便推翻了原判的抢劫杀人,得出新的结论:"今物在伤多,非冤仇而何?"而县令之所以作出错误的判断,原因就在于他忽略了"抢劫犯会拿走受害者的贵重物品"及"抢劫杀人下手不重而仇杀下手重"。宋慈将这两个常识性依据补充到论证之中,从而发现两处矛盾:"抢劫犯会拿走受害者的贵重物品"而死者"沿身衣物俱在","抢劫杀人下手不重而仇杀下手重"而死者"遍身镰刀斫伤十

---

① 事实上,阿富汗并不属于热带气候,可能在柯南道尔撰写《福尔摩斯探案全集》时,人们认为阿富汗应被划分为热带地区。参见 Douglas Walton, *Argument, Evaluation and Evidence*, Cham: Springer, 2016, p. 15.

② 〔日〕大山诚一郎:《诡计博物馆》,吕平译,上海:上海文艺出版社,2020 年,第 63 页。

③ 钱斌:《宋慈洗冤》,北京:商务印书馆,2015 年,第 172 页。

余处"。以此为据,宋慈推翻了原来的判决,既完善了论证,又实质性地推动了破案。

在《大唐狄公案:红阁子奇案》中,马荣从冯岱的手下大蟹和小虾口中得到了三条信息:第一,死者李琏的船曾因与冯岱之女的客船相撞而被迫赔偿一大笔钱;第二,冯岱、温元和陶番德是此地的三大商贾,他们紧密联合但又互相防备,温元甚至希望取代冯岱担任乐苑里正;第三,红阁子发生过两起命案,且温元每次都出现在红阁子附近,因此温元被怀疑是凶手。但狄仁杰驳斥了他们的观点:

> 我看你那两个"水族"朋友因为对冯岱的敌手温元心怀不满,而故意胡乱地加罪于他。他们俩显然是存心要找那古董商的麻烦。今夜我见过温元,他确实是个卑鄙的老东西,因此他与冯岱的钩心斗角倒不出我的意料,但我无从想象由他来取代乐苑里正。而谋杀完全是另一回事! 他为何要杀李琏? 他不是正需要他的帮助以便取代冯岱吗? 不,马荣,你那两位内线这不是自相矛盾吗? 我们不必介入这些是是非非。[1]

狄仁杰何以会认为大蟹与小虾的观点自相矛盾呢? 事实上,他正是通过二人论证中的隐含信息而作出断定的。从第一、第二条信息中可以得知,冯岱是温元与李琏共同的对头,因此,如果温元希望取代冯岱,那么他会去寻求李琏的帮助,而不会杀死李琏,但这又与第三条信息中包含的"温元被怀疑是凶手"这一内容相悖。狄仁杰通过揭示上述论证中隐含的"温元不会杀死李琏"以及"温元被怀疑是凶手",指出其前后矛盾,属胡乱猜测。

概言之,本节我们讨论了论证的辨识问题,最简单的方法是通过论题或论据的标识语进行识别,但这并不意味着含有标识语的段落都是论证,还是应当具体情况具体分析。在识别出论证之后,除了确定核心论据和主要论题之外,我们还应考虑其中是否存在干扰项(既非论据也非论题)及是否有重要信息被省略的情况,并进行相应的增减,为更好地分析论证奠定基础。

思考题

一、下列各段话中包含论证吗? 其中是否有论证的标识语? 如果答案是肯定的,请指出你是如何根据这些标识语来分析论证结构的。

1. 首先是客观条件,虽然死者有被捆绑的痕迹,但死者被发现时,手脚并没有被绑住,可以自由活动,因此他有能力去提供死前的情报。 其次是时间上是否容许,从死者的情况上来看,他亦有足够的时间去留下信息,因为相册上沾满了他的血指纹,证明他死前翻看过相册。 可是在这些优势下,他完全没有留下半点讯息,这就显得很不寻常⋯⋯所以死者宁愿去死也不想人知道凶手是谁。

---

① 〔荷〕高罗佩:《大唐狄公案·肆》,金昭敏、梁甦、陆钰明等译,北京:北京联合出版公司,2018 年,第 138-139 页。

2. 你用 RGSH075 射伤死者，因为不擅长鱼枪的操作，所以只刺伤对方的腹部。你企图多补一枪，问题是你根本不懂得上膛的方法，不懂方法的人很容易被部件割伤。因为怕留下 DNA 证据被鉴证人员找到，加上误以为死者已死便放弃了补枪。你想过拿另一把长度相同的 RB075 调包，可是那把枪分拆成部件，你又不懂得组装，于是只好拿 RGSH115 代替，偏偏你没想到鱼镖长度和闭合式枪头的问题。因此我们现在已经知道凶器，那就是 RGSH075。因此你才是杀害死者的凶手。

3. 因为伤势不及李风和钟华盛严重的周祥光，在分流检查后会排在他们之后接受治疗，因此会获得充足的时间。而事实上因为伤者众多，急诊室处于混乱状态，所以周祥光就容易躲过耳目，离开本来的位置，进行调包的诡计。

二、下列论证中是否有被省略的关键信息？如果有，你可以按照我们介绍的步骤将它们补全吗？

1. 如果你和我一起回家，一切都会很好的；如果你硬要进别墅去，那我们之间的一切就全完了。

2. 我还从地板上收集到一些散落的烟灰，它的颜色很深而且是呈片状的，只有印度雪茄的烟灰才是这样的。

3. 正常人对于电影票存根是不会加以特别关注的，靖子小姐非常在意这个存根，特意将它存放在抽屉里。

4. 也许被害者不是死在自己家里，而是在奥山家遇害的，然后共犯再把遗体搬运回了被害者的公寓。如此一来，就算空白时间只有四十分钟，奥山也可能行凶。奥山家有停车位，被害者的公寓旁边也有专用的停车场，只要把车停好，搬运遗体就不成问题。

5. 如果自己公司的业绩不佳，友部会去威胁杉山，让其为自己的公司提供资金援助，毕竟杉山的公司业绩不错。可结果呢，友部的公司还是倒闭了。如此看来，他的共犯就不是杉山，而是君原了。

6. 在现代制药学出现之前，人们用植物治疗疾病已有数百年的历史。同样的植物，常被现代制药工业当作药物的基础。然而，现代药物的生产和购买成本很高。如果我们重拾传统方式——使用植物的叶和根，则生产出来的药物制剂会比现在批量生产的药物制剂更好。

本章小结

1. 论证所体现的是推理内容的综合应用。如果说推理更侧重于从前提到结论这一结果的话，那么论证则既强调结果，也强调过程。推理与论证的区别在于，推理是由已知前提推出未知结论的思维过程，论证则是从论题出发，寻找和考察论据是否能够为论题提供正当性辩护的思维过程。

2. 论证通常由一系列推理构成。结构层次最简单的论证就是一个推理，而我们常见的论证则包含多个推理，因此推理的有效性、力度和效度决定着论证的合理性、说服力和可接受度。

3. 当论证者给出支持或反对某个主张的理由时，他便提供了一个论证。如果论证与一个肯定性立场相关，那么该论证就是一个旨在维护该立场的正向论证；如果论证与一个否定性立场相关，那么该论证就是一个旨在反驳该立场的反向论证。

4. 构成论证的三大要件分别是论题、论据和论证方式。论题是论证者的观点或主张，论据是论证者的理由或依据，论证方式是论据和论题之间的推理结构。

5. 通常情况下，我们可以依据段落中是否包含论题或论据的标识语来识别论证。常见的论据标识语包括但不限于：因为、由于、基于、鉴于、缘于。常见的论题标识语包括但不限于：所以、因此、故而、于是、因而。

6. 并不是所有包含标识语的段落都是论证，要判断某一给定的语段之中是否包含论证，归根究底还是要看其目的是不是为确立某个论题的真而应用一系列论据来支持它。

7. 在论证的过程中，如果论据为人所熟知，或是论证者为给对方留下深刻印象，或是为了逃避举证责任，都可能会发生论据被省略的情况。

8. 补全论证中隐含信息的步骤为：首先分析论证中是否存在漏洞；然后进一步寻找缺失的环节；最后将缺失的环节填补到论证中进行验证。

第七章

论证的分析

由上一章的讨论可知,论证是一种理性的、交互的、动态的说理过程。特别是在侦查实践中,侦查人员所作的论证多数是可废止的。一旦案件的侦破工作进入瓶颈期,抑或是有新的证据出现,抑或是有无法解释的疑点,侦探们便会重新审视先前所作的论证,这里就涉及论证的分析问题了。分析论证需要从两个方面入手:论证者给出的论据是否经得起推敲,以及论据对论题的支撑是否得力。

比如,在《大唐狄公案:御珠奇案》中,狄仁杰根据既有证据推测出寇元亮、卞嘉和匡闵三人的作案动机及作案过程:寇元亮发现自己的妻子琥珀与董迈有私情并怀上了对方的孩子,故下毒杀死奸夫,并重新雇用夏光杀死琥珀,择日又趁夏光不备之时用砖拍死了他;由于担心孟婆供出他的罪行,又抢先一步杀死了孟婆。卞嘉或匡闵也可能是凶手,前者有一个凶悍的妻子,由于长期受到压迫而产生了悖逆常情的怪癖,后者在京城过着循规蹈矩的生活,利用外出做生意的空隙纵情声色。此二人的作案过程可能与寇元亮类似。但这样一来,就无法解释不擅长骑马的凶手是如何在短时间内于相距甚远的地点将琥珀、董迈、孟婆三位受害者杀死的,也无法解释身体并不强壮的凶手是如何用凶残暴力的方式行凶的。于是,狄仁杰重新梳理了自己的论证,而后认为凶手理应是擅长骑马且身体强壮之人,古董店的掌柜杨有才符合这些特点,最后证明杨有才果然就是凶手。

在《字母表谜案:F的告发》中,绘里小姐和峰原侦探分别对作案手法和嫌疑人进行了论证。绘里认为凶手松尾与仲代是多年老友,很可能是同谋作案。他们交换了名字登记指纹,因此在案发时间进入现场杀人的是手臂未受伤的松尾。峰原则认为这一论证站不住脚,仅凭二人关系不错就断定他们是同谋过于武断,而且警方直接要求松尾再次进入特殊收藏室验证指纹即可知道系统中登记的是不是他本人的名字。在此基础上,峰原推断:"松尾大辅之所以净挑仲代哲志来美术馆的时候请假,正是因为仲代和松尾是同一个人。当他以仲代的面目示人时,松尾当然不可能同时存在。松尾平日里无法无天,正是为了突出自己与仲代的不同。温文尔雅的仲代和目中无人的松尾——演出两种截然相反的人格,只为了强调两者不是同一个人。"[1]

不难发现,分析论证是侦探们一步一步接近真相的必经阶段,这一过程既能够帮助我们审视自己的推断是否正确,也有助于从多种侦查假说之中选出最优解。本章我

---

[1] 〔日〕大山诚一郎:《字母表谜案》,曹逸冰译,郑州:河南文艺出版社,2021年,第80页。

们将由论证的结构开始,而后介绍论证的概述原则,最后介绍分析论证的方法和步骤。

第一节　论证的结构

当我们试图分析一个论证时,首先要清楚论证者的观点或论题是什么。在确定了观点之后,我们就要思考,他是用什么来进行论证的,以及哪些命题构成了他的论据。我们还是以福尔摩斯初见华生时所作论证为例:

> 这一位先生,具有医务工作者的风度,但却是一副军人气概。那么,显见他是个军医。他是刚从热带回来,因为他脸色黝黑,但是,从他手腕的皮肤黑白分明看来,这并不是他原来的肤色。他面容憔悴,这就清楚地说明他是久病初愈而又历尽了艰苦。他左臂受过伤,现在动作起来还有些僵硬不便。试问,一个英国的军医在热带地方历尽艰苦,并且臂部负过伤,这能在什么地方呢? 自然只有在阿富汗了。[①]

其论题为"华生是从阿富汗回来的",其余部分均为支持论题的论据。下面让我们来仔细分析其中包含的论证结构——论题和论据之间的联结关系以及论据之间的组合方式。

论证的结构有五种:单一结构、闭合结构、收敛结构、链式结构和复合结构。

我们要介绍的第一种论证结构是单一结构。单一结构是最简单的论证结构。它是指由一个论据出发,得到一个论题的论证。值得注意的是,这里的论据指的是被明确表达出来的论据。通常来说,单一结构论证还暗含常识性论据。比如"他左臂受过伤,现在动作起来还有些僵硬不便"就是单一结构论证,其论题是"他左臂受过伤",论据是"他左臂的动作有些僵硬不便",暗含的常识性论据是"如果他的动作僵硬不便,那么他受过伤"。

我们要介绍的第二种论证结构是闭合结构,它是以两个或更多论据出发,得到一个论题的论证。在闭合结构中,论据之间相互联系,共同支撑论题,缺一不可。比如"这一位先生,具有医务工作者的风度,但却是一副军人气概。那么,显见他是个军医",要得到论题"他是个军医",两个论据"具有医务工作者的风度"和"但却是一副军人气概"缺一不可,所有论据联合起来才能对论题提供支撑。如果其中一个论据为假,那么就推不出论题了。

我们要介绍的第三种论证结构是收敛结构,它也是由两个或更多论据出发,得到一个论题的论证。与闭合结构不同的是,收敛结构中的每个论据都可以独立地对论题提供支撑。"他面容憔悴,他左臂受过伤,看来他曾历尽艰苦",这就是收敛结构论证。两个论据"他面容憔悴""他左臂受过伤"可以分别单独支撑论题"他曾历尽艰苦"。即使华生的左臂没有受过伤,根据"他面容憔悴"依然可以推得"他曾历尽艰苦"。

我们要介绍的第四种论证是链式结构。顾名思义,这种论证最简单的形式也应至

---

① 〔英〕阿·柯南道尔:《福尔摩斯探案全集》(上册),丁钟华等译,北京:群众出版社,1981 年,第 18-19 页。

少包含两个论据(初始论据和中介论据),其中第二个论据(中介论据)既支撑最终的论题,又被在先的论据(初始论据)支撑。我们来看以下论证:因为他手腕的皮肤黑白分明,所以这并不是他原来的肤色,这表明他刚从热带回来。这个论证可谓环环相扣,首先由第一个论据,即初始论据"他手腕的皮肤黑白分明"得到第二个论据,即中介论据"这并不是他原来的肤色",再由此得到论题"他是刚从热带回来"。

最后一种论证结构为复合结构。如果一个论证当中包含两种及以上的论证结构,那么就构成了复合结构,这也是最常见的论证结构类型。正如我们刚刚分析的那样,福尔摩斯初见华生所作的论证就是一个复合结构论证。

再如,在《斯泰尔斯庄园奇案》中,关于英格尔索普夫人究竟是如何被毒死的,波洛作出如下论断:

> 我一开始就说过,英格尔索普夫人房间的地上有一块污渍,它相当湿润而且有浓浓的咖啡味;此外我还在地毯缝隙间找到许多碎瓷片。对于这个情况,其实我已经了然于心。因为就在不到两分钟之前,我也曾经把自己的手提箱放在靠窗的那张桌子上面,但是桌子的脚坏了,桌面倾向一边,我的手提箱也应声落地,就掉在那块污渍之上。英格尔索普夫人的咖啡杯也是一样,那天晚上她回到房里,顺手将咖啡杯放到桌子上,结果因为桌子倾倒而翻落到地上。接下来发生的事情完全只是我个人的臆测。我的推断是,英格尔索普夫人捡起地上的碎咖啡杯放到床头桌上后,仍然想喝点饮料提神,所以热好可可奶后,当下一饮而尽。问题是,可可奶已经证实不含士的宁,而咖啡还来不及喝就翻倒了,所以士的宁一定是在七点到九点之间,经由另一种物质进入夫人体内的。是什么物质能够盖住士的宁浓重的怪味,并且让人浑然不觉呢?……夫人的补药。[①]

该论证也是一个复合结构论证。其中由"地上有一块污渍""污渍湿润且有咖啡味""地毯缝隙间有碎瓷片"以及"我的手提箱由于桌脚坏了应声落地"得到"英格尔索普夫人的咖啡杯因为桌子倾倒而翻落到地上"是闭合结构论证;由这个闭合结构论证可以进一步推得"毒死英格尔索普夫人的毒药不是下在咖啡里",这就构成了链式结构论证;由"毒药不是下在咖啡里"和"毒药不是下在热可可奶里"得出"毒药是经由别的物质进入死者体内"是收敛结构论证。

思 考 题

一、下列论证属于哪种结构?

1. 他们很快就发现,他们的任务比原先想象的更加困难:寺庙的院子内有众多独立的建筑物和附属的小庙,由网一般的狭窄过道和走廊相连,且到处都是大大小小的和尚。

[①] 〔英〕阿加莎·克里斯蒂:《斯泰尔斯庄园奇案》,丁大刚译,北京:人民文学出版社,2006年,第232页。

2. 因为相册上沾满了他的血指纹，证明他死前翻看过相册，他死前有充足时间留下凶手的信息。

3. 他因为伤势没有前两位伤者严重，在分流检查后被排在他们之后接受治疗，因此获得充足的时间做一些事。

二、请分析下列复合论证的结构。

1. 别忘了，社长进入废弃别墅的时间是晚上 8 点 30 分，周围早已是黑漆漆的一片。况且社长还戴着眼镜和防花粉过敏的立体口罩，想伪装成他的模样应该是完全有可能的。而且，在那种情况下能够伪装成社长的人，就只有与他同乘一辆车的鸟井警官了。

2. 高见在日记中谎称自己关掉了空调，实际上却将空调设置为最低温度继续运转，从而将死亡推定时间往后推延，以此来给真凶提供不在场证明。所以说，真正的凶手，就是在高见谎称自己杀害了奥村的日记中所写的，在 9 月 3 日晚上 10 点左右拥有不在场证明的人物。可是，扶美子在 9 月 3 日晚上 10 点左右是没有不在场证明的，这样一来，扶美子就不可能是真凶了。

3. 松尾把劳力士手表戴在左手上，可见他惯用右手。然而在案发第二天早上，他在特殊藏品室用左手拿起了青铜镜。明明惯用右手，为什么要用左手拿东西呢？当然，惯用右手的人也会用左手拿东西，但那毕竟是放在特殊藏品室的贵重文物，照理说应该会下意识地用惯用的右手去拿，免得磕着碰着，可松尾却用左手拿了起来。这是因为松尾就是仲代，而仲代扭伤了右肩，所以他不敢用不方便的右手拿贵重物品。

4. 真凶是有备用钥匙的。一般来说，最有可能持有备用钥匙的是她的男友，可她的男友就是奥山先生，可以排除。不是男友，那就是公寓的房东了。房东出于某种目的，偷偷溜进了中岛家。他本以为那个时候家里是没有人的，谁知道中岛女士竟然回来了。情急之下，他就把刚进屋的中岛女士杀害了。

第二节　论证的概述

对于比较长的复合结构论证，难免会出现内容重复、含混不清、杂乱无序的情况，因此有必要用更加清楚明白的方式对其进行重新阐述，提纲挈领地再现论证的要点，此即论证的概述。论证的概述应本着准确、清晰和简明的原则进行。[1]

所谓准确指的是概述后的论证不能改变论证者的原意，这是概述的首要原则。如果概述后的论证与原论证的内容有出入，那么就违背了概述的初衷。回顾福尔摩斯的如下论断：

---

[1]〔美〕格雷戈里·巴沙姆、亨利·纳尔多内、威廉·欧文等：《批判性思维》，舒静译，北京：外语教学与研究出版社，2019 年，第161 页。

经过研究以后,我确定这个痕迹必定是夜间留下的。由于车轮之间距离较窄,因此我断定这是一辆出租的四轮马车,而不是自用马车,因为伦敦市上通常所有出租的四轮马车都要比自用马车狭窄一些。

如果我们将其概述为:

我认为这个痕迹可能是夜间留下的。由于车轮之间距离较窄,因此这是一辆出租的四轮马车,而不是自用马车,因为伦敦市上所有出租的四轮马车都比自用马车狭窄。

这个概述就改变了论证者的原意。原来的论证是说"福尔摩斯确定痕迹是夜间留下的",概述中将"确定""必定"变成了"可能"。福尔摩斯指出"伦敦市上通常所有出租的四轮马车都要比自用马车窄一些",概述中却将"通常"二字忽略不计,显然违背了论证者的意思。我们再看以下概述:

我确定这个痕迹是夜间留下的。由于车轮之间距离较窄,因此这是一辆出租的四轮马车,而不是自用马车,因为伦敦市上通常所有出租的四轮马车都比自用马车狭窄。

通过比较上述两种概述,我们可以明显看出,前者扭曲了论证者的本意,后者则更加翔实,符合我们应遵循的准确原则。

所谓清晰就是尽量将复杂或含混的表述概述成通俗易懂的表述。具体而言,清晰有两层含义,一层是语形维度的,一层则是语义维度的。后者如《洗冤集录》中的"理有万端,并为疑难。临时审察,切勿轻易。差之毫厘,失之千里",我们可以将其概述为语义上更通俗的论证:"由于死亡原因多种多样,极易造成疑难案件。因此,现场验尸应慎之又慎,容不得半点马虎,否则将铸成大错。"

所谓简明就是用奥卡姆剃刀去除所有无关紧要的细节,仅保留核心内容。比如"经过研究以后,我确定这个痕迹必定是夜间留下的"这句话有21个字,但我们简化后的"我确定该痕迹是夜间留下的"却只有12个字。这只是一个简单的例子,在实际操作中,如果我们对字数较多的论证进行概述,效果会更加明显。

现在,我们按照准确、清晰、简明的原则将福尔摩斯初见华生的论证概述为:

华生具有医务工作者的风度,但却是一副军人气概。那么,显见他是个军医。他脸色黝黑,但手腕的皮肤黑白分明,说明这并不是他原来的肤色,因此他刚从热带回来。他面容憔悴,这就说明他是久病初愈又历尽艰苦。他左臂受过伤,现在动作起来还有些僵硬。所以,他刚从阿富汗回来。

首先,虽然原论证一开头用的是"这一位先生",但实际上应采用更准确的表达方式明确其所指——华生;其次,按照我们在论证结构部分的分析,可知"他刚从热带回来,因为他脸色黝黑,但是,从他手腕的皮肤黑白分明看来,这并不是他原来的肤色"更清晰的表达方式应为"他脸色黝黑,但手腕的皮肤黑白分明,说明这并不是他原来的肤色,因此他刚从热带回来";最后,按照简明的原则,段落尾部承上启下的反问句"试问一个英国的军医在热带地方历尽艰苦,并且臂部负过伤,这能在什么地方呢? 自然只有在阿富汗了"表达的意思就是"他是从阿富汗回来的"。

按照类似的方法,我们将波洛在《斯泰尔斯庄园奇案》中所作论证概述为:

英格尔索普夫人房间的地上有一块湿润且有咖啡味的污渍,地毯缝隙有许多碎瓷片。且桌子的脚坏了,桌面倾斜向一边,因此夫人将咖啡杯放到桌子上时杯子翻落到了地上。之后夫人又饮下已证实不含士的宁的热可可奶。由此可见,士的宁一定是在七点到九点之间经由另一种物质进入夫人体内的。夫人的补药能够盖住士的宁浓重的怪味,并且让人浑然不觉。

思考题

一、概述下列论证,并说说你所用到的概述原则。

1. 狄公您一向善于推理,明察秋毫,绝不至于凭借如此细琐的证据就粗率断言,而怀疑梅夫人吧。

2. 在验尸时我们发现梅员外脸颊上有墨迹,而我在书房查看时发现梅员外当晚只是阅读医书,书桌上的笔砚未曾动用,十分干净,我便料定,梅员外脸上的墨迹必然与另一块在案发前刚刚用过的砚台有关,该砚台内曾有墨汁。无独有偶,在楼下的客房里我发现了这方砚台。

3. 于康,你的行为实在要大受谴责。你未曾引导好那姑娘,反而利用她的情感来满足你尚无权享受的欲望。

4. 我突然想到,要是某人得在这样寒冷的天气里很快藏好一个被割下的人头,将它盖上雪当作雪人的头倒是个不坏的办法。

二、下列论证中是否有被省略的关键信息？如果有的话,先将其补全,再对论证进行概述。

1. 经过验尸调查,他看到尸体脖颈处有两处勒痕,一道深紫色一直延伸到耳后,说明此人系自缢而死;另一道颜色很浅,说明是死后移尸了。

2. 别人的镰刀上都没有苍蝇,只有你的镰刀上有。这是因为你杀人之后,虽然把刀上的血迹洗去,但是刀上的血腥气还在,所以才会招来很多苍蝇。

第三节　分析论证的步骤

在上一节,我们已经把福尔摩斯和波洛所作论断简化为更加清晰的论证了,这便于我们对论证进行分析。在分析这种多前提、有层次的复合结构论证时,不仅要考虑论据的真伪、论题和论据之间的关系,而且要考虑每一个子论证之间的关系、论据和论据之间的先后次序,并且应补充论证中的隐性要素。

我们将分析论证的步骤总结为:第一步,仔细通读论证,找出核心论题及主要的论据;第二步,排除干扰项,省略不必要的信息,按照准确、清晰和简明的原则对论证进行概述;第三步,补充隐藏的、关键性的论据或论题;第四,按照先后顺序为相应的命题标号;第五,运用圆圈和箭头绘制论证图示,命题序号置于圆圈中,箭头表示逻辑关系。

接下来我们就按照上述步骤继续分析概述后的福尔摩斯的论证,我们先将省略的论据"阿富汗在热带""他去过军营"和"近期阿富汗发生了战争"补充进去,让论证更加完整:

> 华生具有医务工作者的风度,但却是一副军人气概。显见他是个军医。他面容憔悴,这就说明他是久病初愈又历尽艰苦。他左臂受过伤,现在动作起来还有些僵硬。<u>他去过军营</u>。他脸色黝黑,但手腕的皮肤黑白分明,说明这并不是他原来的肤色,因此他刚从热带回来。<u>阿富汗在热带</u>。<u>近期阿富汗发生了战争</u>。所以,他刚从阿富汗回来。

再按照顺序给相应的命题排列标号:

> 1[华生具有医务工作者的风度],但2[却是一副军人气概]。显见3[他是个军医]。4[他面容憔悴],这就说明5[他是久病初愈又历尽艰苦]。6[他左臂受过伤],7[现在动作起来还有些僵硬]。8[他去过军营]。9[他脸色黝黑],10[但手腕的皮肤黑白分明],说明11[这并不是他原来的肤色],因此12[他刚从热带回来]。13[阿富汗在热带]。14[近期阿富汗发生了战争]。所以,15[他刚从阿富汗回来]。

最后我们绘制出论证图示:

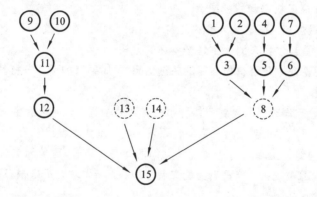

接下来,我们再按照同样的方法分析概述后的波洛的论证。波洛首先指出英格尔索普夫人没有喝咖啡,因此她的死因不是喝了有毒的咖啡,同时毒药也不在热可可里,从而推得毒药在夫人的补药中。我们先将论证补充完整:

> 英格尔索普夫人房间的地上有一块湿润且有咖啡味的污渍,地毯缝隙有许多碎瓷片。且桌子的脚坏了,桌面倾斜向一边,因此夫人将咖啡杯放到桌子上时杯子翻落到了地上。<u>那么夫人就不可能是因为喝了咖啡中毒而死</u>。之后夫人又饮下已证实不含士的宁的热可可奶。<u>这说明夫人不是因为喝了热可可奶中毒而死</u>。由此可见,士的宁一定是在七点到九点之间经由另一种物质进入夫人体内的。<u>凶手要么将士的宁下在咖啡中,要么将士的宁下在可可奶中,要么将士的宁下在补药中</u>。夫人的补药能够盖住士的宁浓重的怪味,并且让人浑然不觉。<u>因此士的宁在夫人的补药里</u>。

再按照顺序给相应的命题排列标号：

英格尔索普夫人房间的 1[地上有一块湿润且有咖啡味的污渍]，2[地毯缝隙有许多碎瓷片]。且 3[桌子的脚坏了]，4[桌面倾斜向一边]，因此 5[夫人将咖啡杯放到桌子上时杯子翻落到了地上]。那么 6[夫人就不可能是因为喝了咖啡中毒而死]。之后 7[夫人又饮下已证实不含士的宁的热可可奶]。这说明 8[夫人不是因为喝了热可可奶中毒而死]。由此可见，9[士的宁一定是在七点到九点之间经由另一种物质进入夫人体内的]。10[凶手要么将士的宁下在咖啡中，要么将士的宁下在可可奶中，要么将士的宁下在补药中]。11[夫人的补药能够盖住士的宁浓重的怪味，并且让人浑然不觉]。因此，12[士的宁在夫人的补药里]。

最后我们绘制出论证图示：

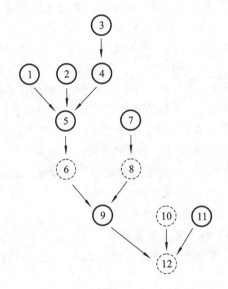

思考题

一、按照准确、清晰、简明的原则对下列论证进行概述。

1. 虽然死者有被捆绑的痕迹，但死者被发现时，手脚并没有被绑住，可以自由活动，因此他有能力去提供死前的情报。 其次是时间上是否容许，从死者的情况上来看，他亦有足够的时间去留下信息，因为相册上沾满了他的血指纹，证明他死前翻看过相册。 可是在这些优势下，他完全没有留下半点讯息，这就显得很不寻常，所以死者宁愿去死也不想人知道凶手是谁。

2. 按理说一般人的年龄越大，骨骼就越轻。 死者正值青春年少，所以她的胫骨要重一些。 这根胫骨分量不足，照质量推算，应该属于一个四十开外的人而不是死者的。

3. 真正受伤, 血荫一定是中心部位颜色深、周边部位颜色浅, 就像是太阳、月亮周围的晕轮一样。 但是我们查到的这处血荫情况恰恰相反, 所以这一定是尸体腐烂时血水渗出, 沾在头骨上形成的。

4. 我侦测过现场, 发现死者是在睡觉的时候被杀的。 但是现场没有被子, 这让我很奇怪。 与此同时, 那个船夫的被子是绸缎面的, 一个贫穷的船夫, 怎么用得起绸缎呢? 这是第一个疑点。 我又看见一群苍蝇围着被子飞, 一定是被子有血腥气。 虽然被子被洗干净了, 但是苍蝇还是能闻到, 这是第二个疑点。 经我初步断定, 这人一定和凶杀案有关系。

二、对下列论证进行分析, 补充关键性前提, 并绘制论证图示。

1. 他由于对红宝石有癖好, 无法忍受将它们留在潘家, 于是便趁潘峰在狱中时闯进房间, 从衣箱里拿走了宝石, 还愚蠢地答应潘氏的请求, 拿走了几件她最喜欢的袍子。 而这一事实令我意识到潘氏一定还活着, 因为倘若凶手犯案时已知道藏宝之处, 他当时就已经将它们拿走了。 一定有人事后告诉过他, 而那人只可能是潘氏。

2. 王贤东那日所见更夫之事, 确有奇怪之处, 不过此事倒令我深思, 那罪犯到底系何等样人。 须知, 下三烂的罪犯常将自己扮成游方道士或行脚托钵的僧人, 如此一来, 多少可以掩人耳目, 令他们可以安全地在城中游荡。 故而王贤东第二次听到的并非更夫的敲锣声, 而是托钵僧的木鱼声。

3. 官场里有一种说法, 正是因为罗县令万贯家财, 才使他端坐在这个职位上。 狄公却不人云亦云, 他怀疑罗县令花天酒地、不事公务是一种假象, 是精心伪装的, 事实上, 他把金华县治理得有条不紊。

4. 承蒙大人垂询, 小人真是受宠若惊, 小人正巴不得为大人分忧解难。 只是小人平素深居简出, 除了有时到乡下找古董外, 很少与街坊们来往, 更绝少去听那些流言蜚语。

本章小结

1. 论证结构有单一结构、闭合结构、收敛结构、链式结构和复合结构五种。

2. 单一结构论证由一个论据出发, 得到一个论题; 闭合结构论证由两个或更多相互联系的论据出发, 得到一个论题; 收敛结构论证由两个或更多彼此独立的论据出发, 得到一个论题; 链式结构论证包含初始论据和中介论据, 中介论据既支撑在后的论据或论题, 又被在先的论据(包括初始论据)支撑; 一个论证如果包含两种及以上的论证结构, 那么就是复合结构论证。

3. 论证的概述应本着准确、清晰和简明的原则进行。 准确指的是概述后的论证不能改变论证者的原意; 清晰指的是尽量将复杂或含混的表述概述成通俗易懂的表述; 简明指的是去除所有无关紧要的细节, 仅保留核心内容。

4. 我们将分析论证的步骤总结为：第一步，仔细通读论证，找出核心论题及主要的论据；第二步，排除干扰项，省略不必要的信息，按照准确、清晰和简明的原则对论证进行概述；第三步，补充隐藏的、关键性的论据或论题；第四，按照先后顺序为相应的命题标号；第五，运用圆圈和箭头绘制论证图示，命题序号置于圆圈中，箭头表示逻辑关系。

第八章

论证的评估

    我们在前面的讨论中曾这样界定论证：当论证者给出支持或反对某个主张的理由时，他便提供了一个论证。这一定义的优点在于言简意赅地点明了论证的三大要素，突出了论证者的主体地位。但依此定义我们也容易陷入一个误区，即将论证看作一种完全自主的、单向的、静态的思维过程。

    荷兰论辩学者范爱默伦（van Eemeren）主张从交际和交互的角度界定论证。在他看来，论证的目的是通过提出一组论证者可以为之负责的、能使理性裁判者通过合理评判接受争议立场的命题来消除论证者与听者之间存在的意见分歧。① 这一定义的亮点在于，它一方面强调了论证者和听者的平等地位——论证者为自己的观点辩护，听者提出可能的疑问，另一方面强调了论证在明晰立场分歧及消除争议方面的作用与功能。

    在侦查实践中，侦查人员所提出的大部分论证都具有假说的性质，因此更应关注论证的冲突阶段和论辩阶段。回忆第五章谈过的《诡计博物馆：直到死亡之日》，被撞的小轿车司机（证件显示其名为友部）在临终前交代自己曾在多年前参与过一起交换杀人案。警官寺田认为交换杀人案中的两起案件分别为 9 月 12 日的肇事逃逸致死案和 9 月 19 日的资本家遇害案，而他的上司却认为这两起案件分别为 9 月 19 日的资本家遇害案和 9 月 26 日的主妇遇害案，此即论证的冲突阶段。

    在论证的论辩阶段，寺田进行了正面阐述：9 月 19 日案件中死亡的资本家正是友部的伯父，杀害伯父的凶手是一个左撇子；案发时友部和妻子在国外旅行，且他是个右撇子，因此杀害伯父的不是友部；司机声称自己先帮共犯杀了一个人，共犯在一周后帮他杀了另一个人（资本家伯父），因此交换杀人案中的另一起是发生在 9 月 12 日的案件；该案件的最大嫌疑人君原与友部一样，均有充分的不在场证明，符合交换杀人的条件；君原在友部伯父遇害的 9 月 19 日没有不在场证明。

    针对以上论断，寺田的上司提出疑问：25 年前的友部是一个右撇子，然而在当前车祸中丧生的友部却是一个左撇子；一个习惯用右手的人没有理由改变成惯用左手，除非右手落下残疾，而友部能开车说明右手没有残疾，因此如今死于车祸的友部不是真正的友部，这个冒充友部的人先在 9 月 19 日杀害了友部的伯父，随后他的共犯在 9 月 26 日杀害了主妇齐藤。

---

① 〔荷〕范爱默伦、〔荷〕赫尔森、〔荷〕克罗贝等：《论证理论手册》（上册），熊明辉等译，北京：中国社会科学出版社，2020 年，第 6 页。

通过分析以上案例，我们发现，如果从综合的、动态的、交互的视角去看待论证，除了之前谈到的论证要素、论证结构、论证分析值得关注以外，论证的冲突和论辩阶段同样不容忽视。在冲突阶段，论证的参与者确定意见分歧，论证的参与者指的是论证的提出者（正方）及反思者（反方），反思者可能是听者，也可能就是论证者本人；在论辩阶段，正方阐明观点，反方针对正方的观点进行扬弃，保留合理的部分，对不合理的部分提出异议。

以上就是本章将要重点讨论的内容——论证的评估。论证的评估需要遵循两个标准：实质标准和逻辑标准。实质标准是针对论据的可靠性而言的，逻辑标准是针对论证的充分性而言的。[①] 论证的参与者如果违背了上述任一标准，就会面临质疑。

第一节　实质标准与论据的可靠性

根据论证评估的实质标准，构成论证的命题均应为真。确切地说，支撑论证的论据必须是可靠的才行。论据是进行论证的基础和出发点，如果一个论证的论据为假，或者论据为真的可能性很低，我们就有充分的理由拒斥这个论证。比如，对于福尔摩斯初见华生便推断出他刚从阿富汗回来这一论证，如果我们对其中的论据"华生有医务工作者的风度""他有一副军人气概""他左臂受过伤"存在合理的怀疑，那么自然也就不会接受福尔摩斯的主张。此外，在评估论证的时候，还应注意其中是否有隐含的论据，以及该论据是否可靠。如果我们发现福尔摩斯省略的信息（如"阿富汗发生了战争"）是不可靠的，也会质疑其主张的合理性。

类似地，在侦查实践中，案件事实是破案的基础，侦探们必须确保其真实可靠。构成案件事实的要素共有七个，它们分别是何事、何时、何地、何情、何故、何物、何人。[②] 如何保证案件事实是确凿无误的呢？鉴于侦查人员不大可能亲历案件发生的整个过程，他们只能运用证据构建关于案件事实的侦查假说，再通过调查取证对假说进行证实或证伪。

以前述《法医秦明：爱情骗局引发凶杀》为例，与案件事实有关的侦查假说包括以下几个方面：第一，何事，即对案件性质的断定——该案是情杀；第二，何时，即对案件发生时间的断定——孙凯的死亡时间早于戚静静，戚静静案发生于发现尸体前的 17～19 小时，孙凯案发生于发现尸体前的 36 小时左右；第三，何地，即对案件发生空间的断定——两起凶杀案分别发生于墓地和孙凯家里；第四，何情，即对案件发生过程的断定——戚静静是被人勒住之后机械性窒息死亡，孙凯是在毫无防备的情况下被人从后面勒死的；第五，何故，即对案件发生原因的断定——凶手杀死孙凯是出于嫉妒以及对自身尊严的捍卫，杀死戚静静则是因为受到了情感上的欺骗；第六，何物，即对案件有关物体的断定——捆绑戚静静的绳结是登山用的固定结，孙凯家被扯断的音响线花纹与孙凯颈部的勒痕吻合；第七，何人，即对案件相关人物的断定——被害人是情侣，

①　Susan Haack，*Philosophy of Logics*，Cambridge：Cambridge University Press，1978，p.11.
②　雍琦、金承光、姚荣茂：《法律适用中的逻辑》，北京：中国政法大学出版社，2002 年，第 179-181 页。

女方曾在婚恋网站交友，凶手是其交往对象之一。

随着案件调查的深入开展，上述有关何事、何时、何地、何情、何故、何物、何人的论断基本上均得到了证实，可以说再现了案件发生的实际情景。鉴于此，秦明的侦查假说被警方采纳，他们根据"交友网站""身高""交友偏好""职业"等关键词迅速地锁定了嫌疑人。随后前往嫌疑人的工作地以及家中展开调查，在其家中发现了一节音响线，与孙凯家被扯断的音响线完全一致，嫌疑人最终不得不认罪服法，交代了自己的犯罪过程。

既然侦查人员是运用证据来认定案件事实的，那么要对其所作论证进行评估，就不能不考查证据的可靠性。接下来，我们将介绍三种判断证据可靠性的方法，它们是观察判定法、实验判定法和矛盾判定法。

观察判定

观察判定法是侦探们最常用的侦查方法。侦探们为判定证据是否可靠所进行的观察活动并不是盲目随意的，而是有目的、有选择、有指向的行为。比如，在《藏书室女尸之谜》中，凶手乔西为了制造不在场证明，故意误导警方称在上校藏书室中发现的尸体是自己的妹妹鲁比。马普尔小姐通过观察尸体发现受害人非常年轻，牙齿外突，有咬指甲的习惯，指甲显得很不整齐。而鲁比的牙齿是"七高八低"的，且平时指甲修剪得非常平整，由此推断出藏书室的尸体并不是鲁比，而是失踪的女童子军帕梅拉，进而将凶手锁定为提供虚假证词的乔西。

在《大唐狄公案：御珠奇案》中，狄仁杰接到报案，声称卞嘉路遇劫匪，被打倒在地。他赶到现场后，听闻被打倒在地的卞大夫不让人挪动他，要等查明骨头没受重伤后才可挪动，便意识到其中有蹊跷。狄仁杰颇通医术，他知道如果仅仅是被打了几拳或被踹了几脚，不至于要求查清是否有内伤后才能挪动。一个人这样要求，一定是因为从高处重重摔下。而此情之下，卞嘉只有从杨掌柜古董店的二楼摔下才可能造成这种伤势。所以狄仁杰推断，杨掌柜是与此案有关的幕后主使。

实验判定法其实就是我们在类比推理章节介绍过的侦查实验法，在侦查工作中常常运用这种方法判定证据的真伪。比如，平次在《名侦探柯南：外交官杀人事件》中请目暮警官坐在外交官的书桌前，是为了验证凶手是否可以在离开房间后利用鱼线将钥匙放回其口袋。在《绝对不在场证明：钟表店侦探与死者的不在场证明》中，由于嫌疑人在车祸中死去，警方开车从嫌疑人家出发往返受害人公寓，其实是为了判断在法医给出的被害人死亡时间内，嫌疑人是否有充足的作案时间完成犯罪再返回自己家中。警官鸟饲在《点与线》中测试了从国铁香椎站到西铁香椎站慢走所需时间（六至八分钟），其目的是考查水果店老板和公司职员所提供证词的合理性——据他们所言，殉情男女用时十一分钟完成这一路程，两位目击者看到的会不会不是同一对男女呢？这为随后解开凶手的不在场证明奠定了基础。

矛盾判定法有两层含义：第一层含义指的是如果证人没有保持思维的一致性，所作证言前后不一致，那么就不应予以采信；第二层含义指的是如果侦查人员发现了不同证人提供了互相排斥的证据，那么就说明其中至少一方的证词是不可靠的，至于究竟应当采纳哪一方的证词，还要结合更多的案件线索和细节进行判断。比如，在《大唐狄公案：红阁子奇案》中，狄仁杰之所以没有采纳大蟹与小虾的证词，就是因为其中包含着"温元不会杀死李琏"和"温元被怀疑是凶手"这样一组显而易见的矛盾。又如，在《字母表谜案：F 的告发》中，秘书香川声称松尾来过馆长室且与馆长打过招呼才离开，而美术馆的其他员工则说馆长每个月只来馆里两三次，来的时候刚好松尾都请假了，因此没见过二人同时出现。根据以上两方提供的排斥性证据，峰原推断松尾和仲代馆长是同一个人，从而判断员工的说辞更可靠，秘书在撒谎，进而锁定了凶手。

思 考 题

一、分析下列案件事实的七个构成要素是如何被认定的。

1. 在《大唐狄公案：跛腿乞丐》中，仵作在井中发现一个乞丐的尸体，断定其为失足落井而死。但狄仁杰在仔细观察了现场后推翻了这一结论，指出此人不是真正的乞丐，也不是意外死亡，而是被他人杀害后换上乞丐的衣服，移尸入井。死者的双脚很白，后脚跟柔软，故是被凶手伪造成了乞丐的身份；死者的后脑受到重物袭击，伤口附近沾有细沙和沙砾，因此狄仁杰推测打击物似乎是花瓶。经走访，狄仁杰得知死者为林员外家雇佣的私塾先生王虚，此人极少花钱，但钱财却已败光，妻离子散。由于其妻子生性善妒，故王虚败光钱财和离散妻儿都是为了另一个女人。随后，狄仁杰得知，住在附近的梁姑娘曾是青楼女子，最近在攀附罗县令，希望能够嫁给他。因此，狄仁杰断定，王虚对梁姑娘穷追不舍，导致梁姑娘担心王虚会坏了自己嫁给罗县令的好事，故而杀人灭口。

2. 二〇一三年九月七日至八日，星期六晚上至星期日清晨之间，西贡竹洋路一百六十三号丰盈小筑发生凶杀案。丰盈小筑是丰海集团总裁阮文彬的寓所，而死者就是户主阮文彬。……九月八日早上七点半，俞永义发现父亲阮文彬没有如常在客厅读报，结果在二楼的书房发现已经死去的阮文彬。警员到达现场调查后，初步认为是强盗入屋行劫，死者偶然撞破而遭毒手。书房的窗户被打破，而房间内有搜掠过的痕迹。保险柜和鱼枪柜也有被工具撬动的痕迹，不过保险柜没有被打开，鱼枪柜却打开了。房间内有大约二十万元被盗，但是名贵的珠宝古董却没有被带走。死者是丰海集团董事长，当时屋内有五个人，除死者外还有死者的二儿子俞永义、三儿子俞永廉、秘书棠叔以及管家胡妈。经法医检查，死者死亡时间是半夜两点至凌晨四点，死者后脑有两处挫伤，但是致命伤在腹部，他被鱼枪发射的鱼镖命中，因失血过多而死。

二、在以下侦查过程中，侦查人员是如何判定证据可靠性的？

1. 某处发生一起多人死亡的枪击案，经过观察发现有两个死者被步枪 AK47 打中，血花四溅，血液呈鲜红色。而另一名死者被消音手枪命中，血液颜色深且有凝结的迹象。这证明了死者死亡时间是不同的，并且可能不是同一起凶杀案。

2. 清朝时，山东某县发生一个案子。县令在充分掌握证据后对受害者丈夫说："你不必装可怜，我自会叫你心服口服。昨天通宵大雨，如果你妻子真的像你所说的那样跑到乙家借米，她的脚上一定沾满泥泞。可是你看，她的脚很干净，这说明她根本没去过。"

3. 《法医宋慈》中有一个案子，死者徒弟丁虎认为"石长青与死者结仇，有动机杀害死者"，而死者妻子吴杨氏则说出"当天石长青并没有时间作案，因此凶手不是石长青"，宋慈充分考虑二者的证言后觉得此事另有蹊跷。

4. 在《大唐狄公案：御珠奇案》中，杨掌柜说自己从未到过白娘娘庙，但送给狄仁杰一本书并说书上写白娘娘庙里面的祭坛和台座是分开的。狄仁杰翻看那本书时发现，上面所写的是神像、祭坛和台座系由一整块大理石雕刻而成。在翻看其他书时狄仁杰了解到，那祭坛和台座本是用灰泥浇铸在一起的，后来的一位县令将灰泥清除了，这才成了祭坛和台座相分离的样子。如果杨掌柜没有去过白娘娘庙，那么他提供给狄仁杰的信息应当是"祭坛和台座是一体的"，他由此推测，杨有才去过白娘娘庙，他说自己从未去过白娘娘庙是在撒谎。

第二节　逻辑标准与论证的充分性

在确保论证的依据是可靠的这一前提下，论证还应符合逻辑标准。逻辑标准衡量的是论证方式是否经得起推敲，或者说论据和论题之间的关系是否恰当。如前所述，论证是由若干个推理构成的，因而对论证方式的考察也包含微观和宏观两个维度。从微观上来说，考察子论证即每一个推理是否适切：如果它是一个演绎推理，我们希望它是有效的;如果它是一个归纳推理,我们希望它是力度强的;如果它是一个溯因推理,我们希望它是效度高的。从宏观上来说,还须考察由主要论据推出核心论题这一过程是否具有充分性。

我们还是以福尔摩斯初见华生时所作论证为例,前面我们已经对其结构进行了细致的分析,现阶段我们关注的问题是:其中的子论证符合逻辑标准吗? 核心论题与主要论据之间的支撑关系是充分的吗? 如果以上答案都是肯定的,我们便更有信心接受福尔摩斯的论断了。

> 1[华生具有医务工作者的风度],但 2[却是一副军人气概]。显见 3[他是个军医]。4[他面容憔悴],这就说明 5[他是久病初愈又历尽艰苦]。6[他左臂受过伤],7[现在动作起来还有些僵硬]。8[他去过军营]。9[他脸色黝黑],10[但手腕的皮肤黑白分明],说明 11[这并不是他原来的肤色],因此 12[他刚从热带回来]。13[阿富汗在热带]。14[近期阿富汗发生了战争]。所以,15[他刚从阿富汗回来]。

不难发现,其中的子论证既有演绎推理,也有溯因推理和归纳推理。比如,由"他具有医务工作者的风度"及"他却是一副军人气概"推得"他是一个军医",这是一个有效的联言演绎推理;由"他面容憔悴"推得"他久病初愈又历尽艰苦",这是一个令人信服的溯因推理;由"他脸色黝黑"和"手腕的皮肤黑白分明"推得"这不是他原来的肤色",这是一个运用共变法探求因果联系的归纳推理。

有关演绎推理、归纳推理和溯因推理的有效性、力度和效度,我们在前面的章节中已经进行了详细的讨论,在此不再赘述。侦查实践中离不开演绎推理,但归纳推理和溯因推理的作用也不容小觑。我们知道演绎推理可以提供一种保真性,但归纳推理和溯因推理却做不到这一点,这就意味着即使微观上来讲论证中的各个推理都是恰当的,也不能保证该论证在宏观上具有充分性。下面我们就结合具体的侦查案例,来谈谈如何理解论证的充分性。

如果我们由一系列论据 $\{P_1, P_2, P_3, \cdots, P_n\}$ 推得某一论题 C,并且能够断定不存在 $\{P_1, P_2, P_3, \cdots, P_n, \neg C\}$ 的情况,那么就可以说这一论证是充分的。在前述福尔摩斯所作论证之中,核心论题"他刚从阿富汗回来"是对"他去过军营""近期阿富汗发生了战争""阿富汗在热带""他刚从热带回来"的最佳解释,但福尔摩斯并没有阐明为何这是最佳解释,也没有对是否存在这样一种可能性,即"虽然地处热带的阿富汗发生了战争,某人去过位于热带的军营,但他去的却不是阿富汗"进行论证,因此理论上来讲上述论证的充分性仍待商榷。

要对侦查工作中所作论断的充分性进行检验,就需要结合构成案件事实的诸要素展开分析:一方面确定罪犯应具有的特征、作案工具、作案动机、作案时间、作案地点;另一方面将可能的嫌疑人与上述要素进行比对,看其是不是唯一满足条件的人。如果同时满足以上两个方面的条件,那么所作论证就应当被认为是充分的。①

---

① 雍琦、金承光、姚荣茂:《法律适用中的逻辑》,北京:中国政法大学出版社,2002 年,第 248-249 页。

比如,在《尼罗河的惨案》中,波洛首先便确定了罪犯特征、作案工具、作案动机、作案时间和作案地点。

第一,嫌疑人是女仆露易丝暗示自己看到杀人过程时在场的人,且露易丝没有其他机会暗示和勒索嫌疑人。西蒙因腿部枪伤一直待在医生的房间,露易丝在西蒙的病床前隐晦地说出看到凶手作案,试图勒索。

第二,作案工具是杰奎琳的手枪,在休息室看到杰奎琳扔掉手枪的人都有可能捡起手枪完成犯罪。西蒙被杰奎琳开枪击中腿部后倒在沙发上,而手枪被杰奎琳故意扔在沙发附近。有证据表明西蒙利用红墨水制造被击中的假象以及手枪还开过第三枪,因此西蒙完全可以在杀人后再开枪打伤自己以摆脱嫌疑。

第三,死者拥有巨额的财产,作案动机很可能是为了钱财。西蒙是死者的丈夫和唯一的遗产继承人,且西蒙和杰奎琳曾是一对爱侣,西蒙无意间表达过对妻子独占欲的厌恶,且作为一个英国人,他对妻子的爱慕显得过于做作,因此西蒙的动机是杀死妻子继承遗产,再等合适的时机与杰奎琳结婚。

第四,死者是晚上在自己右船舷的房间被枪杀的。西蒙假装受伤后以请医生及送杰奎琳回房间为由故意将其他人支去了左船舷,此后有 5 分钟的时间没人能为其提供不在场证明,而西蒙只需要 2 分钟就可以跑回房间杀害自己的太太。

紧接着波洛又思考了其他人犯罪的可能性,然后一一排除有作案嫌疑的小说家奥特伯恩太太、女仆露易丝、贝纳特医生、律师彭宁顿、范斯凯勒夫人、范斯凯勒夫人的护理员和弗格森先生。女仆露易丝和奥特伯恩太太先后因看到犯罪过程而被杰奎琳杀害,律师彭宁顿、范斯凯勒夫人、范斯凯勒夫人的护理员以及弗格森先生在露易丝隐晦勒索凶手时都不在场,贝纳特医生虽然在场,但是露易丝完全有机会私下找她。只有西蒙具有作案可能,因此确认他是凶手。

在《名侦探柯南:服部平次与吸血鬼公馆》中,老爷的头突然出现在窗户上,当窗户打开时,头向上消失了,而大家向上寻找却发现楼上吸烟室里的麻信先生已经死亡。但柯南发现,老爷的头其实是向下落入了坛子中,窗户右上角的凸透镜造成了头是向上被拉起的假象。头向下坠落的真相可以从窗户玻璃上看到,因此,只有站在窗边的条平用身体挡住窗户玻璃,才能阻碍大家看到头向下坠落的过程,故他便是杀死麻信先生的最大嫌疑人。不久后,守卫在林子里发现了守与小姐的尸体,尸体被绑在十字木棒上。柯南根据粘在裤子上的冰粒推断出凶手的作案手法是利用冰轮让守与小姐的尸体滚入树林,冰轮融化后就形成了她是被捆绑在十字架上而死的假象,因此即使不出公馆大门也可以让守与小姐的尸体在树林里被发现。

虽然柯南和平次在条平逃跑时将其堵在了地下管道之中,但是条平拒不承认自己是凶手。于是,二人通过以下间接证据作了认定。

首先,罪犯必须是老爷的头出现在窗外时站在窗边的人,条平是当时站在窗边的人;其次,罪犯有作案时间,因为老爷给光小姐的短信上写着"早饭后来南蛮房间",光小姐的手机从早上至中午一直放在洗手间,因此前一天便抵达公馆的守与小姐和条平先生的嫌疑最大;再次,罪犯有觊觎老爷遗产的作案动机,条平来到公馆,说明他在意老爷的遗产分配问题;最后,柯南和平次还指出凶手使用了冰轮、飞机以及凸透镜等作案工具,杀害麻信先生和守与小姐的作案地点分别在吸烟室和宅邸的大门附近。

随后,他们一一排除有作案嫌疑的其他到访者、管家和女仆。由于老爷给光小姐发短信的时间较早,那时瑠莉小姐和实那小姐还没到公馆,所以排除了二者的嫌疑;岸治先生虽然是上午抵达,也有可能看到短信内容,但距离"早饭后"已过了较长时间,不符合最佳作案时间;而长期生活在公馆的老爷会选择短信方式传递重要信息,说明他确定公馆里的其他人不会随意翻看他人手机,故其他管家和女仆的嫌疑也被排除了。除此之外,再无别的可能,只有条平完全符合以上条件。最后,柯南从条平的口袋里发现了老爷写给光小姐的杀人计划书,坐实了他的罪行,使他不得不认罪。

我们之所以说波洛、柯南和平次的上述论证是充分的,原因就在于论证者排除了各种可能性,表明并不存在 $\{P_1, P_2, P_3, \cdots, P_n, \neg C\}$ 的情况,从而确立了论题的唯一性和必然性。可以说,在对一个论证进行评估的过程中,如果我们发现其论据都是真实可靠的,论据与论题之间的关系既恰当又充分,那么它就毫无疑问是一个合理的论证。

思 考 题

一、分析下列论证中的子论证,判断其是否满足论证评估的逻辑标准。

1. 在《福尔摩斯探案全集:证券经纪人的书记员》中,华生时隔几个月去拜访福尔摩斯,福尔摩斯立刻看出华生近来身体不好,生过病。对此,他是这么论证的:你的拖鞋是新的,你买来还不到几个星期。可是我看那冲向我这边的鞋底已经烧焦了。起初我以为是沾了水后在火上烘干时烧焦的。可是鞋面上有个小圆纸片,上面写着店员的代号。如果鞋子沾过水,这代号纸片早该掉了。所以你一定是依炉伸脚烤火烤焦了鞋底。一个人要是无病无灾,在六月份这样潮湿的天气,他不会轻易去烤火的。

2. 死者是在睡觉时被杀的,但是现场没有被子,可能是因为被子沾上了死者的血迹被凶手带走。那个船夫的被子是绸缎面的,但是一个贫穷的船夫用不起绸缎,因此这条被子可能不是船夫的。一群苍蝇围着被子飞,因此被子上一定有血腥气,因为被子虽然洗干净了,但是苍蝇嗜血的特性使其能够闻到上面的血腥气。船夫有一条带血腥气的绸缎被子,因此他一定和凶杀案有关。

二、在以下侦查过程中,侦查人员是如何判定论证充分性的?

1. 在《诡计博物馆:烈焰》中,本田夫妇家中发生火灾,家中除了本田夫妇二人还有本田夫人的妹妹晶子,她来看望怀有身孕的姐姐。三人被发现时均倒在餐桌旁边,尸体烧毁严重。经过法医鉴定,三人并非死于火灾,而是死于氯化钾中毒。 本田夫妇的长女英美里因为参加幼儿园活动幸免于难。 有重大作案嫌疑的晶子前男友有充分的不在场证明，而附近的居民和监控都没能提供有用的线索。 寺田警官提出如下侦查假说：幼儿园园长为了得到本田家土地教唆英美里投毒，然后不知情的晶子前男友来放火烧房子。 而他的长官绯色冴子则指出这是不可能的，因为如果凶手的目标是三个人，英美里下毒只能在早上把毒下在水壶中，那么难以保证下午才到本田家的晶子与本田夫妇三人同时中毒毙命，站在毒杀的角度，负责泡茶的本田夫人才是最能确保将三人全部毒死的。

2. 在《法医秦明：养子杀害养父》一案中，死者的额头有因撞击而产生的伤痕，说明该伤痕是俯卧位摔跌造成的，但警察来到现场时发现尸体呈仰卧位。 同时，秦明和大宝发现，血迹的流动方向是从创口流向头顶。 死者从俯卧位变为仰卧位，这可能是死者自己变换了姿势，也可能是凶手将摔跌后的死者以仰卧姿势放置在湖边。 如果死者自己由俯卧位变换至仰卧位，可能的情况有三种：第一种，死者俯卧位摔跌后由坐立位再至仰卧位，在这种情况下，血迹会从额头流向口鼻处；第二种，死者俯卧位摔跌后通过侧翻到仰卧位，在这种情况下，血迹会从创口流向额侧；第三种，死者通过头顶倒立的方式由俯卧位来到仰卧位。 在上述三种情况下，只有第三种情况会产生血迹从创口流向头顶的情况，但这种情况却完全违背常理，因此推断出死者不可能自主完成从俯卧位变为仰卧位的行为，故基本可以判定此案绝非自杀或意外死亡，而是他杀。

3. 在确定了凶手就是别墅中的一员之后，骆警司和关警司进行了论证。 首先死者在死前有能力和时间留下凶手的信息，并且死者一定认识凶手，但是死者没有这样做，说明死者并不想让人知道凶手是谁。 显然，死者不会这样保护老工人和秘书，因此死者的两个儿子有重大嫌疑。 其次死者被鱼枪所杀，而二儿子被证明是会使用鱼枪的，二儿子嫌疑增大。 然而经过对鱼枪型号的调查发现凶手并不懂得鱼枪的操作组装，因此，死者的三儿子嫌疑变大。 最终在侦探们确定凶手是三儿子时，三儿子选择当场逃跑，这直接坐实了其弑父的真相。

第三节　论证的反驳

在论证的冲突和论辩阶段，如果论证的论据并不可靠，又或者论证方式无法令人信服，那么论证自然会遭到质疑和反驳，论证者则要作出进一步的澄清和辩护。在这一意见交互的动态进程中，论证的参与者共同致力于消除分歧、解决争议，进而获得对于事物的更加深入、全面的认识。

在《名侦探柯南：服部平次与吸血鬼公馆》中，条平在逃跑时被卡在了地下出口，平次和柯南指出条平就是那个偷走并执行了老爷事先准备好的杀人计划的人，而条平立即作出反驳——当天白天来到公馆的岸治也有可能是偷走杀人计划的人。平次又提出了进一步的反驳，因为偷看到老爷发给光小姐短信的人只可能是前一天就到达公馆的守与与条平,而守与已经被杀害,所以凶手只可能是条平。可以说,构造论证—反驳论证—对反驳进行反驳构成了动态的、辩证的论证图景。那么,反驳论证有哪些常见的方法呢？这是我们将要讨论的内容。

论证由论题、论据和论证方式组成,直接地反驳一个论证也就有反驳论题、反驳论据和反驳论证方式三种方法。在上例中,面对平次和柯南的指责,条平直接表示凶手可能另有其人,实则就是在反驳论题,表明凶手不是自己。随后,他还反驳了论据,指出老爷的头应该是向下掉落(而非向上消失)的,以及自己并没有时间杀害守与并将她运至公馆外的森林之中。如果平次和柯南的理由是站不住脚的,那么他们由此建立起的论断就失去了根基。不料,平次和柯南又提出凸面镜和冰冻轮的假说,导致条平对论据的攻击失败了,但他依然没有认罪,指出那些不过是无端的猜想,这其实是在反驳溯因这种论证方式。

通过以上案例,我们总结出直接反驳论证的三种方法:指出论证者的主张为假;指出论据不可靠;质疑论证的保证不恰当(演绎无效,归纳或溯因不够强)或不充分(结论不具有排他性)。

在《大唐狄公案:柳园图奇案》中,死者叶魁麟似乎是有意砸碎印有"柳园图"的花瓶,故狄仁杰推测杀死叶魁麟的可能是柳园的主人胡鹏。但陶干在仔细翻阅了世家旧族的宗谱后指出,叶家和胡家自祖上便沾亲带故,关系密切,无人会轻易背叛;加之叶魁麟的势力、地位举足轻重,胡鹏除非是别有用心或与叶魁麟有深仇大恨才会下此毒手。在上述论辩过程中,狄仁杰运用归纳方法指出凶手可能是柳园的主人胡鹏,而陶干则根据事实指出这一因果分析方法较弱,如要得出"胡鹏是凶手"的结论,必须进一步论证胡鹏的杀人动机。

再如,在《绝对不在场证明:钟表店侦探与跟踪狂的不在场证明》中,嫌疑人的不在场证明中有 8 分钟的空档,但 8 分钟不够往返嫌疑人所在的酒吧与被害人杏子的家。钟表店侦探推断杏子是在酒吧附近遇害的,案发后才被搬去她家。这样,嫌疑人就能在 8 分钟里行凶,他可以将车停在酒吧附近,用安眠药让杏子昏睡,在车里行凶后回到酒吧,等朋友走后再开车将尸体搬回杏子的家,以此为自己制造不在场证明。警官对钟表店侦探的论证作出反驳,该反驳指向的是上述论证中省略的论据——凶手会开车,但其实嫌疑人根本就不会开车,因此开车搬运尸体回受害人家是不可能的;另外酒吧附近没有停车场,而周边正在大力整治违章,把装有尸体的车停在马路边也是不可能实现的。警官还借此反驳了论证的充分性。

除了直接反驳外,我们还可以间接地对论证作出反驳。间接反驳的方法有两种:我们既可以证明欲反驳命题的反命题为真,也可以运用归谬法。

在《字母表谜案:P 的妄想》中,绘里认为加寿子不是凶手,因为她能为加寿子提供不在场证明,且死者不会主动喝加寿子递过去的茶。虽然峰原不赞同绘里的观点,但没有直接反驳,而是通过破解加寿子布置的机关进而找出死者改喝罐装茶的真相,确认真凶就是加寿子。一旦峰原证明了欲反驳命题"加寿子不是凶手"的反命题"加寿子是凶手"为真,那么绘里关于加寿子不是凶手的论断便不攻自破了。

　　间接反驳的第二种方法是归谬法,先假定对方的观点是正确的,然后由之得出明显荒谬的结果,从而达到反驳的效果。比如,在《13·67:囚徒道义》中,骆小明警司曾作出嫌疑人左汉强教唆杀人的指控:

　　　　唐颖在二十二号晚上,乘坐经纪人的车子回到寓所外后,没有回家,是因为左汉强先生之前要求跟她密会。左汉强利用的借口我不大清楚,但左汉强是老板,先前更替自己向杨文海报复,唐颖没有不赴约的理由。然而,这只是引诱唐颖步向陷阱的手段,因为左汉强根本没打算现身,在那个地点等候的,只有"左老大"安排的洪义联低级打手……案发现场是一个伏击的好地点,路人少,没有居民,也没有店铺,更重要的是被埋伏的人无处可逃,只能走上天桥。只要让一两个人在天桥上守着,猎物就会自投罗网。①

　　在这个论证当中,论题是"左汉强是杀害唐颖的幕后凶手",论据则包括"唐颖为什么没回家而上了陌生人的车,是因为老板约她","为什么要挑选案发现场,因为那里有利于派手下伏击"。面对骆警司的指控,左汉强对其进行反驳:

　　　　骆督查,你神志清醒吗?你刚才说的话毫无逻辑可言——就算如你所说我是黑道老大,我竟然杀害自己旗下最具赚钱能力的员工,这已经难以理解。而且我还大费周章地引她到一个公众场所,让她被我"手下"伏击,这不是相当多余吗?为什么我不直接掳走她?我可以让她登上我指定的车子,然后对她为所欲为,由动机以至做法都充满漏洞,就连我一个对查案一窍不通的门外汉也能指出矛盾了。②

　　左汉强并没有直接反驳,而是首先肯定了骆警司的主张"就算我是黑道老大,就算我要谋害她",进而推得"我置公司的效益于不顾""我将她引到公共场合再下手",这"难以理解"又"相当多余",因此就连"门外汉"都能从中引出矛盾。在这里,论证者想要反驳的论题"左汉强是凶手"与陈述"我置公司的效益于不顾,将她引到公共场合再下手"构成了一个充分条件假言命题,然后依据否定后件式得到了前件的否定即"左汉强不是凶手"。

　　上文我们介绍了两种反驳论证的方法:直接反驳的方法是指出论题或论据不可靠及论据对论题的支撑不充分;间接反驳的方法是指出论题的反命题为真,或者论据会导致矛盾。当然,如果能够综合运用直接反驳和间接反驳这两种方法,效果会更加理想。

　　在《福尔摩斯全集:诺伍德的建筑师》中,麦克法兰先生向福尔摩斯求助,因为警方怀疑他杀害了建筑师奥德克先生。警官雷斯垂德坚持认为麦克法兰就是凶手:

　　　　有个年轻人(麦克法兰)忽然知道只要某个老人一死,他就可以继承一笔财产。他怎么办?他不告诉任何人,安排了某种借口在当天晚上去拜访了他的委托人。一直等到全屋仅存的第三者睡了,在单独的一间卧室里他杀了委托人,把尸体放在木料堆里焚烧,然后离开那里去附近的旅馆。卧室里和手

---

① 陈浩基:《13·67》,台北:皇冠文化出版有限公司,2014年,第141-142页。
② 陈浩基:《13·67》,台北:皇冠文化出版有限公司,2014年,第142页。

杖上的血迹都很少。可能他想象连这一点点血迹也不会留下，并且希望只要尸体毁了，就可以掩盖委托人如何毙命的一切痕迹，因为那些痕迹迟早要把他暴露出来。①

福尔摩斯首先直接反驳了雷斯垂德的论据"麦克法兰在立遗嘱的当晚就去行凶"，因为在立遗嘱当晚去行凶是十分危险的，一个凶手不会选择别人明知他会去死者家的时机作案。福尔摩斯还质疑了雷斯垂德论证的充分性：为什么费心烧毁尸体的人会留下手杖来暴露自己？他指出了一种可能的情况：麦克法兰将手杖当作礼物送给奥德克，正巧被窗外路过的流浪汉看见，于是流浪汉等麦克法兰走后抓起手杖将奥德克打死然后烧了尸体跑掉。而雷斯垂德没有论证排除这个设想的可能性。虽然福尔摩斯提出了反驳，但是雷斯垂德还是坚持认为麦克法兰是凶手，因为墙上的血迹印有其拇指的指纹。此时，福尔摩斯并没有直接反驳雷斯垂德的论断，而是通过调查找出了藏在仓库的奥德克本人，原来奥德克为了逃避债主和报复旧情人，才制造假死并让旧情人的儿子成为嫌疑人，然后自己开始新的生活。既然奥德克还活着，那么"麦克法兰没有杀害奥德克"显然为真。这样一来，雷斯垂德的论题"麦克法兰是杀害奥德克的凶手"就被间接反驳掉了。

思 考 题

一、分析下列段落中包含的直接反驳，并指出被反驳的论题、论据或论证方式。

1. 把遗体搬回那栋公寓的可行性太低了。没电梯不说，被害者家还在五楼。如果被害者是死后被人搬回的，那共犯就得扛着尸体爬整整五楼。像背醉汉那样背着走，虽然比较花时间，上到五楼是有可能的，但当时并不是深夜，才晚上七点多，有被公寓居民目击到的风险。一旦被人看到，那就彻底完蛋了。

2. 在《大唐狄公案：铜钟奇案》中，前任县令曾断定王贤东是奸杀洁玉姑娘的凶手。但狄仁杰指出："仅有两种人会将邪欲付诸行动，一类乃粗俗之人，他们皆为恶之惯犯；二为富裕好色之徒，此等人生活放荡，心性已屈从邪恶。但说王贤东这般有才学的年轻人会奸杀与他朝夕相处了六个月的女子，我以为绝无可能。"

3. "我的问题是'你认为谁会对阮文彬不利'，他们都想到死者工作上的敌人。'丰海鲨鱼公司'不可能没有树敌，以死者强硬的作风，商场上大概有不少人想他消失。可是，身为秘书的你没有举出那些名字，反而向我说明俞永廉不是凶手。我才不相信这是口误或一时没想起来，那时候，你就假设我问的范围是俞

---

① 〔英〕阿·柯南道尔：《福尔摩斯探案全集》(中册)，丁钟华等译，北京：群众出版社，1981年，第271页。

家的成员之内。 会这样想的，即使你不是凶手或主谋，亦代表你知道了背后更多的事情，甚至插手其中。"

面对质疑，棠叔从容地回答道："真是有趣的构想，不过这只是你一厢情愿的想法。 我是阮文彬的秘书并不代表我认为凶手是他的商业竞争对手。 况且我并不仅仅是他的秘书，我和他们家还存在千丝万缕的关系，否则我也不会住在他家。 用这种没有证据的假设质疑我甚至要逮捕我，我很怀疑你们警方的推理能力。"

二、你能结合剧情，对下述论断提出有力的反驳吗？

1. 在《大唐狄公案：柳园图奇案》中，狄仁杰询问袁老头为何不告发叶魁麟鞭笞其妻子至死时，袁老头回答道："没用的，我只是一个背着贼名的管家儿子，叶魁麟是世家大族之后、堂堂的爵爷，胳膊拧不过大腿啊！ 小民祖祖辈辈受世家大族荫蔽，受他们驱使，闻得官官相护，不敢轻举妄动。"

2. 在《摩格街谋杀案》续篇《玛丽·罗杰疑案》中，年轻貌美的罗杰被人杀害，《商报》在报道这件案件时暗示她是在离开母亲家之后不久被劫持的：一个像这一年轻女子一样被公众熟知的人，走过了三个街区而不被人看见是不可能的；而且，任何见到她的人都应该会记住这事的，因为所有知道她的人都对她颇有兴趣。 她是在街道充满人群时离开的……她在经过了鲁尔门或是德罗梅街后，肯定会被一打以上的人认出来；可是没有人站出来说曾在她母亲住处之外见过她，而且除了证词中提及她的出门意图外，也没有迹象表明她确实出来了。

三、在《13·67：泰美斯的天秤》中，TT 是如何用直接反驳和间接反驳相结合的方式对关警官提出反驳的？

本章小结

1. 根据论证评估的实质标准，构成论证的命题均应为真。如果一个论证的论据为假，或者论据为真的可能性很低，我们就有充分的理由拒斥这个论证。

2. 在侦查实践中，案件事实是破案的基础，侦探们必须确保其真实可靠。构成案件事实的要素共有七个，它们分别是何事、何时、何地、何情、何故、何物、何人。

3. 既然侦查人员是运用证据来认定案件事实的，那么要对其所作论证进行评估，就不能不考察证据的可靠性。我们介绍了三种判断证据可靠性的方法，它们分别是观察判定法、实验判定法和矛盾判定法。

4. 论证评估的逻辑标准指的是论证方式是否经得起推敲，或者说论据和论题之间的关系是否恰当。对论证方式的考察包含两个维度：微观上要考察子论证即每一个推理是否适切，宏观上须考察由主要论据推出核心论题这一过程是否具有充分性。

5. 如果我们由一系列论据$\{P_1, P_2, P_3, \cdots, P_n\}$推得某一论题$C$，并且能够断定不存在$\{P_1, P_2, P_3, \cdots, P_n, \neg C\}$的情况，那么就可以说这一论证是充分的。

6. 直接反驳论证有三种方法：指出论证者的主张为假；指出论据不可靠；质疑论证的保证不恰当（演绎无效，归纳或溯因不够强）或不充分（结论不具有排他性）。

7. 间接反驳的方法有两种：我们既可以证明欲反驳命题的反命题为真，也可以运用归谬法。

第九章

论证的语言

上一章我们从规范性的角度介绍了论证评估的实质标准和逻辑标准。但在一些情况下,论证的说服力与其说依赖的是论证的抽象形式,不如说依赖的是论证的表达。[①] 换言之,要想全面地分析日常语言中的论证,仅仅依靠逻辑视角是不够的,还应关注论证的表达,对论证进行语言(特别是语义和语用)方面的评估——根据会话语境和背景知识识别论证者的目标、被省略的隐含信息以及论证的实质效果。这种评估维度由于具描述性特征而显得更加丰富和复杂[②],它通常被称作论证评估的第三种维度——修辞维度。

比如,波洛在《斯泰尔斯庄园奇案》中所作的关于毒药在夫人补药里的论述是在调查结束后与案件相关人员分析案情的过程中展开的,旨在说明凶手的犯案手法。由于参与者英格尔索普先生、玛丽夫人、霍华德小姐、辛西娅小姐等人都是知道夫人当晚完整行动线的人,波洛认为他们可以自行补充省略的关键性论据"凶手要么将士的宁下在咖啡中,要么将士的宁下在可可奶中,要么将士的宁下在补药中"及最终的论题"士的宁在夫人的补药里",该论证达成的效果是确认了凶手的犯罪手法,从而锁定了嫌疑人英格尔索普先生。

换言之,如果将论证看作正方和反方阐明观点—消除分歧—达成共识的动态交互过程,就须考虑论证发生的背景、论证的参与者、论证者的意图、达成意图的策略以及据此而选择的表达方式。在《福尔摩斯探案全集:四签名》中,福尔摩斯之所以会找上斯密司太太,是因为斯密司家在嫌疑人及其同伙坐船逃跑的码头做租船生意,此即论证发生的背景;福尔摩斯希望从素不相识的斯密司太太口中得到关于汽船的讯息,由此可知论证者的意图;至于达成意图的策略和表达方式,福尔摩斯没有采用可能会产生抵触情绪的直接盘问法,因为"和这种人讲话,最要紧的是不要叫他们知道他们所说的消息是与你有关的,否则他们马上就会绝口不言。倘若你用话逗引着,你就会得到你所要知道的事了"[③]。

---

① 〔荷〕范爱默伦、〔荷〕赫尔森、〔荷〕克罗贝等:《论证理论手册》(上册),熊明辉等译,北京:中国社会科学出版社,2020 年,第582 页。

② P. F. Strawson, *Introduction to Logical Theory*, London: Methuen, 1952, p. 232.

③ 〔英〕阿·柯南道尔:《福尔摩斯探案全集》(上册),丁钟华等译,北京:群众出版社,1981 年,第 181 页。

第一节　论证与语言

语言是思维的载体,论证要借助语言才能完成,因此论证与语言密不可分。语言交流的简单情形是,语句的字面意义就是说话者意欲表达的内容,通俗来讲也就是我们平时所说的"心口合一"。当我指着斯密司太太的儿子说"他真是个好孩子"的时候,我意在表达的命题就是"斯密司太太的儿子是个好孩子",别无其他。然而在日常交流中,更常见的情形则是如福尔摩斯所例示的那样,通过特定的语句建构来传达一些超出字面意义的内容,进而达成既定的交流目标。为说明这一问题,我们先来回顾一下福尔摩斯与斯密司太太的对话:

福尔摩斯:那么,好吧,接住了! 斯密司太太,他真是个好孩子。

斯密司太太:先生,他就是这样的淘气,我老伴有时整天出去,我简直管不住他。

福尔摩斯:啊,他出去了? 太不凑巧啦! 我来找斯密司先生有事。

斯密司太太:先生,他从昨天早晨就出去了。……您如果要租船,也可以和我谈。

福尔摩斯:我要租他的汽船。

斯密司太太:先生呀,他就是坐那汽船走的。可怪的是我知道船上的煤不够到伍尔维奇来回烧的……

福尔摩斯:或者他可以在中途买些煤。

斯密司太太:也说不定,可是他从来不这样做的,他常常说零袋煤价太贵。再说我不喜欢那装木腿的人,他那张丑脸和外国派头……

福尔摩斯:我想租一只汽船,因为我老早就听说过这只……让我想想! 这只船叫……?

斯密司太太:先生,船名叫"曙光"。

福尔摩斯:啊! 是不是那只绿色的、船帮上画着宽宽的黄线的旧船?

斯密司太太:不,不是,是跟在河上常见的整洁的小船一样,新刷的油,黑色船身上画着两条红线。

福尔摩斯:你方才说,那只船的烟囱是黑的吗?

斯密司太太:不是,是有白线的黑烟囱。[①]

在这组对话中,福尔摩斯首先要做的事情就是确定斯密司太太的身份。他没有直白地询问"你是斯密司太太吗?",而是直接称呼她为"斯密司太太"(如果这种称呼有误的话,她一定不会不纠正),还机智地把话题引向了那个"淘气的孩子"。当然,他所期望的是听到与孩子父亲斯密司先生相关的回答。从斯密司太太的角度来看,既然福尔摩斯先生知晓她的名字,那么他应该不会是陌生来客。这在无形之中就增强了她对福

---

① 〔英〕阿·柯南道尔:《福尔摩斯探案全集》(上册),丁钟华等译,北京:群众出版社,1981 年,第 179-181 页。

尔摩斯的信任——一般来说,我们总对熟悉的人更没有戒心。仅仅是一句简单的称呼,其背后竟隐藏着如此复杂的逻辑博弈,由此可见语言表达的重要性。

接着,福尔摩斯以"找斯密司先生有事"为由,得知他不在家,并且确认了他家确实是做租船生意的。当福尔摩斯表示"要租一艘汽船"的时候,斯密司太太不仅告诉他汽船已经被开走,并且她断定船上的煤到伍尔维奇来回并不够烧,这就为福尔摩斯锁定船的所在之处(并没有开出去,而是停在某处)提供了线索。言语之间,斯密司太太还表达了对"装木腿的人"的不满情绪,而这种宣泄不仅印证了福尔摩斯的猜测,而且为定位嫌疑人提供了关键的信息,虽然斯密司太太本人并没有注意到这一点。

福尔摩斯其实并不知道汽船的名字,也不知道它的颜色和特征。不过,他巧妙地运用了语言的艺术。比如,"我老早就听说过这只……这只船叫……""是不是那只绿色的、船帮上画着宽宽的黄线的旧船""那只船的烟囱是黑的吗"等等,使斯密司太太误认为他其实是对汽船有所了解的,于是斯密司太太就这样一步步地掉入了福尔摩斯预先设好的"陷阱",使得他在搜集了一系列有力论据的基础上推得:斯密司先生一行人一定躲在船身为黑色(有两条红线)且烟囱为黑色(有一条白线)的"曙光"号汽船上。

从上面的例子可以看出,论证是内在于语言之中的,福尔摩斯在达成会话目标的同时也完成了论证目标。我们还发现,在多数情况下,说话者的所言之意与他意欲表达的东西并不完全一致。当福尔摩斯说"他真是个好孩子"的时候,他想要表达的不仅仅是夸赞这个孩子,更重要的是通过言语拉近与斯密司太太的距离,取得她的信任,并进一步获取更多关于斯密司先生的信息。很显然,他想要表达的内容要比命题"他真是个好孩子"多得多。也就是说,在这种情况下,交谈双方需要根据话语的字面意义进行论证分析,其侧重点并非获得论证形式上的有效性,而是如何以语词为基本单位,根据相应的规则来推得说话者想要表达的内容。我们将在接下来的部分分别谈谈语词及语句在论证中发挥的作用和功能。

思 考 题

一、在《大唐狄公案:柳园图奇案》中,狄仁杰与卢郎中进行了如下对话,你能提炼出其中的论证吗?

狄仁杰:"梅员外是被谋杀的,先被梳妆台上那方厚重的砚台击中头部,倒地时,梅员外的头颅撞到雕成狮爪形状的床脚,顿时脑壳破碎,血流满地。那方砚台曾研磨翠黛,做画眉之用,时隔不久又被当成凶器,所以砚台内墨渍未干,四处飞溅,渗进大理石地面。匆忙之际,凶手只将血迹拭去,却忽略了墨渍。帐幔上也沾了血迹,只因在宝蓝锦缎背面,所以凶手也未加注意。这样,梅员外脸上的墨渍也就解释得通了。"

卢郎中:"大人,您适才发现的情形,还可能做许多种解释。您一向善于推理,明察秋毫,绝不至于凭借如此细琐的证据,就粗率断言,而怀疑梅夫人吧?"

狄仁杰：“这些细枝末节只是佐证，最重要的一点是，你和梅夫人同在梅员外的确切死亡时间上向本官撒了谎。你说梅夫人大约亥时在厅堂楼梯下发现她丈夫的尸体，那么，梅员外不慎跌下楼梯必然在亥时之前。但那时厅堂里灯笼高挂，足以照亮二楼走廊和底层大厅，且听老管家说，灯笼一直点过子时才会熄灭。既然如此，梅员外从书房下楼来，为何还要携带蜡烛呢？”

二、分析福尔摩斯与黑斯在《福尔摩斯探案全集：修道院公学》中的如下对话，并指出其会话目标和论证目标分别是什么。

福尔摩斯：“你好，黑斯先生。”

黑斯：“你是谁，你怎么会准确地知道我的名字？”

福尔摩斯：“你头上的招牌上明明写着嘛。看出谁是一家之主也不难。我想你的马厩里大概没有马车这类东西吧？”

黑斯：“没有。”

福尔摩斯：“我的脚简直不能落地。”

黑斯：“那就不要落地。”

福尔摩斯：“我的事情很重要。你要是借给我一辆自行车用，我愿给你一磅金币。”

黑斯：“你要上哪儿去？”

福尔摩斯：“到霍尔得芮公爵府。”

黑斯：“大概是公爵的人吧？”

福尔摩斯：“我们会给他带来有关他失踪的儿子的消息。”

黑斯：“你们找到他儿子的踪迹了吗？”

福尔摩斯：“有人说他在利物浦。警察每时每刻都能找到他。我们要先吃些东西。然后你把自行车拿来。”

黑斯：“我没有自行车。我给你们两匹马骑到公爵府。”

第二节　语词的论证功能

既然论证与语言密不可分，那么我们就可以将论证视为一种语言现象来研究。在前面的章节中，我们已经对论证的构成要件——命题和概念——进行了阐述，相关讨论多是围绕概念的内涵维度和命题的真值维度展开的。因此，接下来我们将主要聚焦于功能词或语句的言外之意及其论证功能和论证价值。

在第一章介绍复合命题的时候，我们引入了“否定”“合取”“析取”“蕴涵”四种逻辑联结词。以“合取”为例，我们说它大致相当于日常语言中的“并且”。事实上果真如此吗？在《福尔摩斯探案全集：三个大学生》中，大学的考试试题被泄露了，福尔摩斯在论证偷看试卷的人知道试卷存放位置的时候指出：“假设有一个人竟敢擅自进屋，并且恰巧碰上桌子上有试卷，这种巧合是很难想象的。所以我排除了这种可能性。进到屋里的人知道试卷在哪儿。"①

福尔摩斯认为,一个人如果同时满足"擅自进屋"和"恰巧碰上桌上有试卷"这样的巧合是不可能的,因而排除了这种可能性,其中由"并且"联结了一个合取命题,即"一个人擅自进屋并且恰巧碰上桌上有试卷是不可能的"。试比较以下两个命题:

(1)一个人擅自进屋并且恰巧碰上桌上有试卷是不可能的。

(2)一个人恰巧碰上桌上有试卷并且擅自进屋是不可能的。

如果用 A 表示"一个人擅自进屋",用 B 表示"一个人恰巧碰上桌上有试卷",那么命题(1)可以被表示为"$\neg(A \land B)$",命题(2)可以被表示为"$\neg(B \land A)$"。如果对真值表非常熟悉的话,你会立刻意识到这两个命题形式具有相同的成真条件。

然而,当我们抛开二者的命题形式不谈,单就命题(1)和(2)本身的内容来考虑的话,两者表达的内容却并不是完全一致的,因为其中隐含着一种时间上的先后顺序。如果"一个人"所指称的对象先擅自进到屋子里,然后恰巧看到了桌上的试卷,那么命题(1)是假的;如果"一个人"所指称的对象先看到了桌上的试卷,然后擅自进入屋子里,那么命题(2)是假的。

这个例子恰好说明:用精确的逻辑语言分析自然语言的后果是我们可能会忽略一些语词间的重要逻辑差别。因此自然逻辑学派和日常语言学派均主张将自然语言的逻辑分析和纯粹逻辑学进路的逻辑分析区分开来。② 格赖兹(Grize)是自然逻辑学派的主要倡导者,他将论证看作一种特别的语言现象,认为论证的目的是获得听者的认可,论证的表达方式要与听者的知识和偏好相呼应,因而我们需要用非规范性的方式去描述日常论证话语。③ 格赖斯(Grice)是日常语言学派的主要代表人物,他认为要厘清逻辑语言与自然语言的差别首先需要对"所言之意"和"所隐之意"加以区分。④

我们可以粗略地将所言之意等同于话语内容的成真条件。⑤ 比如,"武汉是湖北的省会并且沈阳是辽宁的省会"的所言之意就是"武汉是湖北的省会并且沈阳是辽宁的省会",它在"武汉是湖北的省会"和"沈阳是辽宁的省会"都为真的时候才为真。除此以外,确定所言之意还需要了解话语所发生的时间、地点和指示词的指称。比如,若要给出"今天没有下雨"的成真条件,我们需要将该话语发生的时间和地点补全;而要判断"他是一个好孩子"是否为真,除了需要知道话语发生的时间外,我们还要明确指示词"他"所指称的究竟是谁。

前面我们谈到的《名侦探柯南:诅咒假面的冷笑》剧集中,柯南请高木警官施行的"案件重演"虽然成功地还原了凶手所使用的手法,但嫌疑人蓝川先生依然以没有证据为由不认罪。最后的关键性证据究竟是什么呢? 这里面就涉及指示词的意义问题了。

---

① 〔英〕阿·柯南道尔:《福尔摩斯探案全集》(中册),丁钟华等译,北京:群众出版社,1981 年,第 440 页。

② 陈嘉映:《语言哲学》,北京:北京大学出版社,2003 年,第 194 页。

③ 〔荷〕范爱默伦、〔荷〕赫尔森、〔荷〕克罗贝等:《论证理论手册》(上册),熊明辉等译,北京:中国社会科学出版社,2020 年,第 581-583 页。

④ Paul Grice,"Logic and Conversation", in P. Cole, J. L. Morgan(eds.), *Syntax and Semantics*, volume 3: *Speech Acts*, New York: Academic Press, 1975.

⑤ S. L. Levinson, *Pragmatics*, Cambridge: Cambridge University Press, 1983, p. 97.

　　蓝川:你有什么证据证明是我做的?

　　沉睡的小五郎:蓝川先生,你这么狡辩就不好了,其实你自己已经承认是凶手了。

　　蓝川:怎么回事?

　　沉睡的小五郎:刚才在调查各位不在场证明的时候,你一边看着小兰一边说"当时听见那个小孩他们来叫穗奈美小姐"。

　　蓝川:因为当时我在自己的房间。

　　沉睡的小五郎:那个小孩是谁?

　　蓝川:当然是柯南那个小鬼啊!

　　柯南:奇怪,当时我什么话也没说,你怎么知道我也在呢?

　　蓝川:这个嘛,我把门打开了一条缝看见的,所以知道你也在。

　　柯南:那就奇怪了,因为我根本没和小兰姐姐在一起。

　　沉睡的小五郎:我当时叫柯南和小兰去叫穗奈美小姐,你在三楼听到了,就以为他们两个都去了穗奈美小姐的房间。

　　蓝川:(懊悔地认罪)真是百密一疏。

　　在这个例子中,能够将蓝川先生定罪的证据居然是指示词"他们"。由于蓝川先生在叙述不在场证明的时候曾经说"当时听见那个小孩他们来叫穗奈美小姐",沉睡的小五郎追问他指示词"他们"所指称的对象是谁。如果是小兰和柯南的话,那么就说明蓝川先生不是在自己的房间(一楼)听到这句话的,因为柯南其实并没有去穗奈美小姐的房间(也在一楼)。他之所以这样说,是因为当时他躲在案发现场(三楼),听到小五郎的话而误以为是小兰和柯南他们二人去找穗奈美小姐了。

　　不过,在言语交流的过程中,单独使用真值条件语义来判断说者言语意义的场合并不多[①],正是出于这个原因,格赖斯区分了所言之意和所隐之意。他认为,语词的习规意义不仅可以帮助我们确定所言之意,还决定着一些所隐之意。比如,在《名侦探柯南:奢华露营怪异事件》中,死者沪崎先生被发现时身着女士服装,脸上画着奇怪的妆,嘴中叼着螃蟹腿,手中攥着纸条倒在地上。田边先生对柯南说:"我在沪崎先生的脸上进行了涂鸦。"响子小姐听到后说:"田边先生,你也是吗?"从响子小姐的话中,柯南确定沪崎先生死前一定被人做了手脚,此乃基于"所言之意"的论证;他还推断出响子小姐同样参与了这个过程,此乃基于"所隐之意"的论证。

　　正如迪克罗和安孔布尔(Ducrot & Anscombre)指出的那样,除了我们介绍过的"因为""所以"等论证标识语之外,其他诸如"也""并且""还""但是""仅仅""只是"的功能词也是有论证功能的。[②] 当华生听到福尔摩斯对他说"我还从地板上收集到一些证据"的时候,他不仅确定福尔摩斯在地板上收集到了证据,还推断出福尔摩斯在其他地方也收集到了别的证据。

---

① 张韧弦:《形式语用学导论》,上海:复旦大学出版社,2008年,第223页。

② 〔荷〕范爱默伦、〔荷〕赫尔森、〔荷〕克罗贝等:《论证理论手册》(上册),熊明辉等译,北京:中国社会科学出版社,2020年,第591页。

　　类似地,在《大唐狄公案:御珠奇案》中,狄仁杰设计使凶手受到惊吓从而露出马脚。卞嘉中计,误以为白娘娘显灵要惩罚杀死琥珀的人,十分害怕,故大喊:"我没有杀她,我只是毒死了董迈,那不是有意的!"在狄仁杰还没有任何证据甚至无法确定凶手是谁的语境下,"只是"一词说明是他造成了董迈的死,由此将卞嘉置于负面的境地。事实上,是杨有才欺骗了卞嘉,将毒药说成催眠药,卞嘉才会向董迈投毒,故董迈的死理应不完全是卞嘉的责任。如果卞嘉能够在紧急情况下理清思路并使用"也可以算作是我毒死了董迈吧"这一表达方式,就会暗含"董迈不完全因我而死"这一相对有利于自己的论断,从而将自己置于相对正面的境地之中。

　　在《东方快车谋杀案》中,医生在检查完死者雷切特的尸体后分析道:"雷切特房间的窗户是大敞着的,这不由得让人猜测凶手是从窗户逃走的。但是我认为开窗是个假象。任何人跳窗逃走都会在雪地上留下明显的脚印。"[①]与其说"但是"起到了联结的作用,不如说在对比之下表明转折之后的话语内容才是论证者所支持的立场。

　　雪地上没有脚印留下,如果有人跳窗逃走会在雪地上留下脚印,因此没有人跳窗逃走。结合这点信息回顾医生的话,由"雷切特房间的窗户是大敞着的"可以推断出"凶手是从打开的窗户逃走的";由"任何人跳窗逃走都会在雪地上留下明显的脚印,可是没有脚印留下"可以推出"凶手没有从打开的窗户逃走"。这两种判断是截然相反的,"但是"所起的作用是表明医生认为后者才是正确的结论,所以医生才会说"我认为开窗是个假象"。

思考题

　　一、在《名侦探柯南剧场版:引爆摩天楼》中,嫌疑人给工藤新一及警方打来电话,告知自己在日本铁路新干线上安装了五个炸弹。当列车行驶速度低于60公里/时或者炸弹在天黑之前未能被成功拆除,炸弹就会自行引爆。嫌疑人给出的唯一提示是:炸弹被安装于"××之×"。其中每个"×"代表一个字。柯南是如何参透"××之×"所代表的含义的?你能将其中的论证过程写出来吗?

　　二、在《名侦探柯南:法庭的对决4》中,当妃律师听到岩松俊夫说"那时候那家伙已经死了"的时候,她作出了何种论证?这种论证是基于哪个语词展开的?当柯南听到原女佣说"因为那个花瓶……"的时候,他作出了何种论证?论证的依据又是什么呢?

　　三、你能将上一个题目中的两个论证写成溯因的形式吗?试着以这个例子为线索,思考语词的论证功能及其与溯因方法的联系。

　　四、在《名侦探柯南:福尔摩斯的默示录》中,柯南、阿笠博士、小兰、小五郎被邀请到伦敦游玩。在贝克街221号乙,柯南从小男孩阿波罗口中得知神秘男子曾对他说:"有人即将在你眼前死去。"当他们将这张纸条送到警察厅的时候,发现很多小孩都收到了同样的讯息。你能谈谈这一讯息背后的所隐之意吗?

---

① 〔英〕阿加莎·克里斯蒂:《东方快车谋杀案》,郑桥译,北京:新星出版社,2013年,第38页。

五、下面这段话中有具有论证功能的语词吗？ 如果有，写出它具有什么论证功能。

如果单从飞机班机来调查，也完全无济于事。 我原以为，东京到福冈、福冈到东京、东京到札幌的三班飞机上，他都曾冒名乘搭。 但是，我调查了三班飞机一共一百四十三名乘客，人人都说自己曾确实搭乘了飞机。 安田如非幽灵，他就绝对没有搭乘飞机。 照这样看来，他的说法还是无法攻破的。

第三节　语句的论证功能

上一节我们通过案例探讨了功能词的意义及其论证功能。本节我们将从整体性的视角出发，展开对语句的所隐之意（即会话隐意）及其论证功能的讨论。

在《福尔摩斯探案全集:银色马》中，福尔摩斯对上校和警长说："我和我的朋友打算乘夜车返回城里，已经呼吸过你们达特穆尔的新鲜空气了，可真令人心旷神怡啊。"上校参透了其中的会话隐意，回应道："这么说来你是对拿获杀害可怜的斯特雷克的凶手丧失信心了。"①

银色马

---

① 〔英〕阿·柯南道尔:《福尔摩斯探案全集》(中册)，丁钟华等译，北京:群众出版社，1981年，第21页。

问题是,究竟是什么样的语用规则指导着上校的论证,使得他从福尔摩斯的所言之意中推得会话隐意的呢?根据格赖斯的观点,既然说者与听者展开的是一项有目的指向性的理性行为,那么交流双方自然会根据公认的谈话目标或方向,使自己的贡献恰如所需,这就是合作原则的基本内容。

进一步地讲,交谈双方还应该奉行会话四则:量则、质则、关系则和方式则。[①] 会话四则为我们更加具体、细致地描绘了双方交谈所应遵循的内容。

量则:与会话中贡献的信息量有关。

(a) 提供恰如当前会话目标所需的信息;

(b) 不要提供冗余信息。

质则:在会话中贡献真信息。

(a) 不要说自知为虚假的话;

(b) 不要作缺少充分证据的判断。

关系则:与会话目标要相关。

方式则:表达要清晰易懂。

(a) 避免晦涩的表达;

(b) 避免歧义;

(c) 要简练;

(d) 要井然有序。

在绝大多数情况下,交谈双方既要遵守合作原则,又要遵守会话四则。以此为依据,我们便可以获得话语的会话隐意或论证目的。观察下列两组对话:

(1) 甲:看起来被害人没有男朋友。

乙:她过去三个月总往广州跑。

(2) 甲:小婷家住在哪个小区?

乙:她住在汉口的某个小区。

在对话(1)中,除非听话者乙认为被害人的男朋友可能在广州,否则他的回答就违反了会话四则中的关系则,因为就表面来看,乙的回答与甲所引起的话题并不相关。因而乙的会话隐意或许是"被害人有男朋友,她的男朋友在广州,所以她在过去三个月总是往广州跑"。在对话(2)中,乙并没有说出小婷居住的小区名称,显然违反了量则中的"提供恰如当前会话目标所需的信息"这一要求。但真实的情况很可能是,当乙不确定"某个小区"具体为哪一个的时候,若他试图提供更多的信息,就会违反质则("不要作缺少充分证据的判断")。因此,乙只好遵守质则而违反量则,他的言外之意也许是"我并不知道小婷具体住在汉口的哪个小区"。

一般来说,言语交流的双方无论在何种情况下都应遵守合作原则,但出于有意或者无意,人们却并不总是遵守会话四则。在这种情况下,听话者一方面需要假设说话者是合作的,另一方面则要越过说话者的所言之意,去深度挖掘对方言语中的会话

---

① Paul Grice,"Logic and conversation", in P. Cole, J. L. Morgan(eds.), *Syntax and Semantics*, *volume* 3: *Speech Acts*, New York: Academic Press, 1975, pp. 45-46.

隐意。

　　在《名侦探柯南：又甜又冷的宅急便》中，柯南误入冷藏车内，他们在一堆货物中发现了一名男性尸体。正打算用光彦的手机通报警察的时候，却因为电池没电而无法拨出号码。于是，柯南决定将经过处理的计程车收据藏在猫咪"上尉"的项圈上，以此向咖啡厅发出求救信号。一阵大风过后，项圈上的收据在咖啡厅门口消失不见，好在安室还是从女服务员的口中得知收据上仅有的"C""O""R""P""S""E"六个字母。安室根据他拥有的有限信息进行论证：首先，传递这条讯息的人是合作的，否则他不需要多此一举地将收据放在项圈上；其次，只有知道"上尉"活动规律的人才有可能用它来传递讯息，提供信息的人既违反了量则（"提供恰如当前会话所需的信息"），又违反了方式则（"避免晦涩的表达"）。为什么他有意地省略了一些东西呢？看来，收据至少传达了两层会话隐意：第一，传递信息的人处境危险，因为将六字字母连起来构成的单词是"CORPSE（尸体）"；第二，传递信息的人无法写出他所在的具体地点，可能是怕被其他人发现，也可能因处于移动之中而无法确定方位。

　　再看小五郎和小兰在《名侦探柯南：健身俱乐部杀人事件》中的如下对话：

　　　　小兰：都是你太逞强了，以后少喝点酒，少抽点烟，要好好培养体力。

　　　　小五郎：就是，大叔现在最大的优点就只有体力了。

　　　　小兰：这家俱乐部真的不错，我好想加入，爸爸？

　　　　小五郎：哦，好像电话有人留言。

　　　　小兰：爸爸，你听我说完。

　　　　小五郎：我看看，是不是工作上的电话。

　　小五郎在对话中多次违反关系则，他的回答总是和小兰的谈话内容不相关，既然我们假定小五郎是奉行合作原则的，那么他的会话隐意就是"我不想讨论这些，我们还是换个话题吧"。事实上，小兰很可能在小五郎一开始提出"大叔现在最大的优点就只有体力了"时就推断出父亲的会话隐意，而她之所以穷追不舍，是因为她并不认可小五郎的主张。

　　与格赖斯的会话四则类似，范爱默伦和汉克曼斯（Henkermans）以及格赖兹也提出了言语互动的行为准则。根据范爱默伦和汉克曼斯的观点，一般性的交流规则包括清楚规则、真诚规则、实效规则和切题规则。[1] 根据格赖兹的观点，我们应避免难以理解的、不真诚的、冗余的、无意义的、不恰当的表达方式。[2] 如果论证者违背了上述交流规则，那么就传达了超出字面意义的内容，听者应当通过重构论证的方式来推断其真正意欲表达的立场或观点。

　　在《福尔摩斯探案全集：斑点带子案》中，海伦小姐告诉福尔摩斯，姐姐朱莉娅临终前曾叫喊："唉，海伦！天啊！是那条带子（"band"既有"一帮"又有"带子"之意）！带

---

[1]　〔荷〕范爱默伦、〔荷〕斯诺克·汉克曼斯：《论证分析与评价》（第2版），熊明辉、赵艺译，北京：中国社会科学出版社，2018年，第53页。

[2]　〔荷〕范爱默伦、〔荷〕赫尔森、〔荷〕克罗贝等：《论证理论手册》（下册），熊明辉等译，北京：中国社会科学出版社，2020年，第652页。

斑点的带子!"由于她们姐妹二人的继父与吉卜赛人有往来,而且很多吉卜赛人头上都戴着带斑点的头巾,于是福尔摩斯如是说:"夜半哨声;同这位老医生关系十分密切的一帮吉卜赛人的出现;我们有充分理由相信医生企图阻止他继女结婚的这个事实;那句临死时提到的有关带子的话;最后还有海伦小姐听到的哐啷一下的金属碰撞声(那声音可能是由一根扣紧百叶窗的金属杠落回到原处引起的)。当你把所有这些情况联系起来的时候,我想有充分根据认为:沿着这些线索就可以解开这个谜了。"①

在这个案例中,朱莉娅传递这条讯息时是合作的,且一定是急于告诉海伦一些重要的线索,否则就不需要在临终前大声叫喊。因此,福尔摩斯断定她传达的讯息"带斑点的带子"一定传达了某种和案件紧密关联的信息,也即是说,朱莉娅在说这句话时遵循了真诚规则、实效规则和切题规则。但与此同时,她又违反了清楚规则——一方面,英文单词"band"有"带子"之意,吉卜赛人头上都戴着带斑点的头巾,她们姐妹二人的继父与吉卜赛人有往来;另一方面,茱莉娅也可能用"band"表示她在火柴光下所见到的东西的形状是带状的。当福尔摩斯不确定"带斑点的带子"的确切含义时,他只好参考其他规则尝试获得更多的信息去衡量到底哪一种解释才是茱莉娅所要表达的内容,因此,福尔摩斯一开始推断"带斑点的带子"指代的是吉卜赛人,朱莉娅表达的所隐之意也许是"吉卜赛人出现了,继父企图阻止海伦结婚"。但实际上茱莉娅在仓库看到的并不是吉卜赛人,后来福尔摩斯结合线索推断出茱莉娅所说的"带斑点的带子"指的是蛇,茱莉娅由于仓促一瞥并没有看清楚那条毒蛇,只好用"带斑点的带子"形容她看到的物体的形态。

在这一案件中,由于朱莉娅表达了超出字面意义的内容,福尔摩斯通过重构论证的方式来推断其真正意欲表达的观点。我们刚刚按照范爱默伦和汉克曼斯的一般交流规则分析了上述过程。从以上分析可知,在重构的过程中福尔摩斯也曾作出错误的判断。这提醒我们,会话隐意及由此推得的论证立场是可废止的。

当然,我们也可以用格赖兹提出的言语互动行为准则来分析朱莉娅的话。在缺乏足够背景信息的前提下,"带斑点的带子"究竟指的是人还是物?朱莉娅违反了第一条准则——避免难以理解的表达,其原因很可能是她也没看清那东西究竟是什么。同时,鉴于姐妹二人与吉卜赛人的联系,在这个语境下很难让人不将"band"和吉卜赛人联系起来,即朱莉娅还违背了第五条准则——避免特定语境下不恰当的表达。结合对违反第一条准则的猜测,如果海伦可以将茱莉娅的话重构为"我在仓库里看到了一条有斑点的带状物",或许福尔摩斯可以更快地解决这起案件。

思 考 题

一、在《名侦探柯南:又甜又冷的宅急便》中,安室在获知六个字母 "C" "O" "R" "P" "S" "E" 背后的隐意之后,是如何判断出传递这条讯息的人是

---

① 〔英〕阿·柯南道尔:《福尔摩斯探案全集》(上册),丁钟华等译,北京:群众出版社,1981 年,第 415 页。

柯南的？　他又是如何得知柯南他们被困在宅急送而非特殊用途的冷冻车中的？你能写出其中的论证吗？

二、在《名侦探柯南：福尔摩斯的默示录》中，柯南得到了一张默示录："轰鸣的钟声令我惊醒，我是住在城堡里的长鼻子魔法师，以冰冷得如尸体般的白煮蛋为食，最后一口气吞掉腌黄瓜菜就大功告成，对了，应该提前订个蛋糕来庆祝，再次响起的钟声引起了我的憎恨，将一切了结吧，用两把剑穿透白色的背脊。"你能以格赖斯或格赖兹的理论为依据，推得默示录背后的隐意吗？

三、在《福尔摩斯探案全集："格洛里亚斯科特"号三桅帆船》中，福尔摩斯的大学好友特雷弗的父亲在读了短短的几行字"伦敦供应商正稳步上升。　我们相信总管赫德森现已奉命接受一切捕绳纸的订货单并保存你的雌雉的生命（The supply of game for London is going steadily up [it ran] . Headkeeper Hudson, We believe, has been now told to receive all orders for fly-paper and for preservation of your hen-pheasant's life）"后便中风身亡，福尔摩斯推测信的字面意思和实际的含义一定有所不同，你能以格赖兹的五条规则分析这封短信的隐意吗？

四、在《大唐狄公案：铁针奇案》中，狄仁杰和陆氏在公堂上有如下对话，你能根据我们介绍过的会话原则将其重构出来吗？

狄仁杰：除姓名外，你还有个绰号叫"猫咪"，可是真的？

陆氏：大人在嘲弄我吗？

狄仁杰：提问乃本县特权，回答！

陆氏：是的，我的确有那绰号，那是先父对我的昵称。

狄仁杰：你是否曾穿过鞑靼男子穿的黑衣服？

陆氏：不许你侮辱我！　一个正派女子如何能穿男人的衣服？

狄仁杰：事实是你的衣物中有这样一件衣服。

陆氏：大人或许清楚我有鞑靼亲戚。　那衣服是很久以前从边界那边来的一位表弟忘在家中的。

狄仁杰：将你与已故拳师蓝涛奎的关系向本县如实招来！

陆氏：你尽可折磨我，侮辱我，对我而言均无大碍，但玷污蓝涛奎师傅的肮脏勾当，我是绝不会做的。　他是我们的英雄，本区百姓的骄傲！

五、在《13·67：泰美斯的天秤》中，石本添犯罪集团内部采用密码进行通信，这套密码只有警方专案组人员和犯罪集团人员知晓。　然而当警方盯上石本添弟弟石本胜时，石本胜却收到一封秘密纸条，上面写着"042616"。　谈谈石本胜是如何推断出其隐意的。

本章小结

1. 要想全面地分析日常语言中的论证，还应关注论证的表达，对论证进行语言（特别是语义和语用)方面的评估,此即论证评估的第三种维度——修辞维度。

2. 语言是思维的载体,论证要借助语言才能完成,因此论证与语言密不可分。言语交流的简单情形中,字面意义就是说话者意欲表达的内容。然而在日常交流中,更常见的情形则是通过特定的语句建构来传达一些超出字面意义的内容,进而达成既定的交流目标。

3. 除了我们介绍过的"因为""所以"等论证标识语之外,其他诸如"也""并且""还""但是""仅仅""只是"的功能词也是有论证作用的。

4. 根据格赖斯的观点,既然说话者与听话者展开的是一项有目的指向性的理性行为,那么交流双方自然会根据公认的谈话目标或方向,使自己的贡献恰如所需,这就是合作原则的基本内容。进一步地讲,交谈双方还应该奉行更为具体的会话四则(量则、质则、关系则和方式则)。

5. 一般来说,言语交流的双方无论在何种情况下都应遵守合作原则,但出于有意或者无意,人们却并不总是遵守会话四则。在这种情况下,听话者一方面需要假设说话者是合作的,另一方面则要越过说话者的所言之意,去深度挖掘对方言语中的会话隐意。

6. 与格赖斯的会话四则类似,范爱默伦和汉克曼斯以及格赖兹也提出了言语互动的行为准则。根据范爱默伦和汉克曼斯的观点,一般性的交流规则包括清楚规则、真诚规则、实效规则和切题规则。根据格赖兹的观点,我们应避免难以理解的、不真诚的、冗余的、无意义的、不恰当的表达方式。

第十章

谬　误

逻辑学家不仅致力于提供评价好论证的标准,而且花费了大量时间来总结日常生活中形形色色坏论证的特征。这类坏论证就是谬误。谬误中论据对论题的支持仅仅是表面现象,实则为迷惑人的把戏,很可能对论证进行暗中破坏,而我们则要避免这种现象的发生。

在论证的评估阶段,指出论证者犯了谬误是比较常用的反驳手段。比如,在《名侦探柯南:烹饪教师杀人事件》中,小五郎说:"凶手是在大家上课之后才从后门偷偷潜到配电室里面,然后再设置了这个冰块做的装置。在那之后,他通过后门马上到了前院,躲在前院的树丛里等待电源断掉的那一刻,然后在电源断掉的这一瞬间,他把玻璃门打开跳进教室行刺上森太太,便立刻逃走了。"针对这一论证,柯南反驳道:可是那个时候教室里面一片漆黑,凶手又是利用什么办法找到上森太太的呢? 在这里,柯南实际上是在提醒小五郎,他论证的连锁链条出了问题。

实际上谬误的分类研究不是到现代才有,从古代开始就有很多人对谬误进行了研究,在《荀子》以及《辨谬篇》里都不乏相关的讨论。荀子把关于"名"的谬误总结为"三惑",即用名以乱名、用实以乱名、用名以乱实,并提出解决谬误的方法——验之所以为有名而观其孰行。亚里士多德将谬误分为依赖于语言的谬误和不依赖于语言的谬误两大类。其中,依赖于语言的谬误包括语词歧义、语句歧义、合谬、分谬、错放重音和变形谬比六种;不依赖于语言的谬误有七种,分别是起自偶性、混淆绝对的与不是绝对的、对反驳的无知、预期理由、结论误推、错认原因以及复杂问语。[①] 虽然当代的部分论辩理论学者认为亚里士多德的划分标准是存在问题的,但亚里士多德对谬误的研究仍被看作具有开创性和方法论意义。

为了便于讨论,我们将谬误分为非形式谬误和形式谬误。形式谬误可以直接根据论证的形式进行判定,非形式谬误则要从论证的内容上加以识别。在接下来的章节,我们先介绍不相关谬误、不充分谬误、弱归纳谬误、语言谬误等非形式谬误,再介绍几种常见的形式谬误。

第一节　不相关谬误

如果所诉诸的理由只具有心理上的相关性,并不与论题在逻辑上相关,也就是运

---

① 王路:《亚里士多德关于谬误的理论》,载《哲学研究》,1983 年第 6 期,第 47-52 页。

用不相关的论据得到论题，那么就犯了不相关谬误。本节将介绍六种常见的不相关谬误，它们分别是人身攻击谬误、诉诸大众谬误、诉诸威胁谬误、诉诸怜悯谬误、红鲱鱼谬误以及稻草人谬误。

一、人身攻击谬误

如果论证的出发点并不是指向论证本身，而是针对论证者个人或其所在的群体，对人不对事，那么就犯了人身攻击的谬误。人身攻击有三种常见的伎俩：揭短的人身攻击、情境的人身攻击和半斤八两的人身攻击。

所谓揭短的人身攻击，即以对他人的抨击、挖苦、指责为手段，来否定他人所提出的主张，如质疑对方的智力、理解能力、专业能力等。比如《神探夏洛克：粉色的研究》中的如下对话：

> 安德森：我们能进入她的邮箱又能怎么样？
>
> 夏洛克：闭嘴，安德森！你拉低了整条街的智商。

夏洛克并没有直接反驳安德森，而是通过挖苦安德森的智商来达到否定安德森主张的目的，这就犯了揭短的人身攻击谬误。

在《名侦探柯南：贵宾犬与霰弹枪》中，柯南站在尸体旁检查尸体时，被小五郎一把拎起，小五郎说道：

> 喂，臭小子，不要在这里乱逛妨碍警方调查，听见没有！

小五郎以柯南年纪太小不懂事为由，认为小孩子不可能对侦查案件给出靠谱的分析，同样犯了揭短的人身攻击谬误。

如果因为对方的地位或职业等背景条件就对他们的观点置之不理或加之于罪，那么就犯了情境的人身攻击谬误。[1] 在《名侦探柯南：古装演员杀人事件》中，小五郎认为冲田先生身上有其他值得怀疑的地方，理由为：

> 土方先生平时扮演的角色不是古代的政府官员就是公正的执法者，都是主持正义的角色。而你（指冲田先生）演的尽是一些小偷和间谍，再不就是别人的情敌，全部都是一些不堪入目的坏角色。哪有那么巧合的事情？所以，凶手就是你。

小五郎将冲田先生的职业作为论证的决定性因素，认为冲田先生以往塑造的角色都是反面的，所以他在生活中也是坏人。然而，我们并不应将职业情境照搬到所发生的案件中去。就算冲田扮演的都是反面人物，也不能以此证明凶手就是他。情境人身攻击的错误在于，将个人的背景当作推论的前提。

在《名侦探柯南：大怪兽哥美拉对战假面超人》中，平次对两名嫌疑人进行调查时，其中一位高内尊先生对平次质疑道：

> 要我说啊，你是想靠你老爸的关系，来这里立功什么的吧！

高内尊因为平次是警长的儿子而对他的调查感到不屑，但是我们并不应该仅仅因

---

① 〔美〕梅森·皮里：《笨蛋！重要的是逻辑！》，蔡依莹译，北京：北京联合出版公司，2013年，第106页。

为对方的职业、地位、身份或其他背景条件，就固执地迫使对手接受或拒绝某个结论。

半斤八两的人身攻击指的是，既然对方与对方指责的人犯了同样的错误，那么对方的攻击就变得毫无意义了。[①]在《名侦探柯南：贵宾犬与霰弹枪》中，豹藤先生怀疑凶手是真知子小姐，并向警方说道："想当初安娜只不过是一个不红的小明星而已，是你手把手带着她工作，而现在她却成了你的上司，你心里应该很不满吧？后来我为了安娜放弃了你，所以你就恨上了安娜，想着总有一天要杀了她。"面对豹藤先生的指责，真知子小姐指出豹藤先生同样具有杀人动机，反驳道：

想杀死安娜的人明明是你这个家伙才对，你向安娜借了那么多钱，因为被逼着还债，所以就痛下狠手，杀死了安娜吧！

在《名侦探柯南：不明撞击事件》中，野岛先生告诉警方："金田先生好像有跟朱古先生借钱，我还好像听到金田先生亲口说如果朱古先生失踪的话，就可以不用还他钱了。"就此，金田先生反驳道：

如果真的要说起来，你（指野岛先生）也一样很有嫌疑不是吗？你不是为了到底要不要缩减费用而与他起了争执嘛？把吸烟区设在那里的不就是你吗？你为了发泄对朱古先生的仇恨才将吸烟区设置在那里。

在上述两个例子中，当事人都没有直接回应对方的责难，而是以"你也一样"为由来回避问题，将注意力转移到其他事物上面，这样就犯了半斤八两的人身攻击谬误。

值得注意的是，人身攻击论证之所以是谬误，是因为对某人的攻击与他给出的论证没有逻辑关联。然而在一些场合下也存在例外情况。例如在法庭上，让法官或审判员注意到证人不可信，从而削弱其证词的力度，这是人身攻击论证，但却是合理的抗辩。比如，在电影《十二怒汉》中，住在被告楼下的老人声称其在听到响动后走到门口正好看见了被告行凶后逃走，另一位住在对面的女士，称其透过窗户看到了行凶过程。因为两位目击证人的证词，陪审团成员对于是否判定被告无罪争持不下。认为被告无罪的成员指出，中风且行动不便的老人是无法用十五秒时间从房间走到门口的，因此老人的证词不可信。而住在对面的女士鼻子上有眼镜的压痕，而案发时是夜晚，她不可能在睡觉前还戴着眼镜，因此是无法看清行凶过程的，她在出庭时没有戴眼镜是想要把自己打扮得年轻一些。这样一来，老人和女士的证词的可信度被大大削弱，最后陪审团一致认为被告无罪。

二、诉诸大众谬误

在介绍诉诸大众谬误的内涵之前，我们来看个例子：

这东西这么火，到处都在买，全网都在讨论，我也买一个。

因为大家都在买，所以你也应该去买。这种谬误的基本思路是：所有人（或者大部分人）相信或做了某事，因此，你也应该相信或做某事。诉诸大众谬误就是指以大多数公众所持有的信念及强烈的愿望，而不是客观严谨的理智分析为理由，来促使人接受

---

① 〔美〕T.爱德华·戴默：《好好讲道理》，刀尔登、黄琳译，杭州：浙江大学出版社，2014年，第364页。

某种主张或者采取某种行动。

在《名侦探柯南：没有脚印的沙滩》中，小五郎说："既然大家都认为她是冲浪时被冲浪板上的缆绳缠住而勒死的，那么事实当然就是这样。"由于多数人持有某种观点，就认为该观点为真，这就犯了诉诸大众的谬误。再如，在《名侦探柯南：陶艺大师杀人事件》中，对于土屋太太的死因，陶艺大师认为"也许是因为她把风水号打破了，觉得愧疚才做出这种事"；陶艺大师的徒弟濑户则说："风水号是师父要在这次发表会上展示的一个新近完成的水壶，但是昨天白天的时候，土屋太太从仓库里拿出来时不小心打破了，如果说土屋太太为那件事过意不去的话……"小五郎闻此，便根据众人的话得出："这是自杀事件，一定是自杀不会错的。"这同样犯了诉诸大众的谬误。

在以上二例中，之所以称相关论证为谬误，是因为这些论证抱着随大流的心态而不去过问所确信的根据。但是，这并不意味着所有引用公众意见的论证都是坏论证，如果能够在大众所持意见的基础上仔细分析，从而找到其中的缘由，那么就没有犯谬误，正如《论语·卫灵公》说："众恶之，必察焉；众好之，必察焉。"①

三、诉诸威胁谬误

诉诸威胁谬误指的是以某种不良后果胁迫对方接受自己的观点或行为。我们对这种谬误并不陌生，因为每当柯南试图反驳小五郎的时候，小五郎都会犯诸如"你这小子给我离远一点，不然我就揍扁你"之类诉诸威胁的谬误。

在《神探夏洛克：盲眼银行家》中，单堂主用枪指着华生女友来逼迫华生说出玉簪的下落同样是一种诉诸威胁的谬误。类似地，在《名侦探柯南剧场版：绝海的侦探》中，勇气被威胁道："你老实待着的话，我就让你见到你的父亲。"这也是一种通过强力来迫使勇气屈服的谬误。

在《闪光的氰化物》中，安东尼则对罗斯玛丽作了如下诉诸威胁式的警告：

> 听好了，罗斯玛丽，这是很危险的。你不想让你可爱的脸被划破吧，是吗？有那么一些人，对他们来说，让一个漂亮的姑娘毁容，只是小事一桩。还有一种事情叫做被谋杀。这不光发生在书里和电影里，也发生在现实生活中。②

安东尼威胁罗斯玛丽，如果不按照他的意思去做，她就会受到伤害，甚至被杀害。虽然这种威胁与论题的真假无关，但震慑性却非常强。

在《大唐狄公案：玉珠串奇案》中，狄仁杰曾为了试探郎刘而采用了诉诸威胁的方法。他说："休战结束了。郎刘，只要你踏出河川镇一步，咱们的人就会抓到你。昨晚你那帮蠢货把我抓到你的货舱去，还要杀我。"这句话意在警告郎刘，由于他命人刺杀狄仁杰的行为违反了两个帮派之间的休战协议，所以休战也因此结束，故狄仁杰威胁郎刘最好乖乖待在河川镇，否则另一个帮派也将采取行动。

---

① 谷振诣、刘壮虎：《批判性思维教程》，北京：北京大学出版社，2006 年，第 127 页。
② 〔英〕阿加莎·克里斯蒂：《闪光的氰化物》，张建平译，北京：人民文学出版社，2009 年，第 53 页。

四、诉诸怜悯谬误

诉诸怜悯谬误指的是利用他人的怜悯之心,证明自己的主张或做法是合理的。在《名侦探柯南:情人节杀人事件》中,为寻求同情、减轻罪责,皆川克彦的姑姑说道:

我也是走投无路啊,我先生的事业失败,因此我无论如何都要将克彦所拥有的财产弄到手,我想要保护这个家,还有阿进的幸福。

在《大唐狄公案:红阁子奇案》中,温元在交代自己如何因嫉妒冯岱而试图教唆李琏时说道:"我确实罪孽深重,但冯岱无论于公还是于私都瞧不起我,让我觉得自己像个傻瓜。"温元将自己塑造成弱势群体的形象,并将此作为自己嫉妒冯岱的理由,其实质也是在诉诸怜悯,博得同情。

在上述例子中,论证者并没有提供逻辑上强有力的证据,而是企图利用听者的同情心来阻碍听者进行理性思考,因而犯了诉诸怜悯的谬误。但是,并不是所有包含情绪诉求的论证都是谬误,如果提供了相关的证据,那么论证者就没有犯谬误。在《字母表谜案:F 的告发》中,为了证明自己不是凶手,神谷信吾辩解称:"我有尖端恐惧症的,光是看到刀子我都受不了,握刀就更不可能了……您问问其他人就知道了,他们肯定都亲眼看到过我在餐厅里被刀叉吓得脸色发青的样子。"[1]虽然在这段辩白中神谷有包含情感的诉求,但是因为受害人是被刀刺死的,而神谷因为尖端恐惧症无法持刀行凶,因此他的论证就没有犯谬误。

五、红鲱鱼谬误

当猎犬所追踪的足迹偏离猎人的规划路线时,猎人会用散发强烈气味的红鲱鱼来吸引猎犬的注意力,红鲱鱼谬误因此得名。它是一种通过转移对方注意力而占据上风的把戏。当论证者试图通过一个不相关的话题来转移受众的注意力,并声称这一不相关的话题已经有效解决了原有问题时,就犯了红鲱鱼谬误。

在《名侦探柯南:健身俱乐部杀人事件》中,小五郎、小兰和柯南受邀去健身俱乐部锻炼。小五郎因体质太差,锻炼受伤,小兰趁机劝诫父亲:

小兰:都是你太逞强了,以后少喝点酒,少抽点烟,要好好培养体力。

小五郎:就是,大叔现在最大的优点就只有体力了。

小兰:这家俱乐部真不错,我好想加入,爸爸?

小五郎:哦,好像电话有人留言。

小兰:爸爸,你听我说完。

小五郎:我看看,是不是工作上的电话。

小五郎为避免答应女儿"少抽烟少喝酒"的要求,以"大叔现在最大的优点就只有体力了"来转移小兰的注意力,这是他第一次使用红鲱鱼谬误。而当小兰提出加入俱乐部成为会员的时候,小五郎又以"电话有人留言"为借口转移交谈话题,这是他第二

---

① 〔日〕大山诚一郎:《字母表谜案》,曹逸冰译,郑州:河南文艺出版社,2021 年,第 58-59 页。

次使用红鲱鱼谬误。最后,小兰直言请小五郎听她把话讲完,毛利先生又一次使用了红鲱鱼谬误。

在《名侦探柯南剧场版:异次元的狙击手》中,亨特与吉野联手设计了连环红鲱鱼来误导警方。在前两次狙击事件后,亨特通过故意露出的破绽,轻易地将警方的注意力锁定在自己身上,为真凶吉野赢取了藏匿的时间和空间。接着,亨特指使吉野将自己狙杀,使警方陷入嫌疑人已死的无解困局中,这条红鲱鱼又为吉野的下一步狙击计划创造了宽松的外部环境。

在《名侦探柯南:六月新娘杀人事件》中,柠檬茶里的胶囊就是凶手精心设置的红鲱鱼,目的是使警察错误地估计下毒时间。因为如果把胶囊放入饮料罐子里,等到外壳融化释出毒药需要 15～16 分钟的时间。这就意味着胶囊在一点半以前就被放到了松本老师的饮料罐子中,于是梅宫先生和新郎俊彦的嫌疑就被排除了。其实,凶手将胶囊放入饮料罐中只是为了诱导警察作出错误的判断。

胶囊

六、稻草人谬误

稻草人谬误常见于反驳之中,它指的是为了使对方的观点易于驳倒而有意曲解对手,通过攻击曲解后的观点造成对方的观点被成功驳倒的假象。稻草人论证的逻辑模式为:某人的观点是错误的或不合理的,因此应该反对某人的观点,但此人的观点已经被不公正地曲解了。

在《名侦探柯南:回转寿司之谜》中,当高木警官指出相园先生、武村女士和并木店长都有机会在寿司盘上下毒的时候,武村女士反驳道:

　　那么就麻烦你们解释看看啊,只让那个男人拿到唯一一个被下过毒的寿
　　司盘的方法。还是你觉得我们看起来就像是不管哪个人死都无所谓的冷酷
　　无情的随机毒杀的杀人犯?

其实高木警官本来只是表明三个人均有下毒的动机和可能性,而武村女士却将他的观点歪曲为"将我们三人当作冷酷无情的随机杀人犯"。面对这样的指责,高木警官只好连声否认,而这正是武村女士所设计的稻草人陷阱。

稻草人谬误和红鲱鱼谬误这两种模式容易混淆,因为二者都会产生转移注意力的效果。但不同的是,稻草人谬误是先曲解对手论证,再击毁被曲解的论证;红鲱鱼谬误是偷梁换柱,仅仅有意忽视而并未曲解对手论证。这两种谬误常常出现在犯罪嫌疑人的自辩过程当中,在《法医宋慈》中有两个鲜明的例子。某卤肉店老板吴通被害,当县太爷在审问吴通妻子吴杨氏及其徒弟丁虎时,丁虎说:"吴杨氏有个青梅竹马的旧识石长青与吴杨氏关系很近,并且因为此事石与吴争吵过很多次。"另外,被害人吴通的衣物出现在其朋友夏望山家。当钦差大人希望夏望山解释"为何被害人的衣物在你家"时,夏望山为自己辩护道:"这又不是我偷的抢的,是老吴自己放我家的,你们要问,就去问他啊。"这两条辩护目的都是为了洗脱长官对自己的怀疑,然而却分别犯下了不同的谬误:在第一个辩护中,丁虎将疑点指向吴杨氏和石长青,犯了红鲱鱼谬误;在第二个辩护中,面对"如何解释被害人的衣物出现在自己家中"时,夏望山表示"衣物并非我偷的抢的",言下之意便是认为"衣物只有被偷或者被抢才会出现在我家",犯了稻草人谬误。

思考题

一、你能找到下文中出现的谬误吗？ 请分别分析其种类和成因。

1. 在《名侦探柯南：偶像密室杀人事件》中，洋子小姐和她的经纪人都是作案嫌疑人，小五郎却一口咬定凶手是经纪人，理由为："长得这么可爱又惹人怜的洋子小姐怎么可能是杀人凶手呢？"

2. 在《名侦探柯南：假面超人杀人事件》中，小五郎说："我可以完全确定，这次的确是宗自杀案件，这是因为我们当时在场的人，全都目击了这一幕。"

3. 在《名侦探柯南：风林火山迷宫的铠甲勇士》中，小五郎说："给我出来！ 就算你躲到哪里我也知道，为了你的人身安全最好在我把你打扁之前自己出来。 没什么好考虑的了，下定决心，给我出来吧，再不出来我就要动手了。"

4. 在《名侦探柯南：高木警官捡到三千万》中，犯有盗窃杀人罪的平沼先生说："我的妻子因病倒下，毫无依靠的她如果失去了我，就没人能照顾她了，所以我才一直没有去自首。"

5. 在《名侦探狄仁杰：狄仁杰为寻白元芳怒闯娱乐圈》中，狄仁杰闯入了百花楼，巧遇头牌花魁如烟被害。 同为侦探的白洁断定刻薄的第二头牌彩云为凶手，因为她"不怀好意，出言不逊，一看就是坏人"，而且"对花魁宝座觊觎已久"。

二、下面的对话中存在谬误吗？ 如果答案是肯定的，请分别分析其种类和成因。

1. 柯南：可是马也不会因为这样就报复吧！ 如果它这么做，它和那些人又有什么不同？

小五郎：闭嘴！ 这里没有小孩子说话的份！

2. 柯南：脖子上的绳子痕迹却在防寒衣的里面哎。

小五郎：那又怎样，她可是被卷入大浪中，说不定绳子跑到防寒衣里面了。

柯南：可是，防寒衣是设计成紧贴着身体好不让水渗入啊！

小五郎：吵死了，好了，去去去，小鬼去那边玩去。

3. 洋子：对了，山爱先生那里有备份的钥匙。

小五郎：我知道了，山爱，犯人就是你。 你一定是被洋子小姐给甩了，所以想要报复她，对不对？

4. 柯南：要真是这样，他为什么要等了五年之后才来挖宝啊？

光彦：这你怎么会不知道呢？ 柯南，他当然是为了等法律追诉期过去啊。盗窃罪的追诉期是五年，也就是说那个歹徒很快就可以拿着宝石大摇大摆地找人到处变卖去了。

柯南：只就刑事案件来讲，追诉期是五年没错，但是民事的追诉期是二十年。 所以，他就算现在挖出来了，那批宝石还是不能算是他的，这点你们不是不懂吧？

元太：这么困难的法律规定，我们哪里会知道啊！

光彦：连我们几个都不知道的事情，那个歹徒当然也不会知道喽。

柯南：什么啊？

步美：柯南，你还真是爱找歪理耶。

元太：我妈妈平常就一直跟我说，我们做人要老实一点这样才好。

柯南：这跟那应该是两回事吧！

5. 夏洛克：这是我同事，华生医生。

萨莉：同事？ 你这种人怎么会有同事？

6. 目暮：你跟这个松山到底是什么关系？

寺冈：没有想到事实完全不是我想的那样。 这一切都应该是我的责任，会发生这种事是我太幼稚了。

7. 儿子：我和兰兰是真心相爱的，为什么要让我们分开？

父亲：你们门不当户不对，不能在一起。

儿子：你和娘门当户对，可是你们幸福吗？ 你还不是一样天天去青楼。

父亲：你不要强词夺理，你如果执迷不悔，我就和你断绝父子关系。

8. 凶手：我长得这么丑，怎么可能是凶手！

村民：对！ 像我们这种长得丑的人心地善良，像天使一样，怎么会杀人呢！

9. 夏洛克：拜托，不要激动，这都是为了一个案子。

约翰：什么样的案子需要你做这个？

夏洛克：我也要问你，什么时候开始骑车上班了？

10. 小兰：爸，你也真是的，怎么会弄得这么乱啊？ 就是因为这样，才会没有生意上门，就连妈妈也离家出走。

小五郎：我可是挑工作接的耶，那位假装是侦探的年轻人怎么样了？ 你们不是一起出去的吗？

第二节 不充分谬误

虽然论据和论题有一定的逻辑关联，但是如果前者不能为后者提供充分的证据支持，那么就犯了不充分谬误。本节将介绍几种常见的不充分谬误，它们分别是诉诸无知谬误、诉诸不当权威谬误、非黑即白谬误、滑坡谬误。

一、诉诸无知谬误

当我们缺乏判断一个观点对错的证据时，通常最好的方式是悬搁判断，如果仅由于没有证明 A 为真，就声称 A 为假，那么就犯了诉诸无知的谬误。更准确地说，当论证者声称一个观点成立的理由是没有人证明它不成立，或与此相反，声称一个观点不成立的理由是没有人证明它成立时，这种谬误就是诉诸无知谬误。诉诸无知谬误的逻辑是：无证据则反面为真。它有两种形式：

(a) 命题 A 没有（或无法）被证明为假。

所以，命题 A 为真。

(b) 命题 A 没有（或无法）被证明为真。

所以，命题 A 为假。

在《名侦探柯南：不在场证明杀人事件》中，当广濑先生被问及不在场证明时，他坦言自己当时是因为收到死者和美小姐的字条而前去赴约的，但是小五郎认为既然没有人能够证明字条确实是和美小姐写的，那么字条就是广濑先生伪造。在这里，小五郎就犯了诉诸无知的谬误。

在《名侦探柯南：加贺大小姐的推理之旅》中，大家一致认为是熟人作案。社长、会计、社长女儿、学徒都具有不在场证明，而社长女儿的男朋友近藤拓海先生称在作案时间内他在睡觉，但没人可以为他作证，因此社长认为既然没有不在场证明，那么近藤拓海先生就是凶手，并大声说道："你没有不在场证明，果然绑架犯就是你。"在这里，社长同样犯了诉诸无知的谬误。

类似地，在《名侦探柯南：企业家千金杀人事件》中，小五郎判断死者死亡时间是凌晨六点左右，而当时没有不在场证明的只有三船先生和六田先生，所以小五郎推断凶手就是他们二人中的一个。这背后的逻辑是：既然没人能证明他们没有犯罪，那么他们就是凶手。

在《名侦探柯南剧场版：异次元的狙击手》中，在发生了第三次狙击事件后，市民们在新闻主播的煽动报道下,认为既然警方还没有公布被害者之间的联系,那么凶手根本就是随机杀人。其中的论证过程是:警方没有公布死者之间的联系,就证明死者之间没有联系,所以凶手是在随机杀人。换句话说,没有证据表明凶手不是在随机杀人,所以凶手就是在随机杀人。市民们因此人人自危,即使外出也要撑伞,以免成为下一个狙击目标。实际上,即使警方暂时未能找到被害人之间的联系,也不能得出"凶手是随机杀人"的结论。以这种诉诸无知的逻辑来看,我们也可以认为"凶手并非随机杀人",因为同样没有证据表明凶手是在随机杀人。

值得注意的是,诉诸无知论证并不总是谬误,在某些情况下,诉诸无知也可被看作证明一个命题为真(或假)的依据。例如,在我国刑事审判中,根据无罪推定原则,对于被告人是否有罪采取"控方证明"原则,如果被告没有被证明为有罪,那么被告无罪。再如,如果对某处的搜寻没有任何发现,就能说明想要找的东西不在此处。这一论断合理的前提是要满足两个条件:封闭世界假设和穷尽性检索标准。[①] 假如我们发现这栋房子里没有嫌疑人,就可以大胆地得出结论:嫌疑人不在这栋房子里。根据封闭世界假设的要求,这栋房子应是完全封闭的,所有出口均被关闭;根据穷尽性检索标准,房子的任何地方都必须被充分检查,如果嫌疑人在里面,就一定会被发现。当这两个条件都满足时,那么就有充分的理由得出一个命题是真(或假)的结论,因为没有证据表明这个命题是假(或真)的。

二、诉诸不当权威谬误

在正常情况下,我们会信赖别人告诉我们的事情:孩子依靠家长得知关于世界的基本常识,专家学者依靠相关资料和其他学者的著作来获得学科领域内的可靠信息。如果没有对其他人的基本信任,就很难形成我们这样一个稳定和谐的社会。为支持或反对某种观点,引用相关领域专家的意见本是无可厚非的,然而,人们也经常不加批判地信任权威。

诉诸不当权威谬误指的是借助某一领域的权威来支持或反对另一领域中的某种观点,也指诉诸带有偏见或受利益驱动的权威。比如,某位篮球明星在广告中代言某个品牌的护肤品,虽然他可能是篮球场上的高手,但他既不是化工领域专家,也不是美妆销售达人,甚至他可能根本就没有使用过这款产品,因此这是典型的诉诸不当权威谬误。

在《名侦探柯南:电梯杀人事件》中,董事长英子小姐显然属于不当权威,但是小五郎却依然以她的证词为依据来展开推理:

> 这一切正像英子小姐所说的,是强盗闯空门的时候犯下的案子。凶手从
> 外面把一楼紧急出口的锁撬开之后,潜入大楼,再爬楼梯到八楼去,在他经过
> 八楼电梯的时候,刚好遇到谷口小姐出来,就立刻杀了她,然后再利用楼梯逃
> 到外面去了。

[①]　Louise Cummings. "Good and Bad Reasoning about COVID-19", *Informal Logic*, 2020, 40(4), p.521-544.

在《大唐狄公案:铜钟奇案》中,洪亮基于冯县令的审判认为书生王贤东是凶手,却忽略了冯县令的断案依据。在卷宗最后,冯县令写道:"余思之良久,终觉此生系奸佞之辈,行止言语疑实发生,余指其奸杀之罪自当不虚。身为儒生,背离圣教,罪不容赦。待其书供后,拟依律判其死罪。"可见,冯县令断案仅是其"思之良久"而得,而非基于确凿的证据。因此,冯县令虽任官职,但洪亮凭这一点就认为其论断无误实则犯了诉诸不当权威的谬误。

三、非黑即白谬误

顾名思义,非黑即白谬误指的是对一件事物的看法只存在黑和白两种极端情况,忽略了中间地带:如果不是黑的,那么就是白的;如果不是白的,那么就是黑的。非黑即白谬误的实质,是使人觉得论证者提及的选言论据穷尽了所有的可能性。

在《名侦探柯南剧场版:第十一个前锋》中,连续爆炸案的凶手给警方和毛利侦探寄来犯罪预言信,声称已经发生的爆炸案并不是犯罪的终结,他还将在比上次人数更多的地方引爆炸弹。由于上次发生爆炸案的东都体育馆可容纳八万人,小五郎推断下次犯案的地点一定是即将举行演唱会的可容纳数万人的汐留体育馆。而实际上作案目标并不是这场演唱会,而是足球比赛场地。小五郎由于没有考虑到其他可能的情况而直接认定凶手的目标是汐留体育馆,犯了非黑即白谬误。

从广义上来说,非黑即白谬误并不局限于在两种选项间进行抉择,而是严格限制选项的数量,并且认为在这些选项中必有一个是真的。在《名侦探柯南:恐怖的十字路口》中,小五郎认为车谷先生之所以说对方的车子突然出现在视野内是因为他在驾驶的时候打瞌睡或者东张西望,因为十字路口的视野十分好。但其实还存在别的可能,即一种名为"冲撞路线"的现象。当两辆车成直角以相同的速度同时接近十字路口的时候,就等于互相在彼此正面四十五度角的位置上,也就是对方的车一直保持在视野外边缘的同一个位置上。但人类的周边视野难以辨识正在移动中的小物体,所以不能立刻发现对方移动的车辆。小五郎忽视了这种"冲撞路线"的现象,犯了非黑即白谬误。

类似地,在《名侦探柯南:诅咒假面的冷笑》中,由于苏芳女士死前屋外曾下过雪,但雪地上却没有留下脚印,警方推断杀害苏芳女士的人只能是屋内的人。案发时假面厅被锁住了,钥匙在东边一层厨房里(钥匙不可能被复制),因此小五郎作出推断:嫌疑人肯定是住在西边的人。在这里,小五郎首先通过钥匙在东边就不加考虑地排除了所有住在东边的人,进而将嫌疑人严格地限制在助理稻叶小姐、女侍美奈穗小姐、占卜师长良小姐、棒球手松平先生、摄影师片桐先生五位之中。如果照这个思路推理下去,恐怕是无法找到凶手了。

四、滑坡谬误

你若站在一个光滑的斜坡上,稍有不慎就可能滑到坡底。当我们在没有充分证据

十字路口

的前提下声称，如果采取了某一行为就会引起一系列的连锁反应，从而导致另一负面后果时，就犯了滑坡谬误。可见，滑坡谬误出现于链式论证之中，虽然表面看起来论证环环相扣，但实际上其中的每一环都岌岌可危，因为某事件并不一定导致另一事件的发生。

在《大唐狄公案：铜钟奇案》中，一个年轻的衙役惊异于狄仁杰并未动用严刑来对待嫌疑人，因为在他看来，那个瘦弱的书生"挨了头一鞭"就会"立刻招供"，这桩案子"马上就会了结"。在他看来，无论书生是不是凶手，只要受刑就会招供，招了供案子就可以了结，这就犯了滑坡谬误。在《名侦探柯南：夜路杀人事件》中，小五郎因为被害人生田先生欠了嫌疑人日向先生的钱不还，推断嫌疑人对被害人怀恨在心，进而推断嫌疑人因恨杀人，这也是典型的滑坡谬误。

在《密室收藏家：柳园案件》中，桥爪老师为了包庇校长，向君塚老师开了致命的一枪。他这么做的理由是：如果校长被捕，学校的声誉会一落千丈；学校没了声誉，家长就会让孩子退学；失去了学生，学校就会关门；学校没了，他就会失业。尽管校长是杀人犯的确会对一个学校的声誉造成影响，但这并不能表明学校的声誉是不可挽回的，桥爪老师也没有可信的证据证明学校会因此关门大吉最终导致他失业。正是这个滑坡谬误，导致他作出了无法挽回的决定，最终成为一个杀人凶手。①

在《名侦探柯南：本厅刑事恋爱物语8，左手的无名指》中，小五郎接二连三地犯了滑坡谬误。首先，他认为凶手是用橡皮筋将钥匙放回诸口先生手里的：

是橡皮筋！ 先把橡皮筋全部串在一起，再穿过戒指把橡皮筋做成弹弓的形状，然后用橡皮筋的两端绑住钥匙的头和尾，再从气窗把钥匙射进房间里面，能做到这一点的就是现在手上仍有橡皮筋的垂水先生。

① 〔日〕大山诚一郎：《密室收藏家》，曹逸冰译，南京：江苏凤凰文艺出版社，2021年，第32页。

橡皮筋

这一论证直接将矛头指向了摄影师垂水,不过高木和佐藤警官却对小五郎提出疑问,因为"从气窗把钥匙射进诸口先生手中"绝非易事。接着,小五郎继续说道:

卷尺的前端勾住诸口先生的戒指,然后用那把卷尺穿过钥匙孔,再从气窗的外面把钥匙放到诸口先生的手掌上,就像走钢丝一样。

这一论证则将矛头指向了编辑穴吹小姐,不过佐藤警官再次轻而易举地反驳了这个滑坡谬误,因为一方面如果事先将钥匙穿过卷尺则没有办法锁门,另一方面金属卷尺超过一米就会弯曲,根本无法从气窗抵达诸口先生的手掌。

思考题

一、你能找到下文中出现的谬误吗? 请分别分析其种类和成因。

1. 在《名侦探柯南：风林火山迷宫的铠甲勇士》中,小五郎说："要是放下尸体前这里就已经有你的脚印的话,就是另外一种可能了,对不对啊,行动特别迅速的警察先生? 该不会是你用手机把躲在厕所的绫华小姐给叫了出来,再弄晕她伪装成上吊自杀的样子,再装成什么都不知道去虎田家吧?"

2. 在《福尔摩斯探案全集：四签名》中,琼斯希望斯茂说出宝物的下落以此获得法律上的减刑,斯茂回答道："整整二十年,在那热病猖狂的湿地里住着,白天整日在红树下面做苦工,夜晚被锁在污秽的囚棚里,镣铐加身,被蚊子咬着,被疟疾折磨着……而你却要来同我讲什么公道。 难道因为我不肯把我历尽艰难而取得的东西让别人去享受,你就认为不公道吗?"

3. 在《啤酒谋杀案》中,卡拉在推测谁是凶手时说："也许是梅雷迪恩……你看,我觉得他看上去就像是会制造谋杀案的人。 我指的是,他老是优柔寡断,别人都取笑他,兴许他心底恨透了。"

4. 在《密室收藏家：柳园》中，千鹤晚上溜回学校去拿忘在学校的侦探小说，因此目睹命案，校长批评她说："你会因此丢了性命的，你为了拿本破书看到了杀人案，你看到凶手那凶手也会看到你，凶手看到你了一定会杀了你。看你准备怎么办！"

5. 在《密室收藏家：死者缘何坠落》中，凶手从密室中神秘消失，宫泽警官分析道："那唯一可能性就是，发现被害人的伊部优子在撒谎。我们都认定被害人的尸体是从六楼的房间摔下来的，于是凶手如何逃离被害人的房间便成了未解之谜。如果尸体不是从六楼摔下来的——如果伊部优子的目击证词是假的，那就不存在任何问题了。"

6. 在《大唐狄公案：铁针奇案》中，陆氏交代了自己杀害蓝拳师的动机："他告诉我必须分手……我疯狂了，没有这个男人我活不下去，没有他我觉得生命的力量从我身上一点一滴地流走……我告诉他要是他敢离开我，我会像杀我丈夫那样杀了他。"

二、下面的对话中存在谬误吗？如果答案是肯定的，请分别分析其种类和成因。

1. 衙役：(狄县令)拖来拖去究竟用意何在？那姓王的小子一贫如洗，根本就别指望从他那儿得到一丁点好处。

班头：他绝对是个傻瓜，只能这么解释！

2. 小沙弥：怎的，又要换家具了？

陶干：干你自己的事！怎的，咱穷木匠赚些小钱你眼红啊？

3. 马荣：带大爷我去见黄三！

假道士：别……请别把我带到黄三那儿去，要不他非把我打死不可！

4. 在《福尔摩斯探案全集：黄面人中》，福尔摩斯在调查格兰特·芒罗先生的太太为何行为异常时，与华生展开如下对话：

华生：你已经有了推论吗？

福尔摩斯：是啊，这仅是暂时的推论。可是如果这推论证明是不正确的，那就不免使我吃惊了。我认为这女人的前夫就住在小别墅里。

华生：你为什么这么想呢？

福尔摩斯：不然，她那样惊惶不安、坚决不让现在的丈夫进去的举动又怎样解释呢？照我想来，事实大致是这样：这个女人在美国结了婚，她前夫沾染了什么不良的恶习，或者说，染上了什么令人讨厌的疾病，别人不愿接触了或者能力降低了。她终于抛弃了他，回到英国，更名改姓，想开始一个新的生活。她把一张别人的死亡证给丈夫看过。现在结婚已经三年，她深信自己的处境非常安全。可是她的踪迹突然被她的前夫发现，或者可以设想，被某个与这位病人有瓜葛的荡妇发现了。他们便写信给这个妻子，威胁说说要来揭露她。她便要了一百磅设法去摆脱他们。他们却仍然来了。当丈夫向妻子提到别墅有了新住户时，她知道这就是追踪她的人。她便等丈夫熟睡以后，跑出去设法说服他们让他们安静。这一次没有成功。第二天早晨她又去了，可是正像她丈夫告诉我们的那样，她出来时正好碰上了他。

5.在《密室收藏家：佳也子之屋为雪所覆》中，想要轻生的佳也子被医生香坂典子所救并安置在她的医院里。不料，佳也子一觉醒来发现典子被人谋杀，典子的妹妹桑田洋子指责佳也子就是凶手。

桑田洋子：杀死我姐姐的就是你！

桑田武（洋子的丈夫）：你先别急，警方还没确定她就是凶手。

桑田洋子：可警官都说了，医院周围的雪地上只有昨天傍晚姐姐出门买东西时留下的脚印，没有凶手的脚印。那凶手就只可能是这个女人了！姐姐好心救了她一命，她竟恩将仇报！

桑田武：可她没有动机。

桑田洋子：姐姐肯定责备了她几句，说她不该轻生。说着说着，她们就吵起来，这个女人一怒之下，就把姐姐给……

第三节 弱归纳谬误

顾名思义，弱归纳谬误指的是在进行归纳时，所依赖的证据并不足以表明某一主张是正确的。本节将分别介绍轻率概括谬误、忽视偶然谬误、机械类比谬误和不当原因谬误四种弱归纳谬误。

一、轻率概括谬误

枚举归纳的逻辑基础是已观察到情况多次重复出现，且没有发现反例。如果观察到的个体过少、过于局部化，或者忽视已经遇到的反例情况，那么就意味着论据中所描述的性质并不具有代表性，这就会降低枚举归纳的强度，造成轻率概括的谬误。

在《名侦探柯南：死神阵内杀人事件》中，对于命案现场的一卷绝缘胶带，小五郎认为凶手"是想让我们这些人赶到命案现场以后被这卷胶带绊倒"，理由是他自己被胶带绊倒了。小五郎由"自己一个人被绊倒"得到"凶手想让所有人绊倒"的结论，试图以单个事例作为枚举归纳的依据，这就犯了轻率概括的谬误。

在《大唐狄公案：御珠奇案》中，杨有才试图将狄仁杰的注意力转移到寇元亮身上，于是说：

大人今天来这里只是私下里和小人随便谈谈，因此，小人也就不用忌讳什么。那寇元亮秉性中有明显瑕疵，小人只举一例，大人即可略见一斑。一日，寇元亮给我看一件上好的波斯玻璃碗，我拿在手里把玩，啧啧称赞着，顺手指出碗底处的一个色斑给他看,笑着说道:"白璧微瑕,这瑕疵倒使得这波斯碗越发漂亮了。"寇元亮一把从我手中拿过玻璃碗,定睛一看,果有瑕疵,便往地板上使劲一扔,将之摔得粉碎。大人,这真是作孽![①]

杨有才试图通过这一个别事件来说明寇元亮本性恶劣,以此证明杀人事件也极有可能是寇元亮所为。但事实上,这一事件并不能作为断定寇元亮是凶手的充分证据,狄仁杰自然也不会据此进行轻率概括。

在《名侦探柯南剧场版:战栗的乐谱》里,秋庭怜子小姐和少年侦探团的孩子们一起先后遭遇了保温杯下毒和卡车碾压事件。

秋庭:我要回去了。

孩子们:为什么啊?

秋庭:和你们在一起就没好事。

这里秋庭怜子进行了轻率概括。虽然她和孩子们在一起时接连发生了不好的事情,但这两起事件发生得十分集中,过于局部化。如果按照这个逻辑推理下去,恐怕没有人愿意和少年侦探团做朋友了。

在《名侦探柯南剧场版:异次元的狙击手》中,凶手两次完成狙击后都在狙击地点留下骰子。第一次留下的骰子数字为4,第二次留下的数字为3。在发生这两次案件后,警方迫于破案的时间压力形成了此乃杀人目标数量倒数的结论。其实,仅仅凭两次杀人事件及其留下的数字样本,是不足以得出这一观点的。然而小五郎却对此深信不疑,即使在发现第四次狙杀事件中留下的骰子为数字5的反例情况后,小五郎仍将之归因为"晃动所导致的误差",同样犯了轻率概括的谬误。

对于枚举归纳来说,即使暂时没有发现反例,也不意味着今后反例不会出现。而一旦反例出现,我们就应放弃原有结论,重新进行归纳分析。在《诡计博物馆:至死不渝的追问》中,新近发生的一起凶手案与26年前未侦破的一起案件在被害人年龄、弃尸现场和弃尸地点、致命创伤等方面几乎一模一样。鉴于在26年前的案件中,尸体遗弃现场的详细位置、尸体被发现时呈俯卧姿势以及凶器的形状这些未对外公布的情形也被凶手完美地还原了,警方认为"凶手就是参与了26年前案件搜查的警员"。但是后来调查发现,26年前的案件中被害人的毛衣左袖沾上了血迹,而在当前案件中,则是被害人右边的袖子沾上了血迹。如果果真是知情的警员还原了多年前的案件,不会犯这种错误,因此警方推断出凶手是不知道血迹具体位置的人。[②]

二、忽视偶然谬误

虽然科学家致力于探索和发现描述世界的一般规则,但不可否认的是,确实存在着一些并不符合一般规则的特殊情况。如果忽视一般规则和特殊情况之间的重要差别,将偶然事件看作必然不会发生的事件,那么就犯了忽视偶然谬误。忽视偶然谬误

---

① 〔荷〕高罗佩:《大唐狄公案·叁》,姜逸青、朱振武、胡洋等译,北京:北京联合出版公司,2018年,第233页。
② 〔日〕大山诚一郎:《诡计博物馆》,吕平译,上海:上海文艺出版社,2020年,第219-264页。

可以看作轻率概括的逆推过程,因而我们把这两种谬误放在一起讨论。

在《13·67:黑与白的真实》中,骆督查根据凶器是鱼枪便将凶手锁定在会使用鱼枪的棠叔和俞永义之间。

> 凶手拿鱼枪杀死死者,不就证明他对这武器很熟悉吗?否则的话枪柜里还有一把潜水刀,刀子人人也会用,为何舍易取难?

然而随着案件调查的深入,人们发现凶手并非两位熟悉鱼枪的嫌疑人,而是没有任何潜水经验的俞永廉,骆督查一开始便犯了忽视偶然的谬误。

在《名侦探柯南剧场版:引爆摩天楼》中,柯南指出炸毁森谷帝二所设计的建筑的犯人正是森谷帝二本人时,小五郎却咆哮道:

> 笨蛋!世界上哪有建筑师会破坏自己的作品啊!

在这个例子中,一般规则是"建筑师珍爱自己的作品而不会舍得去破坏它"。而特殊规则则是"森谷帝二不满意早期设计的非左右对称风格作品"。在此情况下,一般规则不再适用,而小五郎却忽视了这一点。

在《名侦探柯南:高尔夫练习场杀人事件》中,毛利小五郎这样指责安井先生:

> 爆炸的时候你究竟在什么地方?那个时候大久保也没有任何嫌疑,因为他和南一先生一样,他们那个时候就在现场,所以会被炸弹的爆炸威力波及。可是你呢?如果我没记错,你那个时候是在出口的地方。当那个炸弹爆炸的时候,为什么只有你一个人离开案发现场了?这怎么说也太巧合了一点吧?所以凶手就是你。

由于大多数情况下凶手不会用炸弹来伤害自己,小五郎认为既然安井先生快速地将球打完后离开现场,这就表明他是凶手。但实际上,安井先生是因为习惯而将球打得飞快,他在案发时是去取预订的咖啡了。而真正的凶手正是利用了小五郎的惯性思维来演一场苦肉计,为自己洗脱嫌疑。

三、机械类比谬误

如果进行类比时,前提中的类比性质与结论断定的性质相关程度很低,或者前提中的类比物与结论所断定的对象之间的差异性多于相似性,那么就犯了机械类比谬误。机械类比谬误的实质是忽略了对象的本质属性,仅仅根据它们表面呈现的相似点简单盲目地进行论证。

在《名侦探柯南:漆黑的神秘列车》中,室桥先生在八号车厢的 B 室被杀,小五郎认为列车长是凶手之一,他指责列车长:

> 偷偷让凶手潜入 B 室的人就是你,对吧?表面上所有房间看起来是密室,但其实客房都设有隐形的暗门和隔壁的房间相通。然后,你直接叫 A、C、D、E 室的乘客全都在 B 室集合,每个人各开一枪,攻击被害者,对不对?

小五郎将铃木快车杀人事件与东方快车杀人事件相类比,认为凶手采用的是同样的手法,却忽略了二者之间的差异点远多于共同点。比如:室桥先生曾经和小兰她们换房间;八号车厢内的乘客并不否认彼此相识;室桥先生只中了一枪而雷切特却身中十二刀;等等。

在《阳光下的罪恶》中,酒店女老板帮助侦探波洛分析案件,认为凶手是作家雷克斯并推测出凶手的杀人手法:

> 我近期在杂志上读到有个马来西亚女人死于一条大鳗鱼之手。鳗鱼蹦出海面将她拖入海底,用牙咬住她的喉咙,这就给了我很大的启发。雷克斯可以在梯子湾附近躲在水底下,等阿琳娜坐划艇过来时,他就蹦出来并一下子把她拉下水。

女老板仅仅因为最近看了某个杂志,就盲目地将马来西亚女人之死与阿琳娜之死进行类比,并认为雷克斯也采用了同样的杀人手法。在这里,她只看到了两个案件都发生在水中这一表面现象,却忽略了它们之间的本质区别。要知道,阿琳娜是被掐死的,并不像那位马来西亚女士一样是被水淹死或是被咬死的。

四、不当原因谬误

在《名侦探柯南:摇晃的餐厅》中,花乱亭的老板花冈先生死在餐厅里,尸体旁边有一个倒下的花瓶。由于餐厅旁边在施工,餐厅摇晃幅度很大,所以起初小五郎判断是因为餐厅晃动导致花瓶下落,正好砸到老板而导致他死亡。这就是一个不当原因谬误,因为在死者死亡的那段时间内,附近的工地其实并没有施工。

在《名侦探柯南剧场版:引爆摩天楼》中,小五郎怀疑白鸟警官的理由则为:

> 一直非常尊敬森谷教授父亲的你,对他的死因非常怀疑,而怀疑的焦点就集中在父亲死后就出名的儿子身上。你怀疑是森谷教授在别墅纵火烧死了自己的父亲。在你确信了这点之后,你就将森谷教授的作品一个一个地烧掉。你对父亲的尊敬此时变成了对儿子的报复。

小五郎以想象出来的理由"对父亲的尊敬变成了对儿子的报复"为前提进行了荒唐可笑的论断,振振有词地犯了不当原因谬误。

虽然事物间的因果联系是普遍必然的,但是原因和结果之间的复杂多样性决定了把握实质性的因果关系绝非易事。如果把实际上并非某事件的原因当成该事件原因,错把可能性当成必然性,进而建立了原因和结果之间的错误联系,就犯了不当原因谬误。在前面的两个例子中,小五郎错就错在设定了并不存在的因果联系——"由于施工导致的震动,花冈先生被花瓶砸死"和"因为怀疑森谷教授杀了其父亲,白鸟警官决定杀死森谷教授"。

在《13·67:黑与白的真实》中,骆警司在叙述案件环境时说:"我们在窗户外没有找到攀爬的痕迹,窗子下方的花圃亦没有找到脚印。我曾想过犯人或许从别处潜入,运用游绳的方法从屋顶垂落,当然犯人还可能是用直升机。"如若执着地认为只有盗窃这一种原因会导致被害人死亡的结果,忽略了其他可能性,甚至提出使用直升机潜入屋内的荒谬假设,就犯了不当原因谬误。

从时间上讲,原因和结果总是相继出现的,这也是缘何在密尔五法中多次考虑先行现象的原因。但这并不意味着先行现象一定是随后发生现象的原因,只是存在这种可能性而已。如果仅仅以时间先后顺序为依据，认为之前发生的事件就是随后发生事件的原因，那么就犯了缘出前物谬误。

比如在《名侦探柯南：情人节杀人事件》中，因为皆川克彦在吃了渡边好美小姐送的巧克力后立即倒地身亡，所以小五郎一口咬定是渡边好美在巧克力里面下了毒。在《大唐狄公案：红阁子奇案》中，大蟹和小虾告诉马荣，古董商温元在李琏死亡那天的晚上去过红阁子。他们想要表达的观点无非就是：温元去红阁子之后李琏即被杀害，所以杀死李链的凶手是温元。而事实上，温元前往红阁子与李琏之死虽然是相继发生的，但二者之间并没有实质性的因果联系。

思 考 题

一、你能找到下文中出现的谬误吗？ 请分别分析其种类和成因。

1. 在《名侦探柯南：雪山山庄杀人事件》中，由死者所在房间的窗户外有脚印以及保险箱有抓痕这两点线索，小五郎推断道："我推测行凶的动机应该就是钱了，凶手从窗户进来以后，把当时正在看电视的大山教授绑了起来，然后就逼问他保险箱号码，但是他没有说出来，这时候凶手一生气就用刀刺大山教授，然后又从窗口这里逃出去。"

2. 在《名侦探柯南：第十个乘客》中，小五郎说："矢部，认命吧。 逃跑就是杀人的证据。 也就是说，杀奥村助役是为了断绝关系，杀船木村长是因为暴露了间谍的身份。"

3. 在《名侦探柯南：夜路杀人事件》中，小五郎说："你有没有带着那张约见你的便条？ 那张纸该不会从一开始就不存在吧？ 你是因为学费被生田先生偷走了，后来怎么求他他也不肯把钱还给你，你就因此对他怀恨在心，所以就打电话把他约出去再杀了他。"

4. 在《名侦探柯南：水中的钥匙密室事件》中，小五郎推断道："我收回前言，这是个他杀事件。 要解开这种手法的关键就是这个邮件信箱。 凶手首先将一条绳子绕在模型上面，然后拉到大门口那里，穿过邮件信箱后再用钥匙将大门锁上。 之后将钥匙套在一根绳子上，只要不断拉扯另外一条绳子，钥匙就会顺势滑到房间里。 通过模型的时候，钥匙上的卫生纸遇水断落，钥匙就掉进水里面去了。"

5. 在《名侦探柯南：名陶艺师杀人事件》中，土屋太太在陶艺室被发现上吊而死，她的腿上有一处伤口，地上有飞溅的血液。 小五郎推断道："我想一定是上吊之后又再度掉到地面上的关系，她的小腿就被原来打破的水壶碎片割伤了。 接着她又重新来了一遍，这种事情常常有的。 不是把绳圈套着脖子放上去后再掉下来，就是绑的绳结没有绑好松掉了。"

6. 在《名侦探柯南：不明撞击事件》中，小五郎说："犯人就是你，金田先生。 这把刀是你的没错吧。 你趁朱古先生接电话走到外面的时候，假装自己要去买咖啡，偷偷绕到放置铁管的地点，用刀子把束线带割破，等到铁管掉落的时候再溜走。"

7. 在小说《孪生兄弟作案记》中，梅波太太看到侄子从书房匆匆跑出去，她放心不下，便跟着去了书房，结果发现屋主被暗杀了。由此，梅波太太断定侄子就是杀人凶手。

8. 在《名侦探柯南剧场版：战栗的乐谱》中，小五郎推断道："杀死那四个人，让河边小姐受了重伤，并袭击了秋庭小姐的犯人，就是堂本弦也先生。原因就是你是贝多芬的崇拜者，而且是超级迷恋的那种类型。你杀了那四人，是因为他们喝醉后演奏了贝多芬的曲子，这是对那位伟大的作曲家的一种亵渎。而你留着和贝多芬一模一样的头发就是证据。"

9. 在《名侦探柯南：婚礼前夕》中，初音小姐被烧死在车里，车边假指甲中的皮屑和血迹的 DNA 与新郎伴场先生的 DNA 几乎一样，于是目暮警官和小五郎都认为：既然 DNA 几乎一样，那么伴场先生肯定为杀人凶手。

10. 在《名侦探柯南：古董收藏家杀人事件》中，被害人笔记本上写着当日同四人会面，现场加上小五郎已经出现三人，所以小五郎自以为是地说："我知道了，凶手铁定就是没有出现过的中环熊二了。"

二、你能找到下列对话中出现的谬误吗？请分别分析其种类和成因。

1. 柯南：苏芳小姐是自己吃安眠药的吗？

小五郎：自己不吃谁给她吃！

2. 柯南：可是，不只是时钟，这个录影机刚才也动了一下哦。

小五郎：录影机？

柯南：嗯。

小五郎：我懂了，一定是每天到了十一点的时候就有纹时郎先生想要看的电视节目，所以他才会把闹钟设定好的。

小兰：可是他设定的闹钟也太多了吧！

小五郎：我想可能是因为他这个人不容易被叫醒。

3. 小五郎：最具决定性的一个证据就是被害人脸颊留下来的血迹。

佐野群：什么血迹啊？

小五郎：在你们看来，那也许是被害人在挣扎时碰巧沾到的血迹。不过在我眼里那是再清楚不过的，那是被害人留下的死亡讯息，也就是佐野的英文开头。所以呢，你就是凶手，没有错吧？

高木：我不这样认为。

小五郎：为什么？

高木：任何人看到死者这个惨状都应该很清楚，死者遭到枪击当场就死亡了。所以说，在他死后还要用自己的血在墙上留下讯息是不可能的。

4. 乔泰：劳二郎和胡大魁都站在架子旁边，两个人都有机会换剑，可是动机是什么呢？

马荣：胡大魁的动机我倒是能想出一两个来，那就是包信的妻子和女儿。 天啊！ 连我都想和那两个美人亲近亲近哩！ 可能胡大魁看中了其中一个或两个，而包信呢，却让他把爪子拿开，这下可把胡大魁惹恼了，于是起了杀心。

5. 马荣：既然我等已经知道那厮犯了弥天大罪，为何还要自找麻烦，研习刑典、字斟句酌地替他定罪？ 哼，将他放到刑具下，看他招还是不招！

狄仁杰：别忘了，林樊是上了年纪之人，真要对他动大刑，他很可能一命呜呼，果真如此，我等麻烦便大了。

6. 狄仁杰：那肖屠夫定是个十足的傻瓜，要不就是个贪婪的恶棍！ 他怎可允许其女在自家屋檐下与人幽会，这与青楼有何分别？

洪亮：非也，大人，肖屠夫对此事的解释倒令案情明朗了。

第四节 语言谬误

在《名侦探柯南：又甜又冷的宅急便》中，少年侦探团的成员们听到两个送货员的如下对话：

瘦送货员：记得还要在玄关前让货物掉在地上，让对方记住你的脸和名字。他可是你的重要证人啊。

胖送货员：我知道了啦。

瘦送货员：我会借这个时间到附近的便利店跟店家借厕所用。

胖送货员：为了以防万一，我们还是调查一下货柜内部吧，我对听到的声音还是很在意。

瘦送货员：不是叫你不要再多说废话了吗？你怕什么怕啊，里面怎么可能发出声音来？

基于上述对话，少年侦探团可能会作出以下一系列论断：

(a) 胖送货员认为自己听到了货柜里发出的声音。

(b) 瘦送货员反问："怎么可能发出声音来？"

(c) 只有两个送货员都知道货柜里有人，他们才会展开此对话。

(d) 但是，两个送货员并不知道少年侦探团在货柜里面。

(e) 两个送货员知道另有他人在货柜里。

(f) 如果这个人已经死了，那么货柜里就不可能发出声音。

(g) 因此，瘦送货员的意思是死人是不可能发出声音的。

这就是格赖斯式的语用论证方式，在其中除了语言的意义起作用以外，三种逻辑推理也均扮演着重要的角色。比如，(c)和(f)体现的是溯因的过程，而(d)和(e)则使用了演绎的方法。

不知道读者有没有注意到，在这组对话里还有一个字眼十分引人注目，它就是"证人"。一般来说，"证人"是用于案件中的语词，所以当少年侦探团听到这两个字的时候，警觉一定大幅度提高了，因为"证人"本身就预设了"有案件发生"。在这一节中，我们将谈谈由语言的预设和歧义所引起的谬误，简称语言谬误。它们分别是复杂问语谬误、乞求论题谬误、未被认可的论据谬误和模棱两可谬误。

一、复杂问语谬误

复杂问语谬误指的是某些预设已然被潜藏在问话当中。如果回答者没有注意到这种设计，直接回答对方的问题就会落入陷阱。比如上一章开头我们举的福尔摩斯的例子，当他问斯密司太太"你方才说，那只船的烟囱是黑的吗"时，福尔摩斯的实际意图是通过这个问题让斯密司太太给予他更多关于汽船的信息。再比如"是不是那只绿色的、船帮上画着宽宽的黄线的旧船"等一系列复杂问题，都成为福尔摩斯如下这则小广告的信息来源：

> 寻人：船主茂迪凯·斯密司及其长子吉姆在星期二清晨三时左右乘汽船"曙光"号离开斯密司码头，至今未归。"曙光"号船身黑色，有红线两条，烟囱黑色，有白线一道。[①]

在《名侦探柯南：密室里的柯南》中，石栗三朗开玩笑说："如果不是自己的手机没电了，就可以拍摄冲击场景的视频发到网上，题为'袭击少年的不是杀人发球而是杀人球拍'。"高梨先生对此玩笑很不满，反问道："难道你不知道就是你开的玩笑才使瓜生死掉的吗？"这个问句也是一个复杂问语，因为无论石栗三朗回答"知道"还是"不知道"，都等于承认了自己开的玩笑导致了瓜生死亡这一预设。

在《大唐狄公案：铁针奇案》中，潘峰提到自己从未给妻子买过任何昂贵的礼物时，狄仁杰提醒道："除了那些镶着红宝石的金镯？"狄仁杰之所以提出这一问题，是因为他对潘峰有所怀疑，无论潘峰回答"是"还是"不是"，都证明他曾给自己的妻子买过这一饰品，那么就会坐实狄仁杰的怀疑。但事实上，他并没有买过，因此狄仁杰不得不推翻自己此前的侦查假说。

在《13·67：泰美斯的天秤》中，关警官在知道警员 TT 故意杀害人质后与 TT 当面对质："你难道没有任何悔意吗？"这个问句首先预设 TT 杀害了人质，因此无论 TT 回答"有"还是"没有"，实际上都承认了自己的罪行，除非 TT 通过"我没有杀人，悔意何从谈起"等回答对复杂问语进行规避。

二、乞求论题谬误

乞求论题谬误指的是明明需要通过论证来得到某一主张，但是却在论证的论据中假定了该主张为真，导致论证陷入了一种循环的尴尬境地。相传在清代曾发生这样一起案件，一名受害人被官府判断死因为砒霜中毒，而官府的人认为是有人在死者的馒

---

① 〔英〕阿·柯南道尔：《福尔摩斯探案全集》（上册），丁钟华等译，北京：群众出版社，1981年，第191页。

头里加了砒霜导致其死亡的,因此去找卖馒头的伙计作证人。实际上卖馒头的伙计根本不知道那天到底有没有卖给受害人馒头,因为一天的生意很多,根本无法认清每一个顾客。在这个例子中,官府是从"被害人死于食用被掺了砒霜的馒头"的论题出发,认为"卖馒头的伙计知道被害人来买过馒头"从而要求其作证,是典型的先作判断再套用证据也就是乞求论题谬误。

在《名侦探柯南:浴室密室杀人事件》中,断案的关键是确定美菜小姐是自杀还是被谋杀。由于美菜的姐姐全代小姐曾说过妹妹最近有些不正常,于是一心赶着去看洋子小姐演唱会的小五郎推断道:

> 美菜小姐计划好自杀以后,就把两种浴室清洁剂准备好。她在把浴室都
> 用胶布密封好之后,却发现两种清洁剂并不能产生有毒气体。在无计可施的
> 情况下,就用了浴室里本来就有的剃刀割腕自杀。

按道理来讲,小五郎的论证应该有助于警方判断美菜小姐的死因,而他却由假定"美菜小姐计划好自杀"这一论据,推得"美菜小姐用浴室里的剃刀割腕自杀"这一论题,这分明就是在乞求论题了。

在《大唐狄公案:黑狐奇案》中,确定玉兰是否有杀死婢女之罪是侦破案件的关键。然而,刺史是玉兰的崇拜者,有意为玉兰开脱,因而指出判定玉兰有罪的县令曾在一年前博取玉兰欢心时被拒绝,故而想要报复玉兰。然而,他的论证是基于"玉兰无罪"这一论据作出的。因为玉兰无罪,所以判定其有罪的县令只是为了公报私仇,进而推断玉兰无罪,这也是在乞求论题。

在《字母表谜案:Y的诱拐》中,峰原向他的三位租客论证了绑匪的真正目的就是杀害悦夫:因为绑匪的真正目的是杀害悦夫,所以才会把交易地点定在囚禁悦夫的地方并且在悦夫的身上安装定时炸弹。在峰原的论证过程中,他已经预设了"绑匪要杀害悦夫"这一主张,由此去推论"绑匪的目的是杀害悦夫",犯了乞求论题的谬误。事实上,在本案中,一向聪明的峰原故意进行了错误的论证,以掩盖绑匪想要通过爆炸销毁由假币制造的赎金的真正目的。案发时担任银行行长并参与制造假币的峰原正是绑匪之一。

三、未被认可的论据谬误

未被认可的论据谬误指的是在论证中省略并不被人们所认可的论据,进而导致论证失效。比如在《名侦探柯南:谜样的凶器杀人事件》中,小五郎首先排除了寺沢先生的嫌疑。

> 先从寺沢先生开始吧,因为他在井本先生被杀的时候不在那栋大楼里
> 面,所以他不是凶手。

这里小五郎便预设了一个论据,即"凶手在房子里将井本杀害"。其实凶手也可能在远处通过特殊手法来杀人。小五郎忽略了这一点,不停重复"凶手是在房子里用花盆杀死被害人的"这一未被认可的论据,从而得出寺沢先生不是凶手的错误论断。

我们再看《名侦探柯南:厄运大奖》中立松先生和小五郎之间的对话:

立松：那辆车是想轧死我，为了灭口。前天是发薪水日，我到附近的超市里买了些高价的肉和生鱼片。可是刚出门就被抢了。不仅如此，当我追上去的时候，大门牙断了。真是倒霉透顶。昨晚那个劫匪居然打来电话："你好大的胆子竟敢报警，不会让你这个见过我长相的人活下去的。"之后今天，正如那杀人预告所说的……

小五郎：可是，仅仅是为了抢一些吃的东西，至于杀人灭口吗？

立松：但是那是同一个家伙做的啊！

小五郎：同一个家伙！那就可以定下来了，就以那个抢劫犯因抢劫而生杀机这条线去查吧。

在这组对话中，立松营造了一种有人要杀害自己的假象，而小五郎则以这些未被认可的证词为论据进行论证，难免会陷入凶手的圈套之中。

在《13·67：黑与白的真实》中，警方首先怀疑凶手是死者二儿子俞永义和秘书堂叔，因为死者死于鱼枪，而只有这两位才会使用鱼枪。警方忽略了不会使用鱼枪的人也可以发射上膛的鱼枪，在后续的推论中也证明了"凶手会使用鱼枪"是一个不充分的论据。

在《大唐狄公案：黑狐奇案》中，宋公子的丫鬟翠菊告诉狄仁杰，宋公子是被他的相好所杀，因为他的相好是一个狐狸精，扮成漂亮女子将宋相公迷住后再咬断他的喉管。而这一论证预设了一个不被认可的论据"世上存在狐狸精"，因此，狄仁杰并不认同翠菊的证词。

在《福尔摩斯探案全集：黑彼得》中，霍普金警官和福尔摩斯发现死者的房间门锁被撬动过但撬锁的人没有成功进入房间，于是二人守株待兔在第二晚抓到了溜进死者房间偷笔记本的人奈尔根。经过讯问，霍普金警官认为奈尔根是凶手，他以打高尔夫球为借口来到死者的小屋，争执过后用鱼叉戳死了死者。由于他是临时起意作案，仓皇逃跑中落下了重要的笔记本，事后他不得不返回小屋拾取。福尔摩斯则反驳说用鱼叉杀人不是易事，既需要臂力还需要准头，因此凶手一定是一个非常强壮的人，贫血的奈尔根不可能用鱼叉杀人。在霍普金的论断中隐含了"任何人都可以用鱼叉行凶"这一未被认可的论据，因此他作出了错误的判断。

四、模棱两可谬误

如果对模棱两可的语言赋予错误的解释，将精确的意义强加于并非精确的语词或语句之上，那么就犯了模棱两可的谬误。这种谬误可能出自语词的模糊性，也可能源于语句的结构。

在《名侦探柯南：明治维新神秘之旅》中，小五郎一行人得到了一张地图，地图上写着暗号：让城堡照耀在猫眼中，看看老鼠的下面。一般来讲，暗号上的文字是模糊的且不精确的。但是，当来到一条名为"猫街"的街道上的时候，他们看到了一只猫在墙上。

这时小五郎说："嗯,猫,对了,我知道了,暗号说的不是城堡,而是代表白色的墙,也就是在这只小黄猫看这堵墙的某处,宝物就藏在那里。"小五郎偶然地看到猫,就将它与暗号联系起来,将精确的意义"白色的墙"强加到本来模糊的暗号"城堡"上,于是便作出了一个不靠谱的论证。

猫眼城堡

类似地,在《名侦探柯南剧场版:世纪末的魔术师》中,怪盗基德寄来的预告函为:

从黄昏的狮子到拂晓的少女,当没有秒针的时钟刻下第十二个文字时,

从发光的天之楼阁降临,拜领回忆之卵。

小五郎认为其中的"第十二个文字"不是日文五十音图中的符号,而是英文字母"L",继而推断怪盗基德将在凌晨三点现身。实际上,基德想要暗示的是函中的第十二个字,小五郎却将模糊的"第十二个文字"确定为"第十二个英文字母",进而推出了"L"即"凌晨三点"的错误结论。

在《名侦探柯南:广播电台的烦恼咨询》中则出现了由缩写相同而产生的模棱两可谬误。大家都认为投稿咨询的TM小姐指代的是万田十和子小姐,TM为万田十和子小姐名字的缩写;而实际上投稿的人为森川继实小姐,森川继实小姐的名字缩写同样为TM。在《名侦探柯南剧场版:世纪末的魔术师》中则出现了由断句不同而产生的模棱两可谬误。夏美小姐一直记得一句话:"巴鲁雪/尼枯卡/塔梅卡(ヴァルシェー/ブニックカンツァー/ベカ)",她以为这是日语的发音,为"巴鲁雪,买肉了吗"之意;而实际上的断句应该是"巴鲁雪尼枯/卡塔/梅卡(ヴァルシェーブニック/カンツァー/ベカ)",是俄语"ВОЛШЕБНИК КОНЦА ВЕКА"的发音,意为"世纪末的魔术师"。

思 考 题

一、先找出下文中出现的谬误，然后分析其成因并对其作出反驳。

1. 在《名侦探柯南：解密的波本》中，小五郎说："既然楮田先生的嫌疑已经被排除了，那么犯人不是真知小姐就是高立你了。"

2. 在《名侦探柯南：复活的死亡讯息》中，小五郎说："决定性的证据就是死者脸旁边墙壁留下来的血迹，可我很清楚这是被害者临死前留下的死亡讯息，就是‘SANO’的‘S’，警部来之前我问过你们的名字，四人中只有佐野小姐与此符合。"

3. 在《名侦探柯南：小五郎同学会杀人事件》中，小五郎说："这把枪的确是史密斯威森 M439，枪身的上面也有似乎撞到东西的痕迹，而且由美当天也在场。这么说，由美是一开始就打算这么做了，才会把这枪捡走的。她早就计划好在同学会自杀了。"

4. 在《福尔摩斯探案全集：血字的研究》中，墙上有一个用鲜血潦草写成的"RACHE"。雷斯垂德认为："这说明凶手是要写一个女人的名字，但没来得及写完。福尔摩斯先生，你也许非常聪明能干，但姜还是老的辣。"

5. 在《名侦探柯南：饶富意味的音乐盒》中，小五郎从音乐盒缺少的音所对应的歌词拼出"Mo-de-l"这个单词就立刻得出音乐盒的主人秋吾先生是个模特的推论。

6. 在《名侦探柯南：饶富意味的音乐盒》中，警官发现死者车上的窗户并没有关上，小五郎解释道："这是人的生存本能嘛，当吸入倒吸的汽车尾气后，四泉先生痛苦难当，这可能是他下意识打开的吧。"但警官认为既然如此，四泉先生就不会死。小五郎则说："恐怕他打开窗子的时候就回天乏术了。"

二、下面对话摘自小说《是，首相》，你能找到其中的谬误吗？

1. 伯纳德听到了一个完全不同的传闻："首相，我听说，唐宁街的保险箱里有一批价值上百万英镑的南非钻石。""当然，"他补充道，"这仅仅是个传闻。"

"是真的吗？"我问道。

"哦，是的。"他权威地说道。

我吃了一惊："原来唐宁街真的有这批钻石。"

伯纳德惊奇地看着我："有吗？"

我糊涂了："你刚才说的啊。"

"我没说。"他愤愤不平地说道。

"你说了，你说有个那样的传闻。我说是真的吗？你说是真的。"

"我是说，那真的是个传闻。"

"不，你说你听到它是真的。"

2.　"在欧洲经济共同体里，你是什么呢？"我愉快地问。

"我还是德国人。"

我提醒自己，耐心是一种美德。"我知道你是德国人。"说完我向伯纳德看了一眼，希望他再来救场。

"我想大臣的意思是，"伯纳德小心地说道，"您的职务是什么？"

"我是个部门负责人。"

3.　我打算总结一下："因此，他付钱给法国农民去生产粮食，而你付钱给这些农民去销毁粮食！"

他现在咧嘴笑了起来："正是如此！"

我还有一件事情不明白："为什么我们不付钱给农民，叫他们坐在那里不动，何必去种粮食呢？"

那位法国人感觉到自己受到了冒犯。"哈克先生，"他傲慢地说道，"法国农民不愿意不劳而获，我们不需要施舍。"

第五节　形式谬误

与前面介绍的非形式谬误有所不同，形式谬误只和推理或论证的形式有关。无论其依据的内容是什么，只要形式上是无效的就都被看成形式谬误。本节要介绍的形式谬误包括否定前件谬误、肯定后件谬误、中项不周延谬误、不当周延谬误和双否定前提谬误。

一、否定前件谬误

否定前件谬误具有的形式结构为：

（1）$Q \supset P$

$\neg Q$

$\therefore \neg P$

这种形式之所以是谬误，是因为从演绎的角度讲，它并不有效。观察它的真值表（表 16），可知即使"$Q \supset P$""$\neg Q$"均为真，"$\neg P$"也可能为假（倒数第二行）。

表 16　否定前件谬误的真值表

Q	P	$Q \supset P$（前提）	$\neg Q$（前提）	$\neg P$（结论）
真	真	真	假	假
真	假	假	假	真
假	真	真	真	假
假	假	真	真	真

在《名侦探柯南剧场版:迷宫的十字路口》中就有这样一个否定前件的谬误:"如果会弓道,那么一定会知道弓道术语。现在西条大河说自己不懂弓道,那么他一定不知道弓道术语。"该谬误出现的原因是错将假言命题的前件当作后件的必要条件,实际上前件只是后件的充分条件。即使西条不会弓道,他也可能通过其他途径掌握弓道术语。

在《大唐狄公案:铜钟奇案》中,狄仁杰尚未掌握抓捕林樊的确凿证据,于是前往林家探访,以期寻找蛛丝马迹。在林家探访时,林樊执意邀请狄仁杰一一参观所有的房间,但狄仁杰心知,这是林樊企图让他知道这所宅院中并没有什么可疑之处,从而打消狄仁杰的顾虑。但其中暗含一个否定前件的谬误:

(2)如果宅院中有可疑之处,那么林樊与案件有关。

这所宅院中没有可疑之处。

所以林樊与案件无关。

即使这所宅院中没有可疑之处,相关线索完全可能存于别处,并不能说明林樊与案件无关,所以这是一个典型的否定前件谬误,狄仁杰不会因此就排除林樊的嫌疑。

二、肯定后件谬误

肯定后件谬误具有的形式结构是:

(3) $Q \supset P$

P

$\therefore Q$

与否定前件谬误一样,肯定后件之所以是谬误,是因为从演绎的角度讲,它并不有效。观察它的真值表(表17),可知即使"$Q \supset P$""P"为真,"Q"也可能为假(倒数第二行)。

表 17   肯定后件谬误的真值表

Q	P	$Q \supset P$ (前提)	P (前提)	Q (结论)
真	真	真	真	真
真	假	假	假	真
假	真	真	真	假
假	假	真	假	假

在《名侦探柯南:小五郎同学会杀人事件》中,小五郎认为:"如果阿纯是凶手,那么他需要在打球的时候出去。阿纯刚好在打球的时候出去了,所以他是凶手。"该谬误出现的原因是错将假言命题的后件当成了前件的充分条件,而实质上后件仅是前件的必要条件而已。

在《大唐狄公案:红阁子奇案》中,陶番德曾见到杀死其父亲的凶手,并向狄仁杰提供了证据:凶手穿了一身红色的衣服。但彼时只有五岁且受到惊吓的他认为:

（4）如果凶手穿了一身红色的衣服，那么我就会看到他浑身上下都是红色的。

我看到他浑身上下都是红色的。

所以凶手穿了一身红色的衣服。

事实上，陶番德看到凶手浑身上下都是红色的原因是凶手被笼罩在晚霞中，而非穿着红色的衣服，他所犯的即为肯定后件谬误。这一错误导致狄仁杰和陶番德最初将凶手锁定为身着红衣的女子，而实际上凶手为穿着白色衣服的男性。

三、中项不周延谬误

中项不周延谬误违反的是直言三段论有效性判定规则的第一条。如果在一个直言三段论中，中项在大前提和小前提中均不周延，那么就无法以中项为桥梁建立起大项和小项间的确定联系。

在《密室收藏家：死者缘何坠落》中，优子小姐在和前男友森一争执的过程中，二人目睹了窗外有人坠楼。密室收藏家根据线索推断坠楼的是有麻美家钥匙的松下女士，凶手在杀害麻美小姐后碰巧看见了松下女士坠楼，于是将松下女士的尸体藏起来，换成麻美小姐的尸体以伪造不在场证明。根据密室收藏家的分析可以作出推断：

（5）凶手是知道松下女士坠楼的人。

森一是知道松下女士坠楼的人。

因此，森一是凶手。

这个三段论的中项是"知道松下女士坠楼的人"，在大前提和小前提中都没有周延，犯了中项不周延的谬误。大前提断定了"凶手"包含于"知道松下女士坠楼的人"的外延之中，小前提断定了"森一"在"知道松下女士坠楼的人"的外延之中，但"森一"可能在"凶手"的外延之中，也可能在"凶手"的外延之外，即这种论证形式不具有必然性。

在《名侦探柯南：贵宾犬与霰弹枪》中，蒙面凶手用霰弹枪杀死安娜后，身手矫捷地从船上跨过并逃跑。当小五郎看到豹藤先生同样可以游刃有余地从船上跨过时，一口咬定蒙面凶手就是豹藤先生。小五郎的思考过程为：

（6）凶手能敏捷地从船上跨过去。

豹藤先生能敏捷地从船上跨过去。

因此，豹藤先生是凶手。

与上例类似，中项"能敏捷地从船上跨过去"在大、小前提中均不周延，虽然豹藤先生可以敏捷地从船上跨过，但这并不具有代表性，也无法成为判定豹藤先生是凶手的证据，小五郎的推理是无效的。类似地，请看如下《福尔摩斯探案全集：血字的研究》中的论断：

我在街道上清清楚楚地看到了一辆马车车轮的痕迹。经过研究以后，我确定这个痕迹必定是夜间留下的。由于车轮之间距离较窄，因此我断定这是一辆出租的四轮马车，而不是自用马车，因为伦敦市上通常所有出租的四轮马车都要比自用马车狭窄一些。①

其中包含着这样一个直言三段论:

　　(7)所有出租的四轮马车的车轮距离都是较窄的,

　　这辆马车车轮距离是较窄的,

　　所以,这辆马车是出租的四轮马车。

该直言三段论的中项"较窄的"在大前提和小前提中均不周延,故犯了中项不周延的谬误。

四、不当周延谬误

不当周延谬误所违反的是直言三段论有效性判定规则的第二条。如果在一个直言三段论中,在结论中周延的项在前提中并不周延,这就意味着在结论中对该项的全部成员作了断定,而在前提中却并无此项断定,即结论超出了前提所断定的范围。比如:

　　(8)所有女人的想法是谜,

　　所有谜是男人无法理解的,

　　所以,所有男人无法理解女人的想法。

这个三段论的大项是"女人的想法",小项是"男人无法理解的",小项在结论中周延,但是在前提中却并不周延,犯了小项不当周延的谬误。

在《诡计博物馆:复仇日记》中,女大学生麻美子坠楼身亡,遇害时已怀有身孕,随后学生公寓发生一起失窃案,受害人是与麻美子同一学校的高见恭一,两天后窃贼将一本日记寄给警方,里面记录了高见恭一查明了麻美子腹中胎儿的父亲是其导师奥村纯一郎,并将奥村纯一郎杀害。警方当即前往奥村纯一郎家,发现其果然遇害,而高见恭一在逃避警方追捕的过程中被车撞死。绯色警官在整理案件资料时发现案件中还有诸多疑点,高见恭一在前往奥村纯一郎家的时候就已经有了杀人计划,理应带着凶器前往,而杀死奥村纯一郎的凶器却是他自家的裁纸刀。据此,可以推断如下:

　　(9)有些预谋杀人的人会用自己准备的凶器犯案。

　　高见恭一没有用自己准备的凶器犯案。

　　因此,高见恭一不是预谋杀人的人。

在该三段论中,大项"预谋杀人的人"在结论中周延,而在前提中没有周延,因此犯了大项不当周延的谬误。其错误的实质在于,将前提中断定的"有些 P 类对象具有 M 性质"误解为"所有 P 类对象都具有 M 性质",从而将大项断定的量扩大为全称的,使论断失去了必然性依据。事实上,高见恭一就是预谋杀人,只不过到现场后发现被害人已经被人用裁纸刀杀死。绯色警官由此推测出,高见恭一是为了保护真正的凶手才在日记中故意写下自己的杀人过程,却因此产生了"将现场的裁纸刀当作凶器"的矛盾。②

---

① 〔英〕阿·柯南道尔:《福尔摩斯探案全集》(上册),丁钟华等译,北京:群众出版社,1981年,第120页。
② 〔日〕大山诚一郎:《诡计博物馆》,吕平译,上海:上海文艺出版社,2020年,第69-132页。

五、双否定前提谬误

双否定前提谬误所违反的是直言三段论有效性判定规则的第三条。在一个直言三段论中，如果大前提和小前提都是否定的，那么就犯了双否定前提谬误。比如：

（10）所有知情者都不是表情自然的人。

小五郎不是知情者。

所以小五郎不是表情自然的人。

这个直言三段论的形式为：

（11）所有 M 不是 P。

S 不是 M。

所以，S 不是 P。

该形式之所以无效，是由于大前提断定的是中项 M（"知情者"）与大项 P（"表情自然的人"）相排斥，而小前提断定的是中项 M（"知情者"）与小项 S（"小五郎"）相互排斥，但是对于小项 S（"小五郎"）与大项 P（"表情自然的人"）之间的关系却并没有确切的说法。所以说，这种由两个否定前提构成的直言三段论都是无效的。

从形式上来讲，否定前件、肯定后件、中项不周延、不当周延、双否定前提都不是有效的，即使其中的前提为真，也不能确保结论不出错。但这并不意味着它们在侦查实践中毫无用处。事实上，通过前面章节的内容可知，像肯定后件、中项不周延、不当周延等论证形式在实践中仍具有应用价值。比如在《大唐狄公案：御珠奇案》中，狄仁杰若认为"凶手是古董商人，寇元亮是古董商人，所以寇元亮是凶手"，这里的中项显然没有周延，并不是一个合理的推断。根据掌握的其他信息，狄仁杰将凶手的外延进一步限制在"行动敏捷且善于骑马驰骋于乡间的古董商人"，又因为第四位嫌疑人杨有才是"行动敏捷且善于骑马驰骋于乡间的古董商人"，由此推得"杨有才是凶手"。类似的例子还有不少。在《宋慈洗冤》中，宋慈通过尸体"沿身衣物俱在"和"遍身镰刀斫伤十余处"认为死者并非死于抢劫，原因就在于"一般而言因抢劫而死的都是被拿走贵重物品的，死者的贵重物品没有被拿走，所以死者并非因抢劫而死"以及"一般而言因抢劫而死的人伤势不重，被害人伤势很重，所以被害人并非因抢劫而死"，如果我们将"一般而言"替换为"有些"，可见上述两个直言三段论都不是有效的，因为大项在结论中周延，在前提中却没有周延，但它们在侦查实践中仍然具有一定的合理性。

思 考 题

一、你能找到下文中出现的形式谬误吗？ 请分别分析其种类和成因。

1. 如果千贺玲的父亲死了，那么他就不会继续给千贺玲寄钱了。 千贺玲从三个月前起就没收到钱，所以千贺玲的父亲已经死了。

2. 我从地板上收集到一些散落的烟灰，它的颜色很深而且是呈片状的，只有印度雪茄的烟灰才是这样的。所以我收集到的是印度雪茄的烟灰。

3. 有些德国人不是写拉丁文字体的，凶手不是写拉丁文字体的，所以凶手不是德国人。

4. 进了病房的人是有大脚印的，在候诊室等着的那个高大的人是有大脚印的，所以，在候诊室等着的那个高大的人是进了病房的人。

5. 有些其未婚夫因被灌醉而坠崖死亡的人是有杀人动机的人，连子小姐的未婚夫被灌醉而坠崖死亡，所以连子小姐是有杀人动机的人。

6. 凶手如果想消灭证据，就会毁灭乐谱，人也是证据的一种，所以想毁灭乐谱的人就是杀人者。

二、下列推理形式中存在谬误吗？为什么？

1. $A \lor B \lor C$

$\therefore C$

2. $A \land B \land C$

$\therefore C$

3. $(A \lor B) \supset C$

B

$\therefore C$

4. $(A \lor B) \supset C$

C

$\therefore A$

5. 有些 M 不是 P。

所有 S 是 M。

所以，有些 S 不是 P。

6. 所有 P 是 M。

所有 M 不是 S。

所以，所有 S 不是 P。

本章小结

1. 谬误中论据对论题的支撑仅仅是表面现象，我们将谬误分为非形式谬误和形式谬误，其中非形式谬误包括不相关谬误、不充分谬误、弱归纳谬误、语言谬误等。

2. 如果所诉诸的理由只具有心理上的相关性，并不与论题在逻辑上相关，也就是运用不相关的论据得到论题，那么就犯了不相关谬误。不相关谬误包括：人身攻击谬误、诉诸大众谬误、诉诸威胁谬误、诉诸怜悯谬误、红鲱鱼谬误以及稻草人谬误。

3. 如果论证的出发点并不是指向论证的过程，而是针对论证者个人或其所在的群体，对人不对事，那么就犯了人身攻击的谬误。人身攻击有三种常见的伎俩：揭短的人身攻击、情境的人身攻击和半斤八两的人身攻击。

4. 诉诸大众谬误就是指以大多数公众所持有的信念及强烈的愿望，而不是客观严谨的理智分析为理由，来促使人接受某种主张或者采取某种行动。

5. 诉诸威胁谬误指的是以某种不良后果胁迫对方接受自己的观点或行为。

6. 诉诸怜悯谬误指的是利用他人的怜悯之心，证明自己的主张或做法是合理的。

7. 当论证者试图通过一个不相关的话题来转移受众的注意力，并声称这一不相关的话题已经有效解决了原有问题时，就犯了红鲱鱼谬误。

8. 稻草人谬误常见于反驳之中，它指的是为了使对方的观点易于驳倒而有意曲解对手，通过攻击曲解后的观点造成对方的观点被成功驳倒的假象。

9. 在不充分谬误中，论据不能为论题提供充分的证据支撑，不充分谬误包括：诉诸无知谬误、诉诸不当权威谬误、非黑即白谬误、滑坡谬误。

10. 当论证者声称一个观点成立的理由是没有人证明它不成立，或与此相反，一个观点不成立的理由是没有人证明它成立时，这种谬误就是诉诸无知谬误。

11. 诉诸不当权威谬误指的是借助某一领域的权威来支持或反对另一领域中的某种观点，也指诉诸带有偏见或受利益驱动的权威。

12. 非黑即白谬误指的是对一件事物的看法只存在黑和白两种极端情况，忽略了中间地带，使人觉得论证者提及的选言前提穷尽了所有可能。

13. 当我们在没有充分证据的前提下声称，如果采取了某一行为就会引起一系列的连锁反应，从而导致另一负面后果时，就犯了滑坡谬误。

14. 弱归纳谬误指的是在进行归纳时，所依赖的证据并不足以表明某一主张是正确的。我们分别介绍了轻率概括谬误、忽视偶然谬误、机械类比谬误和不当原因谬误四种弱归纳谬误。

15. 如果观察到的个体过少、过于局部化，或者忽视已经遇到的反例情况，那么就意味着论据中所描述的性质并不具有代表性，这就会降低枚举归纳的强度，造成轻率概括的谬误。

16. 如果忽视一般规则和特殊情况之间的重要差别，将偶然事件看作必然不会发生的事件，那么就犯了忽视偶然谬误。

17. 机械类比谬误的实质是忽略了对象的本质属性，仅仅根据它们表面呈现的相似点简单盲目地进行类比论证。

18. 如果把实际上并非某事件的原因当成该事件的原因，错把可能性当成必然性，进而建立了原因和结果之间的错误联系，就犯了不当原因谬误。如果仅仅以时间先后顺序为依据，认为之前发生的事件就是随后发生事件的原因，那么就犯了缘出前物谬误。

19. 由语言的预设和歧义所引起的谬误简称语言谬误，语言谬误包括复杂问语谬误、乞求论题谬误、未被认可的论据谬误和模棱两可谬误。

20. 复杂问语谬误指的是某些预设已然被潜藏在问话当中。如果回答者没有注意到这种设计，直接回答对方的问题就会落入陷阱。

21. 乞求论题谬误指的是明明需要通过论证来得到某一主张，但是却在论证的论据中假定了该主张为真,导致论证陷入了一种循环的尴尬境地。

22. 未被认可的论据谬误指的是在论证中省略并不被人们所认可的论据,进而导致论证失效。

23. 如果对模棱两可的语言赋予错误的解释,将精确的意义强加于并非精确的语词或语句之上,那么就犯了模棱两可的谬误。这种谬误可能出自语词的模糊性,也可能源于语句的结构。

24. 无论论证的依据是什么,只要形式上是无效的就都被看成形式谬误,文中介绍了否定前件谬误、肯定后件谬误、中项不周延谬误、不当周延谬误和双否定前提谬误。

参 考 文 献

[1] 阿·柯南道尔.福尔摩斯探案全集[M].北京:群众出版社,1981.

[2] 阿加莎·克里斯蒂.东方快车谋杀案[M].郑桥,译.北京:新星出版社,2013.

[3] 阿加莎·克里斯蒂.谋杀启事[M].何克勇,译.北京:人民文学出版社,2007.

[4] 阿加莎·克里斯蒂.尼罗河上的惨案[M].张乐敏,译.北京:新星出版社,2013.

[5] 阿加莎·克里斯蒂.啤酒谋杀案[M].李平,秦越岭,译.北京:人民文学出版社,2006.

[6] 阿加莎·克里斯蒂.闪光的氰化物[M].张建平,译.北京:人民文学出版社,2009.

[7] 阿加莎·克里斯蒂.斯泰尔斯庄园奇案[M].丁大刚,译.北京:人民文学出版社,2006.

[8] 埃德加·爱伦·坡.摩格街谋杀案[M].张冲,张琼,译.上海:上海译文出版社,2005.

[9] 陈波.逻辑学十五讲[M].北京:北京大学出版社,2008.

[10] 陈浩基.13·67[M].台北:皇冠文化出版有限公司,2014.

[11] 陈嘉映.语言哲学[M].北京:北京大学出版社,2003.

[12] 陈金钊,熊明辉.法律逻辑学[M].2版.北京:中国人民大学出版社,2015.

[13] 大山诚一郎.诡计博物馆[M].吕平,译.上海:上海文艺出版社,2020.

[14] 大山诚一郎.绝对不在场证明[M].曹逸冰,译.上海:上海文艺出版社,2020.

[15] 大山诚一郎.密室收藏家[M].曹逸冰,译.南京:江苏凤凰文艺出版社,2017.

[16] 大山诚一郎.字母表谜案[M].曹逸冰,译.郑州:河南文艺出版社,2021.

[17] 东野圭吾.嫌疑人 X 的献身[M].刘子倩,译.海口:南海出版公司,2014.

[18] 董毓.批判性思维原理和方法[M].北京:高等教育出版社,2010.

[19] 范爱默伦,赫尔森,克罗贝,等.论证理论手册[M].熊明辉等,译.北京:中国社会科学出版社,2020.

[20] 范爱默伦,斯诺克·汉克曼斯.论证分析与评价[M].熊明辉,赵艺,译.北京:中国社会科学出版社,2018.

[21] 高罗佩.大唐狄公案[M].北京:北京联合出版公司,2018.

[22] 格雷戈里·巴沙姆,威廉·欧文,亨利·纳尔多内,等.批判性思维[M].舒静,译.北京:外语教学与研究出版社,2019.

[23]　谷振诣,刘壮虎.批判性思维教程[M].北京:北京大学出版社,2006.

[24]　基思·德夫林,加里·洛登.数字缉凶:美剧中的数学破案[M].陆继宗,译,上海:上海科技教育出版社,2011.

[25]　卡尔·波普尔.猜想与反驳:科学知识的增长[M].傅季重,纪树立,周昌忠,等译.上海:上海译文出版社,2015.

[26]　卡尔·波普尔.科学发现的逻辑[M].查汝强,邱仁宗,万木春,译.北京:中国美术学院出版社,2008.

[27]　卢卡西维茨.亚里士多德的三段论[M].李真,李先焜,译.北京:商务印书馆,1981.

[28]　欧文·柯匹,卡尔·科恩.逻辑学导论[M].13版.张建军,潘天群,顿新国,译.北京:中国人民大学出版社,2014.

[29]　钱斌.宋慈洗冤[M].北京:商务印书馆,2015.

[30]　松本清张.点与线[M].林青华,译.海口:南海出版公司,2010.

[31]　苏越.司法实践与逻辑应用[M].北京:北京师范大学出版社,1990.

[32]　托马斯·西比奥克,珍妮·西比奥克.福尔摩斯的符号学:皮尔士和福尔摩斯的对比研究[M].钱易,吕昶,译.北京:中国社会科学出版社,1991.

[33]　纨纸.法医宋慈[M].北京:北京联合出版公司,2018.

[34]　王燃.大数据侦查[M].北京:清华大学出版社,2017.

[35]　吴家麟.法律逻辑学(修订本)[M].北京:群众出版社,1998.

[36]　熊立文.现代归纳逻辑的发展[M].北京:人民出版社,2004.

[37]　伊姆雷·拉卡托斯.证明与反驳:数学发现的逻辑[M].康宏逵,译.上海:上海译文出版社,1987.

[38]　雍琦,金承光,姚荣茂.法律适用中的逻辑[M].北京:中国政法大学出版社,2002.

[39]　雍琦.法律逻辑学[M].北京:法律出版社,2004.

[40]　詹尼弗·特拉斯特德.科学推理的逻辑[M].刘钢,任定成,译.北京:科学出版社,1990.

[41]　张留华.皮尔士哲学的逻辑面向[M].上海:上海人民出版社,2012.

[42]　张韧弦.形式语用学导论[M].上海:复旦大学出版社,2008.

[43]　张晓光.法律专业逻辑学教程[M].上海:复旦大学出版社,2007.

[44]　赵利,黄金华.法律逻辑学[M].北京:人民出版社,2010.

[45]　朱武,刘治旺,施荣根,等.司法应用逻辑[M].郑州:河南人民出版社,1987.

[46]　《逻辑学》编辑组.逻辑学(第二版)[M].北京:高等教育出版社,2018.

[47]　ADLER J E, RIPS L J. Reasoning: Studies of Human Inference and its Foundations[M]. New York: Cambridge University Press, 2008.

[48]　COPI I M, COHEN C, MCMAHON K. Introduction to Logic[M]. 14th ed. New York: Pearson, 2014.

［49］ ECO U，SEBEOK T A. The Sign of Three：Dupin，Holmes，Peirce［M］. Bloomington：Indiana University Press，1983.

［50］ FANN K T. Peirce's Theory of Abduction［M］. The Hague：Martinus Nijhoff Publishers，1970.

［51］ FLACH P A，KAKAS A C. Abduction and Induction：Essays on their Relation and Integration［M］. Dordrecht：Kluwer Academic Publishers，2000.

［52］ GRICE P. Studies in the Way of Words［M］. Cambridge：Havard Univeristy Press，1989.

［53］ HAACK S. Philosophy of Logics ［M］. Cambridge：Cambridge University Press，1978.

［54］ HURLEY P J. A Concise Introduction to Logic［M］. 10th ed. Belmont：Thomson Wadsworth，2008.

［55］ JOSEPHSON J R，JOSEPHSON S G. Abductive Inference：Computation，Philosophy，Technology［M］. New York：Cambridge University Press，1994.

［56］ LEVINSON S C. Pragmatics［M］. Cambridge：Cambridge University Press，1983.

［57］ LEVINSON S C. Presumptive Meanings：The Theory of Generalized Conversational Implicature［M］. Cambridge：MIT Press，2000.

［58］ CUMMINGS L. Good and Bad Reasoning about COVID-19 ［J］. Informal Logic，2020，40(4)：521-544.

［59］ COLE P，MORGAN J L. Syntax and Semantics，volume 3：Speech Acts［M］. New York：Academic Press，1975.

［60］ MAGNANI L. Abduction，Reason and Science：Processes of Discovery and Explanation［M］. New York：Kluwer Academic/Plenum Publishers，2001.

［61］ NEBLETT W. Sherlock's Logic［M］. New York：Barnes & Noble Books，1993.

［62］ PEIRCE C S. Collected Papers of Charles Sanders Peirce，volume 2：Elements of Logic［C］. Cambridge：Harvard University Press，1965.

［63］ PEIRCE C S. Collected Papers of Charles Sanders Peirce，volume 5：Pragmatism and Pragmaticism［C］. Cambridge：Harvard University Press，1965.

［64］ PIRIE M. How to Win Every Argument：The Use and Abuse of Logic［M］. London：Continuum，2006.

［65］ STRAWSON P F. Introduction to Logical Theory［M］. London：Methuen，1952.

［66］ TALLON P，BAGGETT D. The Philosophy of Sherlock Holmes［M］. Lexington：University Press of Kentucky，2012.

［67］ TRUSMAN R. Peirce's Logic of Scientific Discovery［M］. Bloomington：Indiana University Press，1987.

［68］ WAGNER E J. The Science of Sherlock Holmes［M］. Hoboken：John Wiley & Sons，Inc. ，2006.

［69］　WALTON D. Abductive Reasoning[M]. Tuscaloosa：The University of Alabama Press，2005.

［70］　WALTON D. Argument，Evaluation and Evidence[M]. Cham：Springer International Publishing，2016.

后 记

本书第一版于 2015 年出版。两年后,适逢华中科技大学人文学院哲学系(现华中科技大学哲学学院)与华中科技大学出版社策划推出教材系列,很荣幸《名侦探的逻辑》(第二版)能够位列其中。还记得 2018 年的秋天,我接到周晓方社长的电话,她一直关注着本书的写作进展,提醒我尽早准备,争取在 2020 年推出新作。奈何当时我正忙于照顾襁褓中的宝宝,再加上疫情的影响,再版计划一度搁置。

2021 年春季学期,我代表华中科技大学参加了湖北省第七届高校青年教师教学竞赛(文史组)。在备赛的八个月的时间里,我反复修订、打磨、润色逻辑学课程的教学设计和参赛节段,获得了我校刘海云教授、龚跃法教授、陈鹤教授、张再红教授、郑俊杰教授、柯昌剑教授等教学名师的悉心指导,也从共同参赛的小分队成员王锋博士、闫帅博士、张易凡博士、周敏博士那里受益良多。在此基础上,我确定了《名侦探的逻辑》(第二版)的整体架构和改进思路。

我秉承第一版的写作初衷,以读者感兴趣的推理故事为载体,以逻辑学的基本知识为框架,努力将内容做到既有趣又细致。此外,我希望能够弥补第一版的不足,增加对于推理的综合运用——论证的分析和讨论。在修改书稿的过程中,我的研究生李妙婷、王毓云、穆童、刘浩然提供了很多素材和案例,在此致以由衷的谢意。还要感谢所有选修"侦探柯南与逻辑推理"这门课的同学们的支持,感谢湖北美术学院的谭梦梦老师为本书提供的别致配图,感谢华中科技大学出版社杨玲编辑和庹北麟编辑的耐心和理解。

作者
2021 年 9 月 15 日于武汉